电脑美术设计与制作职业应用项目教程

# 二维数字动画制作案例教程——Flash CS5

主　编　王　迪
参　编　杨雪梅　王少丽　孙伟欣　王　庚

机 械 工 业 出 版 社

本书每个任务均采用“任务描述→任务分析→任务目标→任务实施→任务总结→任务拓展”的形式，以通俗易懂、深入浅出、直观完整的呈现方式突出展现Flash软件的实用性，方便读者进行实践和训练。

本书共6个部分，包括岗前培训、初识动画元素、制作表情动画、制作贺卡动画、制作片头动画和制作课件动画。

本书可作为计算机及相关专业的教材，也可作为Flash动画爱好者及相关业内人士的自学参考用书。

本书配有素材和电子课件，选用本书作为教材的教师可以从机械工业出版社教育服务网（www.cmpedu.com）免费下载或联系编辑（010-88379194）咨询。

**图书在版编目（CIP）数据**

二维数字动画制作案例教程：Flash CS5 /王迪主编.
—北京：机械工业出版社，2016.6（2025. 1重印）
电脑美术设计与制作职业应用项目教程
ISBN 978-7-111-53866-0

Ⅰ. ①二… Ⅱ. ①王… Ⅲ. ①动画制作软件—教材
Ⅳ. ①TP391.41

中国版本图书馆CIP数据核字（2016）第113551号

机械工业出版社（北京市百万庄大街22号　邮政编码100037）
策划编辑：徐梦然　梁　伟　　责任编辑：李绍坤　范成欣
责任校对：赵　蕊　　封面设计：鞠　杨
责任印制：刘　媛
涿州市般润文化传播有限公司印刷
2025年1月第1版第8次印刷
184mm×260mm・12.5印张・285千字
标准书号：ISBN 978-7-111-53866-0
定价：41.00元

电话服务　　网络服务
客服电话：010-88361066　　机　工　官　网：www.cmpbook.com
010-88379833　　机　工　官　博：weibo.com/cmp1952
010-68326294　　金　书　网：www.golden-book.com
**封底无防伪标均为盗版**　　机工教育服务网：www.cmpedu.com

# 前　言

Flash是一款动画制作软件，广泛应用于网页广告、MTV、游戏等领域。目前比较流行的Flash软件版本是Flash CS5。

本书依据当前Flash软件的应用现状，根据职业学校学生的认知规律特点，设计了5个学习单元，包括12个项目（共28个任务），用项目引领学习过程，每个项目涵盖一个Flash动画的创作过程，并依据创作过程所需的基础知识设计了不同的任务，旨在通过工作任务的具体实施使读者掌握Flash软件的相关技能。

本书每个任务均采用"任务描述→任务分析→任务目标→任务实施→任务总结→任务拓展"的形式，从任务需求出发组织知识结构，以通俗易懂、深入浅出、直观完整的呈现方式突出展现Flash软件的实用性，综合了初学者需要掌握的Flash知识，方便读者进行实践和训练。

本书内容包括岗前培训、初识动画元素、制作表情动画、制作贺卡动画、制作片头动画和制作课件动画6个部分。先明确 Flash动画的基本元素，再使用Flash制作动画、深入了解软件的基本操作和基本功能，最后进行Flash作品的综合创作。

本书要求Flash软件的版本为3.0以上。本书建议参考学时为96学时，分配如下。

| 内　容 | 项目实践学时 | 拓展实践学时 |
|---|---|---|
| 岗前培训 | 2 | 2 |
| 学习单元1　初识动画元素 | 8 | 8 |
| 学习单元2　制作表情动画 | 12 | 8 |
| 学习单元3　制作贺卡动画 | 10 | 8 |
| 学习单元4　制作片头动画 | 10 | 8 |
| 学习单元5　制作课件动画 | 12 | 8 |
| 合计：96学时 | 54 | 42 |

本书由王迪任主编，参加编写的还有杨雪梅、王少丽、孙伟欣和王庚。其中，岗前培训和学习单元1由王迪编写，学习单元2由杨雪梅编写，学习单元3由王少丽编写，学习单元4由孙伟欣编写，学习单元5由王庚编写。

由于编者水平有限，书中难免存在疏漏和不足之处，敬请广大读者批评、指正。

编　者

# 目　录

# 岗前培训

二维动画又称为2D动画，它是平面上的画面，是依靠场景和角色的平面绘制创作成的一幅幅图片，然后连续播放成为动画。传统的二维动画是由水彩颜料画到透明塑料片上，再由摄影机逐张拍摄记录而连贯起来的画面。计算机时代的来临，让二维动画得以方便制作，可将事先手工制作的原动画逐帧输入计算机，由计算机帮助完成绘线上色的工作，并且由计算机控制完成动画制作工作。

二维动画经过长期发展，其技术和质量都有很大转变，动画也逐渐形成一个产业，动画的商业价值逐渐显现。随着二维动画的发展，其应用领域不仅限于动画片，还在不断扩大，如教学演示、平面动态设计、广告等领域。常用的二维动画制作软件主要包括Animo、RETAS PRO、TOONZ、Flash、Toon Boom等。

Flash软件以流控制技术和矢量技术等为特点，能够将矢量图、位图、音频、动画和交互动作有机地、灵活地结合在一起，从而制作出美观、新奇、交互性更强的高品质动画效果。用它制作出来的动画具有短小精悍的特点，所以软件一推出就受到了广大网页设计者的青睐，被广泛用于网页动画的设计，成为当今最流行的一种交互式动画设计工具。

Flash动画的文件非常小，特别适用于创建通过Internet提供的内容，为制作适合网络传输的网页动画开辟了新的道路。目前，Flash的播放器代码已经被植入到各种主流网页浏览器中，Flash的功能可以使创建的动画适应各种网页浏览器。Flash是优秀的传播载体，由于把音乐、动画、声效及交互动作成功地融合为一体，已经成为一种全新的文化传播方式。Flash所制作的产品可以跨媒体应用，实现在电视机、手机、掌上电脑及其他智能家用电器上。

下面将向读者介绍Flash动画在数字媒体领域中占据的重要地位，同时为读者介绍Flash动画制作的基本流程，帮助读者初步了解二维动画各个部门岗位的工作职能，并对目前动漫行业中常用的二维制作软件有一定的认识。

## 岗前培训目标

1）了解Flash二维动画制作的应用领域。

2）了解Flash二维动画的特点。

3）了解Flash二维动画的创作流程。

4）了解二维动画师工作岗位描述。

## 一、Flash二维动画制作的应用领域

Flash是世界上使用得最广泛的动画制作软件之一，具有强大的矢量动画编辑功能、灵活的操作界面、开放式的结构，已经渗透到生活、工作、学习等诸多领域，而且被越来越多的人所熟知。它是一种交互式动画设计工具，可以将音乐、声效、动画以及富有新意的界面融合在一起，制作出高品质的网页动态效果。Flash的功能很强大，应用领域也很广泛，可以生成动画、创建互动性网站以及在网页中加入声音，还可以生成亮丽夺目的图形和界面，而且文件很小，通常只有5～50KB。

Flash是矢量动画制作软件，是现今制作动画最流行的软件之一。全世界已有数亿用户和爱好者使用Flash制作人机交互的小游戏、小电影、视频课件、电子贺卡、网页动画等。Flash有强大的矢量动画编辑功能，是学习计算机多媒体技术的基础。Flash常用的应用领域有电子贺卡、电视广告或网络广告、网站应用、MTV制作、课件制作、动画制作、电子杂志制作和游戏开发等。

下面来领略一下Flash二维动画技术在数字媒体领域带给用户的视觉体验。

### 1. 动画MTV

Flash动画制作的MTV是网络上广为流传的多媒体形式。它为那些想“过把导演瘾”的人实现了梦想，也创作出了很多优秀的MTV，如图0-1所示。在国内，用Flash软件制作MTV也开始有了商业应用。Flash MTV为既保证质量又降低成本的歌曲宣传提供了有效途径，并将传统的歌曲迅速宣传推广到网络空间，将流行歌手的MTV同时在网络与电视台播放。

图0-1　动画MTV《天籁之心》

### 2. 动画短片

动画短片是广大Flash爱好者最热衷应用的领域之一。Flash动画短片包括娱乐短片、厂商的产品宣传以及视频文件。动画短片是一个发展潜力很大的领域，也是一个Flash爱好者展现自我的平台，如图0-2所示。

图0-2　动画系列短片《燕尾蝶》

由于Flash有强大的交互功能，所以一些大公司（如戴尔公司、三星公司等）都喜欢利用它来展示产品。用户可以通过方向键选择产品，再控制观看产品的功能、外观等。互动的展示比传统的展示方式更胜一筹，如图0-3所示。

图0-3　产品动画展示

### 3. 广告

广告是Flash应用最广泛的一种形式之一。有了Flash，广告在网络上发布才成为了可能，而且发展势头迅猛。根据调查资料显示，国外的很多企业都愿意采用Flash制作广告。因为它既可以在网络上发布，同时也可以存为视频格式在传统的电视台播放，如图0-4所示。一次制作、多平台发布的特点使Flash广告得到更多企业的青睐。

图0-4 “巧设计，大空间”新品平折门的广告

现在打开任何一个网站的网页都会发现一些动感时尚的Flash网页广告。网页上通常会嵌入Flash广告（见图0-5），进行产品、服务或企业形象的宣传；电视栏目的片头、各类产品宣传也常用各种特效吸引观众的眼球。

图0-5　Flash网页广告

### 4. 电子贺卡

电子贺卡即电子形式的贺卡，小巧精致，还带动态组合的音乐、祝福语、图片等元素，是传达感情的鸿雁。利用Flash制作的电子贺卡，不但图文并茂，而且可以伴有背景音乐，是目前网络中比较流行的一种祝福方式，如图0-6所示。

图0-6　电子贺卡

### 5. 多媒体教学课件

强大的动画功能吸引更多的人利用Flash来制作多媒体课件。相对于其他软件制作的课件，Flash课件具有体积小、表现力强、缩放不变形、绘画和声音功能美妙、方便修改和容易生成文件的特点。在制作实验演示或多媒体教学光盘时，Flash动画得到大量的引用，如图0-7所示。

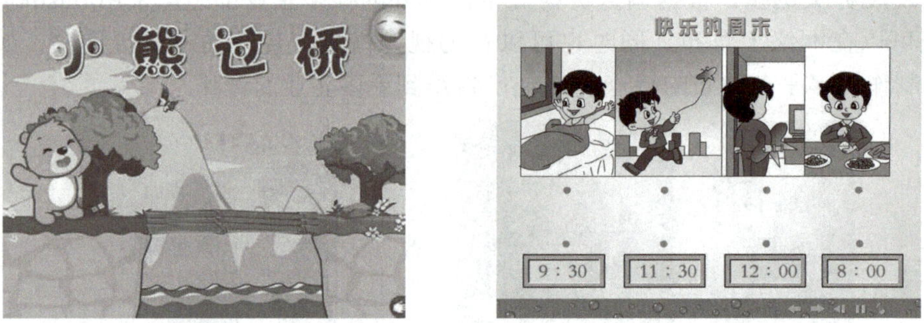


图0-7　教学课件

### 6. 游戏

使用Flash的动作脚本功能可以制作一些有趣的在线小游戏，它们短小精悍、寓教于乐，能实现动画、声音的交互，如看图识字游戏、贪吃蛇游戏、棋牌类游戏等，如图0-8所示。因为Flash游戏具有体积小的优点，一些手机厂商已在手机中嵌入Flash游戏。

图0-8　游戏

### 7．网页设计

为达到一定的视觉冲击力，很多企业网站往往在进入主页前播放一段使用Flash制作的欢迎页（也称为引导页）。此外，很多网站的Logo（网站的标志）和Banner（网页横幅广告）都是Flash动画。

精美的片头动画可以大大提升网站的含金量。片头就如电视的栏目片头一样，可以在很短的时间内把自己的整体信息传播给访问者，既可以给访问者留下深刻的印象，也能在访问者心中建立良好印象（见图0-9）。

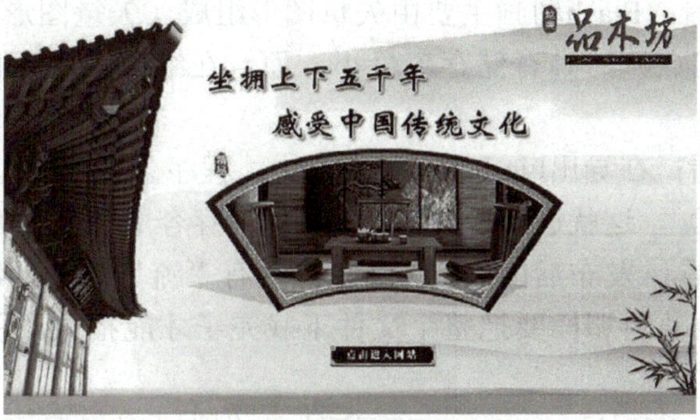


图0-9　网站的Flash片头

2005年，Macromedia公司被Adobe公司收购以后，Adobe把Flash与其他产品更紧密地联系到一起。目前，Flash的播放器代码已经被植入到各种主流网页浏览器中，Flash的功能可以使创建的网页适应各种网页浏览器。事实证明，目前还没有哪个网页制作软件能像Flash一样，既快捷又出色地创作出一个高效、全屏并具有交互式动画效果、内容丰富绚丽、个性化的网站（见图0-10）。

图0-10　Flash全动画网站

Flash具有良好的动画表现与强大的后台技术，并支持HTML与网页脚本语言的使用，使得Flash在制作网站上具有很强的优势。Flash全站动画可以达到文本和图片灵活运用的视觉冲击力和良好的用户体验。其强大的交互性、趣味性和灵活性是HTML编码网站所不能比拟的，能凸显网站价值。

事实上，现在只有极少数人掌握了使用Flash建立全Flash站点的技术。因为它意味着更高的界面维护能力和开发者整站架构能力。但它带来的好处也异常明显：全面的控制、无缝的导向跳转、更丰富的媒体内容、更体贴用户的流畅交互、跨平台和客户端的支持、追求视觉感受以及易用性，更易达到品牌传播的效果。

Flash的用户界面已重新设计，既给初学者提供了一个简单易学的创作环境，又使用户在使用它时倍感舒适。Flash的优越性使之成为绝大多数专业设计师的首选工具。

## 二、Flash二维动画的特点

1）从动画组成来看：Flash动画主要由矢量图形组成（矢量图形具有储存容量小，并且在缩放时不会失真的优点），具有储存容量小，而且在缩放播放窗口时不会影响画面的清晰度的特点。

2）从动画发布来看：在导出Flash动画的过程中，程序会压缩、优化动画组成元素（如位图图像、音乐和视频等），这就进一步减小了动画的储存容量，使其更加方便在网上传输。

3）从动画播放来看：发布后的.swf动画影片具有“流”媒体的特点，在网上可以边下载边播放，而不像其他动画那样要把整个文件下载完了才能播放，所以Flash动画在网上被广泛传播。

4）从交互性来看：可以通过为Flash动画添加动作脚本使其具有交互性，从而让观众成为动画的一部分。观众可以通过单击、选择等动作，决定动画的运行过程和结果，这一点是传统动画无法比拟的。

5）从制作手法来看：Flash动画的制作比较简单，一个爱好者只要掌握一定的软件知识，拥有一台计算机和一套软件，就可以制作出Flash动画。

6）从制作成本来看：用Flash软件制作动画可以大幅度降低制作成本，在制作时间上也比传统动画短。

## 三、Flash二维动画的创作流程

就像拍一部电影一样，创作一个优秀的Flash动画作品也要经过很多环节，每一个环节都关系到作品的最终质量。动画行业每一个环节都很重要，各个环节息息相关，缺一不可，只有拥有完善的制作工艺流程才能提高工作效率，制作优秀的动画片。Flash二维动画的创作流程，如图0-11所示。

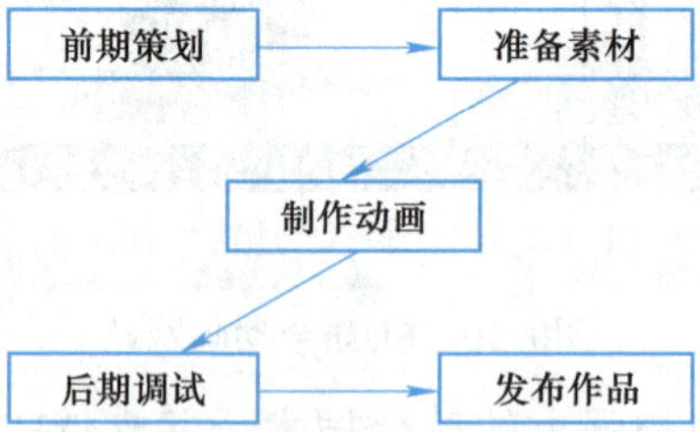


图0-11 Flash二维动画的创作流程

### 1. 前期策划

在着手制作动画前，应首先明确制作动画的目的以及要达到的效果，然后确定剧情和角色，并简单编写剧本。准备好这些后，还要根据剧情确定创作风格。例如，比较严肃的题材应该使用比较写实的风格；如果是轻松愉快的题材，则可以使用Q版造型来制作动画。

### 2. 准备素材

做好前期策划后，便可以开始根据策划的内容绘制角色造型、背景以及要使用的道具。当然，也可以从网上搜集动画中要用到的素材，如声音素材、图像素材和视频素材等。

### 3. 制作动画

一切准备就绪就可以开始制作动画了，主要包括角色的造型、添加动作、角色与背景的合成、声音与动画的同步，这一步最能体现出制作者的水平。想要制作出优秀的Flash作品，不但要熟练掌握软件的使用，还需要掌握一定的美术知识以及运动规律。

### 4. 后期调试

后期调试包括调试动画和测试动画两方面。调试动画主要是对动画的各个细节（如动画片段的衔接、场景的切换、声音与动画的协调等）进行调整，使整个动画显得流畅、和谐。在动画制作初步完成后，便可以调试动画以保证作品的质量。测试动画是对动画的最终播放效果、网上播放效果进行检测，以保证动画能完美地展现在观众面前。

### 5. 发布作品

动画制作好并调试无误后，便可以将其导出或发布为各种格式的文件（如SWF格式的Flash影片、AVI格式的视频等），并传到网上供人们欣赏以及下载。

## 四、二维动画师工作岗位描述

二维动画公司中关于动画设计师的工作岗位描述如下：

1）有扎实的美工设计基础，熟练掌握美工设计构图及用色技巧。

2）具备扎实的动画基本功、优秀的造型能力、较好的色彩感觉。

3）熟练使用Flash，可利用Flash独立完成各类动画设计。

4）熟悉动画基本原理与运动规律，熟悉逐帧动画。

5）能在Flash中独立完成动画场景的制作。

6）能根据脚本完成Flash动画制作。

7）能够胜任交互性的Flash效果制作。

8）有强烈的责任心、良好的沟通能力和团队合作精神。

9）有对动画无比的热爱和执着的投入、勤奋与坚韧的创业精神和工作态度。

通过工作岗位能力的描述（见图0-12），得知动画人才必须是一个综合性的人才。只有对艺术有很深刻的理解，对动画也有很深刻的理解，同时又要对创作者的创作意图、实现创意的技术很了解，才能制作出非常完美的动画。这就要求从事动画工作的人有超常的创造力和想象力。

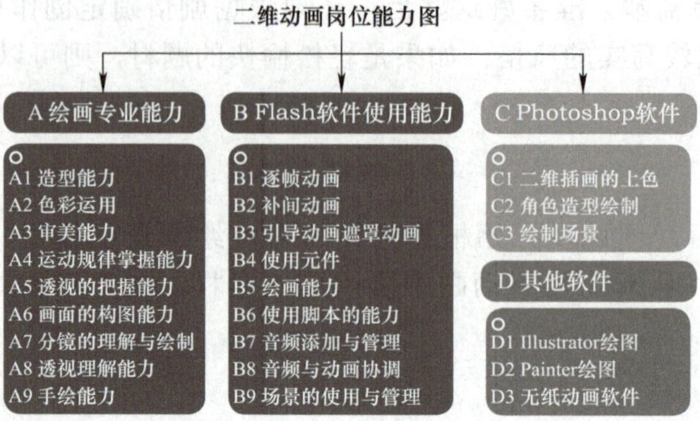


图0-12　二维动画岗位能力图

## 岗前培训回顾

本单元重点学习了4部分知识，包括Flash二维动画制作的应用领域、Flash二维动画的特点、Flash二维动画的创作流程和二维动画师的岗位描述。通过本单元的学习，读者应该对Flash二维动画制作过程有了明确的认识，了解Flash二维动画制作的岗位职责描述，以及Flash二维动画在其主要应用领域中所发挥的作用。在经过岗前培训之后，相信读者一定非常想完成Flash二维动画的制作。

## 练习

请读者完成以下练习：

1）利用网络资源查找常用二维动画制作软件的种类及特点。

2）请列举几部二维动画作品，并说明其主要采用的二维动画制作软件名称。

3）利用网络下载一部Flash二维动画作品，并进行展示、推荐说明。

4）登录某网站，如http://www.sina.com.cn/，找一找Flash二维动画在该网站的应用领域，并做一份“Flash二维动画在网站应用情况”的调查报告。

## 学习评价

| 评价标准 | 个人评价 | 小组评价 | 教师评价 |
|---|---|---|---|
| 1．能明确Flash二维动画制作的应用领域 | | | |
| 2．能明确Flash二维动画的特点 | | | |
| 3．能下载、推荐Flash二维动画 | | | |
| 4．能明确二维动画师的工作岗位特点 | | | |

注：A 全部准确理解，B 大部分准确理解，C部分准确理解，D 基本做不到。

## 拓展阅读

### 一、Flash软件介绍

Flash最早期版本称为Future Splash Animator，由乔纳森·盖伊（Jonathan Gay）于1995年创造。1995年是互联网高速发展的一年，但大部分人已经不满足于互联网的平面浏览模式，于是乔纳森·盖伊凭借着敏锐的市场观察力，设计出了Future Splash Animator矢量动画软件，这就是Flash的前身。这个软件具有众多的优点，其中最为称道的是它的流式播放和矢量动画。一方面流式播放可以解决网络带宽的影响，一边下载一边播放；另一方面，矢量图像解决了传统位图占用空间大的缺陷。在当时来说，这个软件从一出世，就带有浓重的互联网气息。直到现在，这些仍然是Flash赖以辉煌的主要优势。这个软件出世以后，主要拥有两大客户，一个是微软，另一个就是迪士尼。

当时，Macromedia公司的Shockwave播放器是网络上Director交互电影的唯一解决之道，但是Shockwave并非矢量图像，而且不具备流式播放的优势，所以并不适合网络传播。除此以外，互联网上的动画就只有Java Applet和GIF动画了，Java Applet要占用大量的CPU资源，而GIF动画不是交互动画。当迪士尼公司使用Future Splash Animator软件制作动画网站时，Macromedia公司已经觉察到了危机，他们认为交互动画在互联网上的传播是很有前景的产业，于是，他们找到了乔纳森·盖伊。乔纳森·盖伊认为Future Splash Animator在Macromedia公司的经营下才可以真正得到发展，双方促成了这场并购案。1996年11月，Future Splash Animator正式更名为Flash 1.0（也有人认为是Flash 2.0）。

1999年6月，Macromedia公司推出了Flash 4.0与其专用播放器Flash Player，而在这之前它没有自己的专用播放器。这一变革使得Flash成为真正意义上的交互多媒体软件。

2000年，Macromedia 推出了Flash 5.0，它所支持的播放器为 Flash Player 5，这年开始Macromedia将Flash的发展与Dreamweaver和Fireworks整合在一起，被称之为“网页三剑客”。

2002年，Macromedia 推出了Flash MX支持的播放器为 Flash Player 6。Flash开始了对外部JPG和MP3调入的支持。

2003年，Macromedia 推出了Flash MX 2004，其播放器的版本被命名为 Flash Player 7。

2005年10月，Macromedia 推出了Flash 8.0，加入了包括滤镜在内的许多新功能，增强了对视频的支持，可以将视频打包成Flash视频（即*.flv文件），这也加速了在线视频的发展，在线视频网站开始大量诞生。同年Adobe耗资34亿美元并购Macromedia，从此Flash便冠上了Adobe的名头。

如今，Flash已经初步具备跨平台交互多媒体的特性，被称为“最小巧的多媒体平台”。可以说，这一切的发展是当初的设计者乔纳森·盖伊始料不及的，但Flash的取胜之道却是乔纳森·盖伊在最初设计Flash时就已经奠定了，那就是矢量动画、关键帧技术和流式播放。

### 二、Flash的特点

Flash的中文解释为“闪光”，动画学习时主要指Flash软件，也代指Flash作品。Flash 动画软件能整合文字、图片、声音、视频和应用程序组件等资源，具有强大的多媒体编辑功能和强大的交互功能。

1）使用矢量图形和流式播放技术。与位图图形不同的是，矢量图形可以任意缩放尺寸而不影响图形的质量；流式播放技术使得动画可以边播放边下载，从而缓解了网页浏览者焦急等待的情绪。

2）通过使用关键帧和图符使得所生成的动画（扩展名为.swf）文件非常小，几千字节的动画文件已经可以实现许多令人心动的动画效果，用在网页设计上不仅可以使网页更加生动，而且可以在打开网页很短的时间里就得以播放。

3）因为能把音乐、动画、声效、交互方式融合在一起，越来越多的人已经把Flash作为网页动画设计的首选工具，并且创作出了许多令人叹为观止的动画（电影）效果。

4）强大的动画编辑功能使得设计者可以设计出高品质的动画，通过Action可以实现交互性，使Flash具有更大的设计自由度。另外，它与当今最流行的网页设计工具Dreamweaver配合默契，可以直接嵌入网页的任一位置，非常方便。

## 三、闪客

闪客是网络新文化一族。所谓“闪”就是指Flash，而“客”则是指从事某事的人，闪客就是指做Flash的人，也指经常使用Flash的人。

1997年Flash开始出现在中国，Flash是一个技术门槛比较低、开发成本也相对比较低的优秀软件。它让不少业余爱好者能够很快加入到创作者的行列中来。1999年，当时在互联网界大名鼎鼎的“边城浪子”率先提出了“闪客”这个概念，并创办了“闪客帝国”网站。因此，“闪客”这个词源起于“闪客帝国”个人网站。

# 学习单元1 初识动画元素

本单元是进入Flash“闪”世界的第一步，将对Flash软件的启动、窗口界面组成、常用面板的构成、Flash文件的基本操作、Flash文件的基本元素、创建Flash文件的基本方法进行介绍，确保初学者能够对Flash动画有基本的认识，并可以开始着手创建自己的动画。

本单元还将通过完成6个简单的任务及相关练习，学习在Flash软件环境中制作Flash动画的基本工作流程及操作技术，了解帧、帧频、图层、角色元件的创建与编辑方法、库面板和几种常用工具的使用方法，了解Flash的基本构成要素。

本单元通过完成动画项目的制作，了解Flash动画的制作流程，明确Flash动画的构成要素，并且在拓展任务中将动画制作和作品创意有机地组合，提高动画欣赏、动画制作的能力。

## 单元情境

通过岗前培训，读者已经了解了Flash软件在制作网络动画中占据的重要地位，同时也明确了二维动画制作的基本流程，初步了解二维动画各个部门岗位的工作职能并对目前动漫行业中常用的二维制作软件有了一定的认识。

本单元将进入Flash软件的基本学习，明确Flash软件操作的基本方法、Flash动画的基本构成元素，了解Flash动画的制作流程，并制作完成一个Flash动画作品。

## 单元概要

本单元先了解动画产生的基本原理，并通过制作简单的Flash逐帧动画的过程，明确Flash动画的基本构成要素（帧、帧频、图层、角色元件），进一步体会传统动画和计算机动画之间的关系，引导读者树立起“帧”的观念，并为今后深入研究动画的灵魂——“时间轴”奠定基础。

通过制作动画实例，对Flash动画的操作界面有一个最基本的感性认识，并明确帧、角色元件和图层之间的相互关系。在动画实例的制作过程中，根据制作的需要，介绍了库面板、对齐面板、变形面板、“变形工具”和“文本工具”等的使用方法。

## 单元学习目标

1）了解Flash CS5软件的界面，掌握Flash CS5界面的基本操作方法。

2）了解掌握新建文档后基本环境的设置。

3）掌握Flash CS5中各种工具和常用面板的功能及操作方法。

4）学会新建并保存动画文档。

5）理解动画的基本原理和构成要素。

6）明确动画元件的作用和种类。

7）明确Flash动画制作的基本流程。

## 单元知识准备

要正确、高效地运用Flash CS5软件进行动画制作，必须了解Flash CS5的工作界面及其各部分的功能，熟练地进行界面的布局与调整，优化工作环境。

### 1. 启动Flash CS5

Flash CS5软件安装完成后，执行下列操作之一可以启动Flash CS5软件，如图1-1所示。

1）双击“桌面”软件图标。

2）执行“开始”→“所有程序”→“Adobe”→“Adobe Flash CS5 Professional”命令。

图1-1　启动软件

启动程序后，进入Flash CS5的启动界面，如图1-2所示。在窗口的中间部分是Flash CS5软件的“欢迎屏幕”。它是自Flash MX 2004版本开始新增的一个功能，包括“从模板创建”“打开最近的项目”“新建”“扩展”和“学习”5个选项卡。

图1-2　启动界面

## 2. Flash CS5界面

在启动界面上执行“新建”选项卡中的“ActionScript 2.0”命令新建一个文档，进入Flash程序界面环境，如图1-3所示。Flash CS5的操作界面由菜单栏、时间轴、场景和舞台、属性面板、工具箱、浮动面板组成。

图1-3　程序界面

（1）菜单栏　菜单栏包括“文件”“编辑”“视图”“插入”“修改”“文本”“命令”“控制”“调试”“窗口”和“帮助”命令，如图1-4所示。软件中的所有操作都可以通过执行菜单栏上的菜单命令来实现。

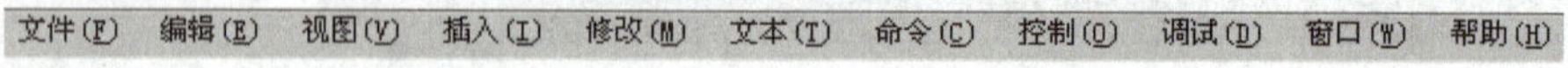


图1-4　菜单栏

（2）场景和舞台　场景用于绘制、编辑和测试动画。用户可以在整个场景内进行动画的制作，但是最终动画仅显示场景中白色区域内的内容，这个区域称为舞台。舞台的大小决定了最后成品动画窗口的大小。舞台之外的灰色区域的内容是不显示的，该区域称为工作区（见图1-5）。

（3）时间轴　时间轴可以分为两个部分：左侧的图层控制区和右侧的帧编辑区（见图1-6）。利用时间轴窗口可以对动画影片的内容进行组织和控制。它是制作、分析、控制Flash动画的重要操作窗口。

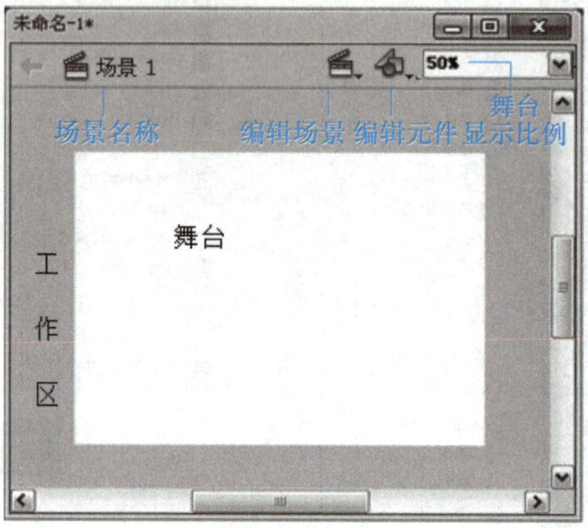


图1-5　场景和舞台

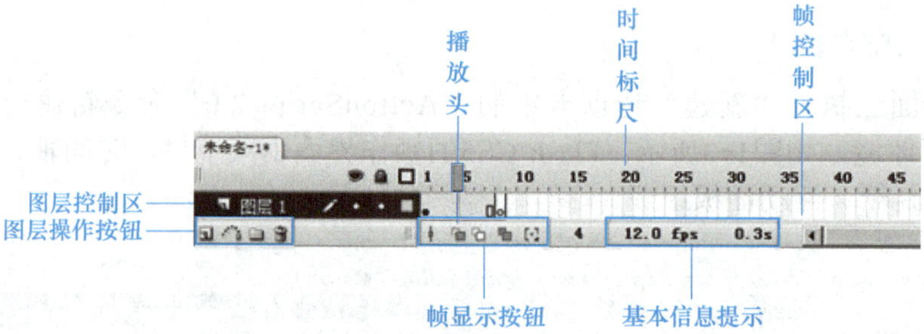


图1-6　时间轴

1）图层控制区。在图层控制区中可以创建和编辑各种类型的图层，如图1-7所示。

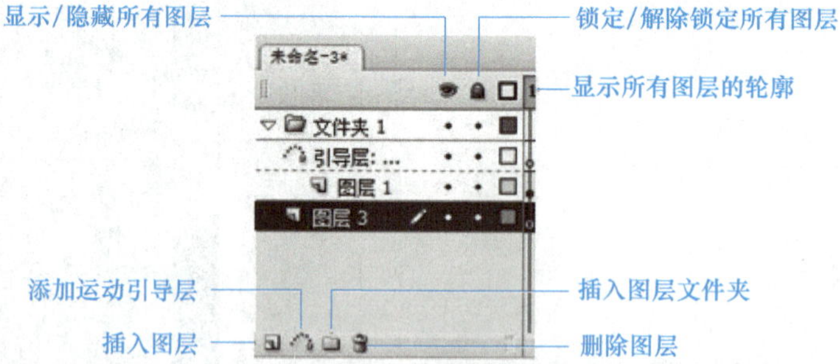


图1-7　图层控制区

2）帧编辑区。通常在Flash工作区中只能看到一帧的画面。通过帧编辑区的多帧显示可同时显示或编辑多个帧的内容，从而便于对整个影片中的对象进行定位。多帧显示包括滚动到播放头、绘图纸外观、绘图纸外观轮廓、编辑多个帧、修改绘图纸标记5个按钮，如图1-8所示。

（4）属性面板　属性就是一个对象的具体特征，属性面板用以显示、修改当前所选对象的信息和设置。根据所选对象的不同，属性面板显示不同的属性内容。

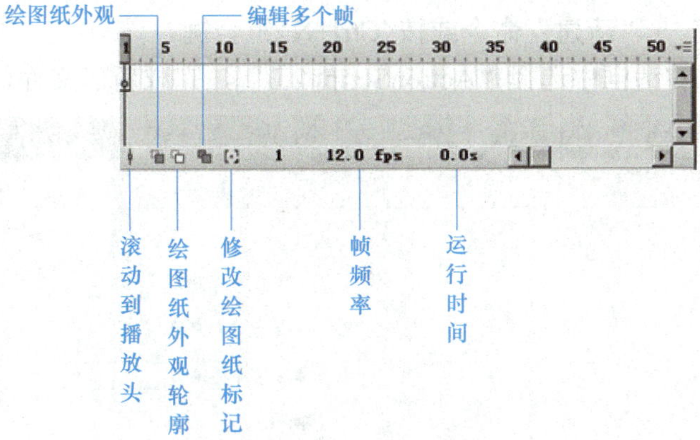


图1-8　帧编辑区

（5）工具箱　工具箱提供了图形绘制或文本编辑的各种工具，分为选择类、绘图类、文本、颜色类、查看类和选项6个不同的功能区。选项区用来对当前激活的绘图工具进行设置，选项内容是随着用户选用的绘图工具的变化而变化的，如图1-9所示。每个绘图工具都有自己相应的属性选项，在绘图或编辑时，应当在选中绘图或编辑工具后，再对其属性进行适当选择，这样才能顺利实现需要的操作。

（6）浮动面板　对于一些不能在属性面板中显示的功能面板，Flash将它们组合到一起并置于操作界面的右侧，如图1-10所示。用户可以同时打开多个功能面板，也可以将暂时用不到的功能面板关闭。只要在“窗口”菜单下单击相应的面板名称，就可以实现浮动面板的显示或隐藏。

图1-9　工具箱和选择工具的选项区

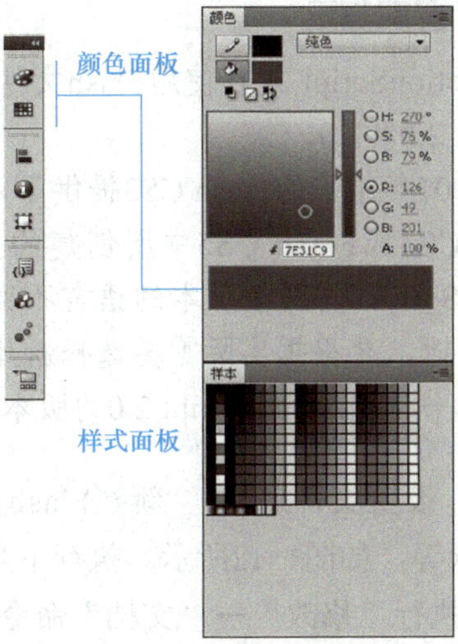


图1-10　浮动面板

### 3. Flash CS5文件的基本操作

（1）新建文件　执行下列操作之一，新建Flash CS5文件：

1）在启动界面（见图1-2）上执行“新建”选项卡中的“ActionScript 2.0”命令。

2）执行“文件”→“新建”命令或按<Ctrl+N>组合键。

在“新建文档”对话框中选择“ActionScript 2.0”，完成新建文件，如图1-11所示。

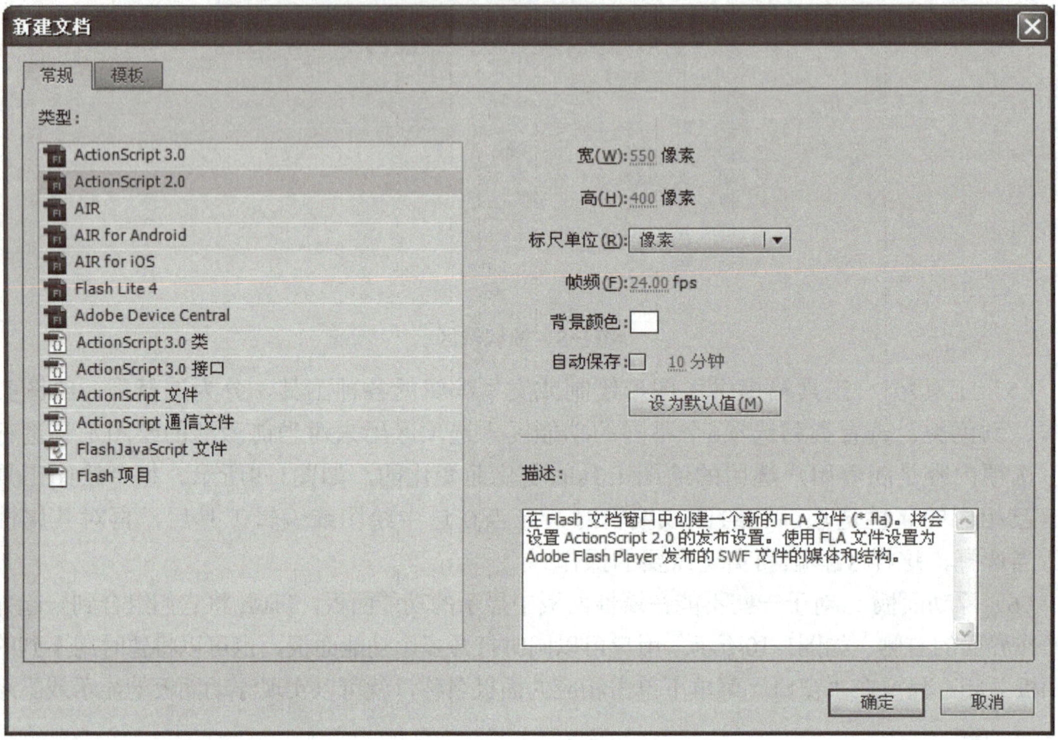


图1-11　新建文档

**温馨提示**

ActionScript 是在使用Flash文件编程时所使用的脚本语言的版本，先后有3个版本，即1.0、2.0和3.0。

2007年推出的Flash CS3提供了对ActionScript 3.0 的支持。也就是说，在Flash CS3、Flash CS4或Flash CS5中所创建的文档可以使用ActionScript 3.0。ActionScript 3.0和ActionScript 2.0两个版本的语言不兼容，需要使用不同的编辑器进行编译。因此，在新建文件时，要根据实际需要选择新建哪种版本的文件。

本书选用ActionScript 2.0的版本。

（2）设置文件属性　新建Flash文件后，可以对它的属性进行设置，如尺寸、背景颜色、帧频等，如图1-12所示。执行下列操作之一，可以设置文件属性：

1）执行“修改”→“文档”命令或按<Ctrl+J>组合键。

2）未选中任何对象，查看“属性”面板。

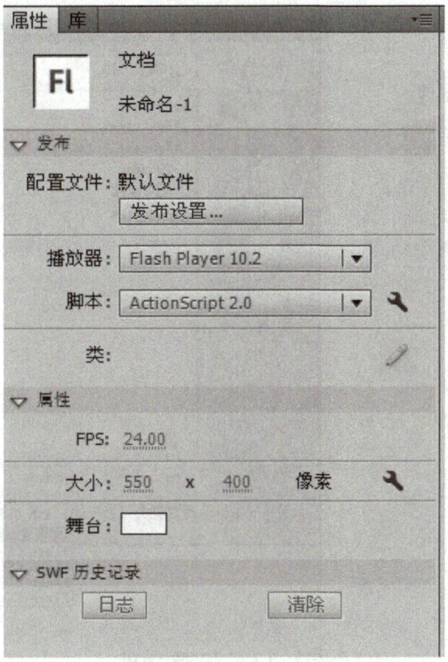


图1-12　文档默认属性

（3）文件测试　在动画的制作过程中，通过文件测试命令可以随时对动画效果进行观察、测试，如图1-13所示。这种测试是脱离文件制作环境的测试。执行下列操作之一，可以进行文件测试：

1）执行“控制”→“测试影片”命令。

2）按<Ctrl+Enter>组合键。

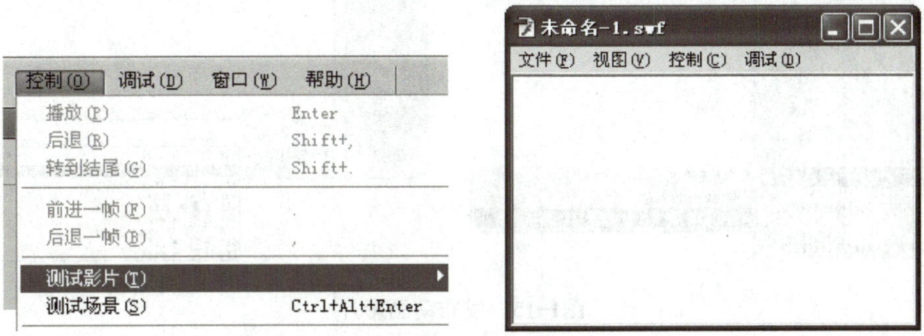


图1-13　测试文件

（4）保存文件　编辑和制作完动画后，执行“文件”→“保存”命令或按<Ctrl+S>组合键，可以将动画文件进行保存。在“另存为”对话框中，设定文件的保存路径、输入文件名、选择保存类型，再单击“保存”按钮完成保存，生成扩展名为.fla的Flash动画源文件，如图1-14所示。

（5）发布文件　执行“文件”→“导出”→“导出影片”命令，可以直接输出扩展名为.swf的Flash动画影片文件，如图1-15所示。SWF格式文件可以通过Flash Player来播放，也可以嵌入到网页中使用。

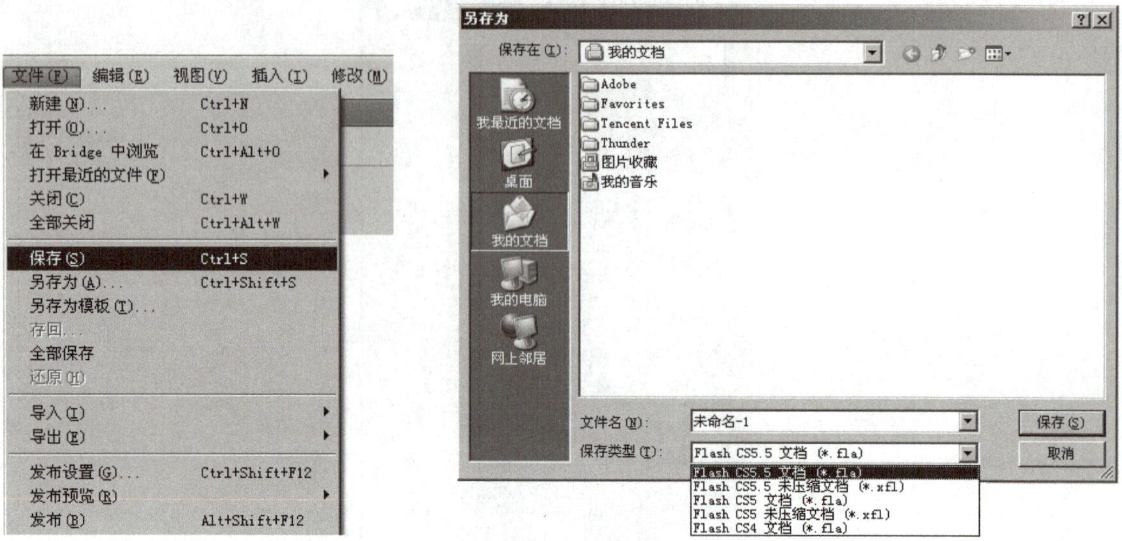


图1-14 保存文件

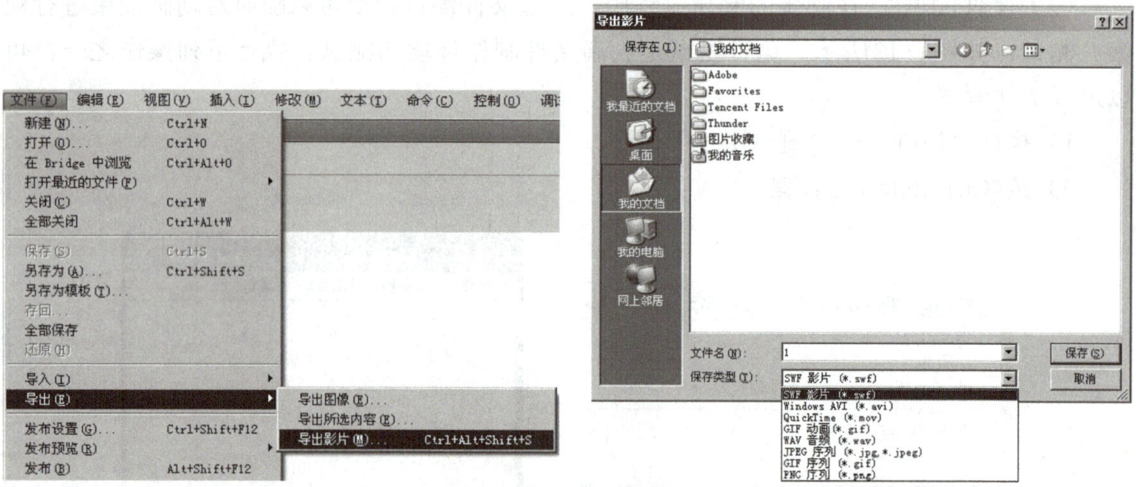


图1-15 发布动画影片

执行“文件”→“发布设置”命令，在“发布设置”对话框（见图1-16）中可以选择需要的文件格式类型，并进行更详细的设置。

（6）关闭文件　执行下列操作之一，可以关闭文件：

1）执行“文件”→“关闭”命令。

2）单击“文件名”左侧的“关闭”按钮。



（7）打开文件　如果要修改已完成的动画文件，则必须先将其打开。执行“文件”→“打开”命令，在“打开”对话框中搜索路径和文件，确认文件类型和名称，单击“打开”按钮或直接双击文件，即可打开所指定的动画文件，如图1-17所示。

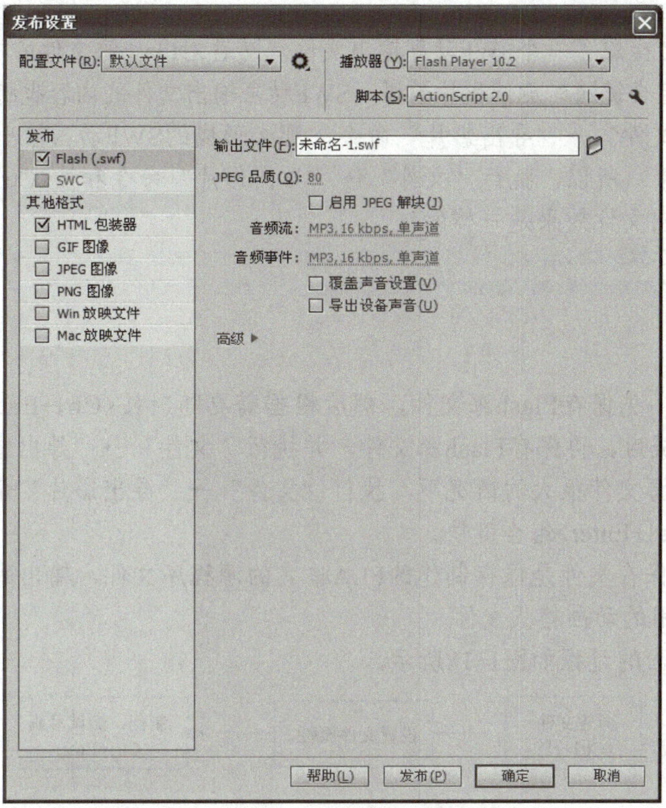


图1-16　发布设置

图1-17　打开文件

**温馨提示**

如果先执行“文件”→“保存”命令或按<Ctrl+S>组合键，保存Flash源文件，然后按<Ctrl+Enter>组合键测试影片效果，那么会发现系统自动在Flash源文件的同一位置以相同的主文件名生成了一个SWF动画输出文件。随着对Flash源文件的不断修改、编辑，并按〈Ctrl+Enter〉组合键随时测试影片效果，SWF动画输出文件的内容也随之发生变化。

如果执行“文件”→“导出影片”命令，那么形成的SWF动画输出文件为当前Flash源文件的播放效果。所以，执行“文件”→“导出影片”命令和按〈Ctrl+Enter〉组合键生成的SWF动画输出文件效果是一样的。

### 制作建议

制作动画时，先保存Flash源文件，然后根据需要随时按〈Ctrl+Enter〉组合键测试影片效果，制作完成后，再保存Flash源文件，并执行“文件”→“导出影片”命令输出动画影片。在Flash源文件很大的情况下，执行“文件”→“导出影片”命令输出动画影片的速度要比按〈Ctrl+Enter〉组合键快。

在Flash中，保存文件是保存制作的FLA格式的源程序文件，输出的SWF格式的文件才是在网页中常用的动画格式文件。

制作Flash动画的过程如图1-18所示。

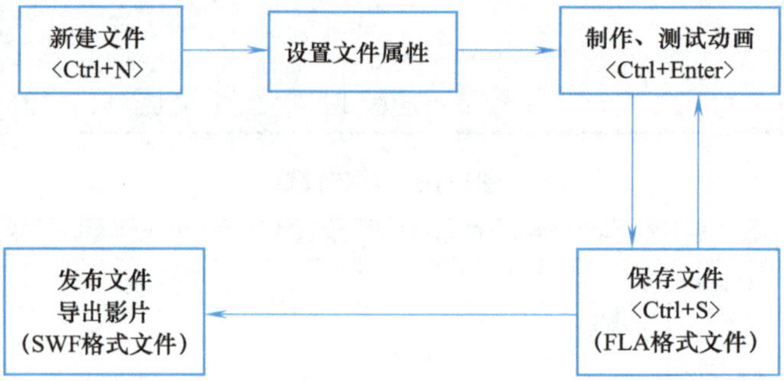


图1-18　制作Flash动画的过程

### 拓展阅读

## 一、Flash CS5的新功能

Adobe公司于2011年5月发布的Flash CS5的版本为Adobe Flash Professional CS5.5。

Flash软件是由逐帧的静态图片在短时间内连续播放而造成的视觉效果。目前，Flash应用的领域主要有娱乐短片、片头、广告、MTV、导航条、小游戏、产品展示、应用程序开发的界面、开发网络应用程序等几个方面。Flash已经大大增加了网络功能，可以直接通过xml读取数据，又加强了与ColdFusion、ASP、JSP和Generator的整合，所以用Flash开发的网络应用程序的应用肯定会越来越广泛。

### 功能1　操作界面

在“基本功能”下拉列表中增加了一个“小屏幕”模式（见图1-19），选中之后，软件界面的右侧属性栏都缩小为小图标，而中间舞台工作区域变大（见图1-20）。

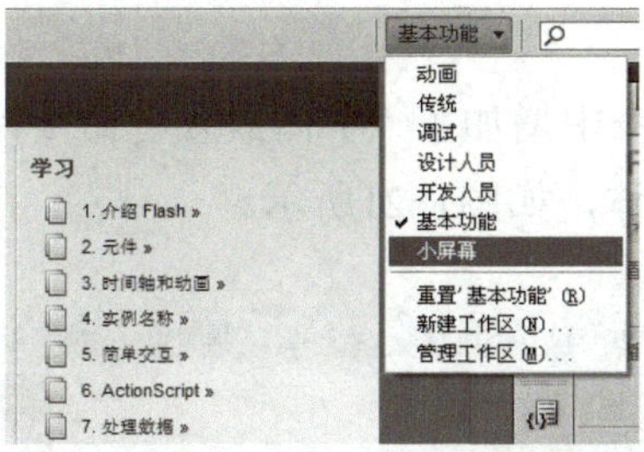


图1-19　“基本功能”下拉列表

图1-20　“基本功能”下拉列表和“小屏幕”模式

## 功能2　文字处理能力

在菜单栏中的“文本”命令中增加了“字体嵌入”命令，选中后弹出“字体嵌入”对话框，可以用于向Flash中导入字体，如图1-21所示。

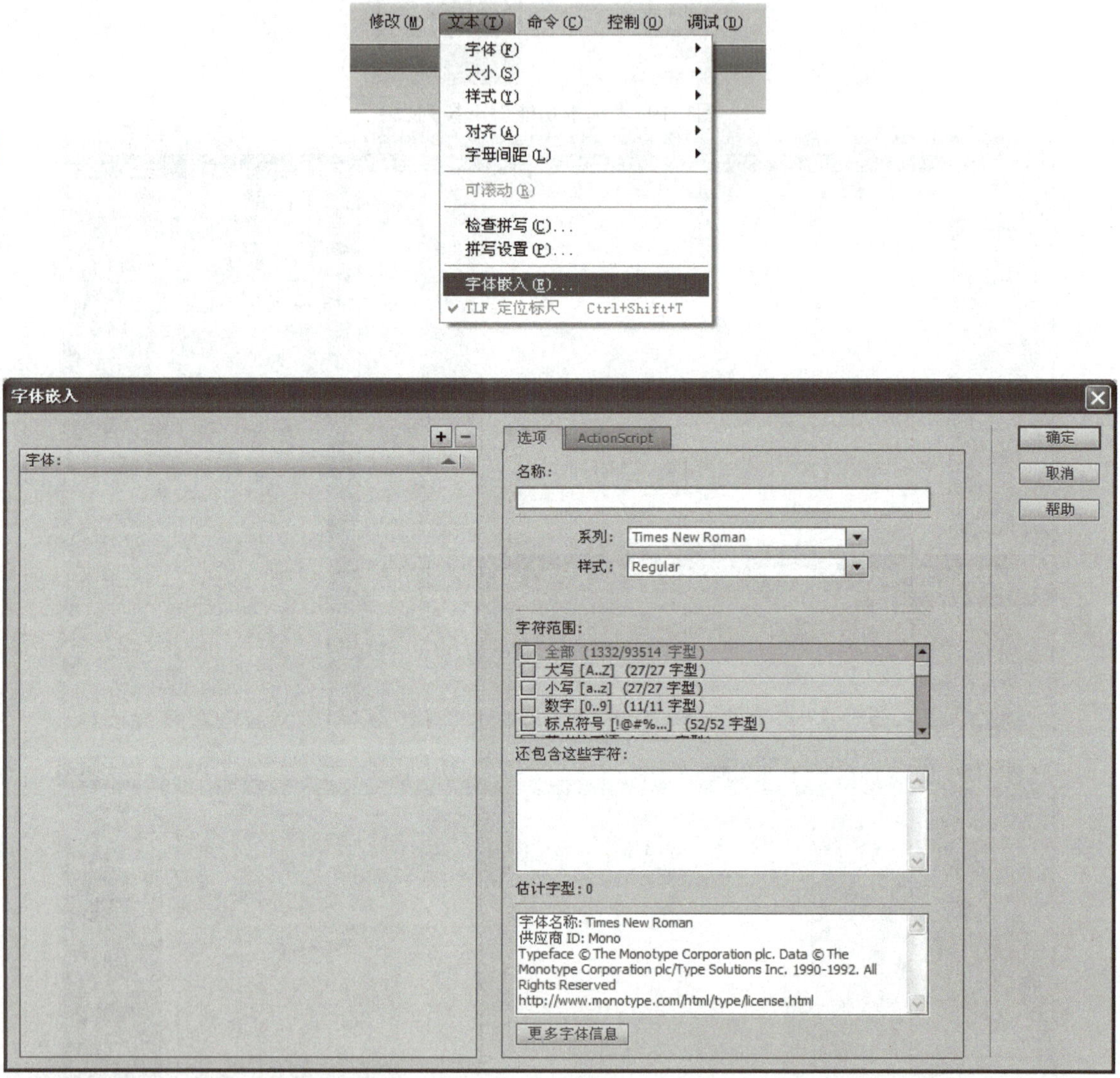


图1-21　字体嵌入

在之前的Flash版本中，如果计算机系统中没有安装某种“特殊”字体，则当打开包含某种特殊字体的FLA格式的Flash源文件时，系统就会弹出“字体映射”对话框（见图1-22），询问将如何处理这种情况。

如果单击“确定”按钮，则Flash 会用系统中安装的其他字体替换 FLA 格式的Flash源文件中的字体。替换字体只用于在完成字体映射的计算机系统上进行显示。FLA 格式的Flash源文件中的字体选择依然保持不变。

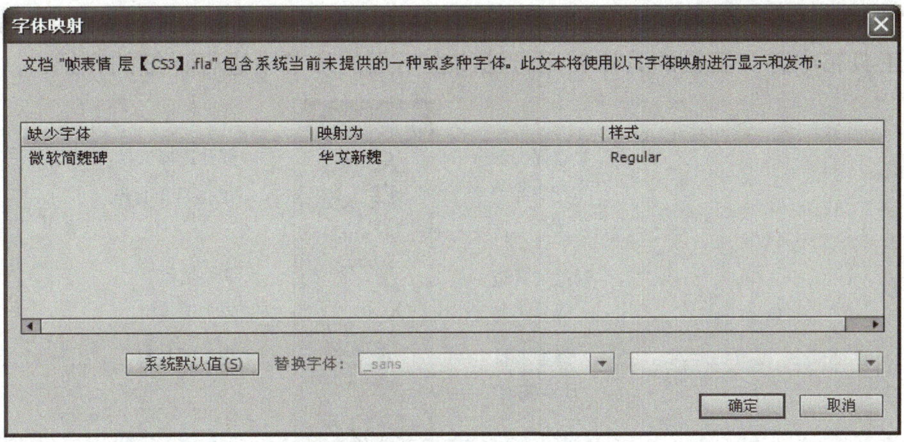


图1-22　“字体映射”对话框

### 功能3　增强了代码易用性方面的功能

在菜单栏中的“窗口”命令中增加了“代码片断”命令（见图1-23），用来帮助使用者轻松生成和学习代码。在“代码片断”窗口可以选择代码命令，用于设置Flash动画效果，增强了代码易用性方面的功能（见图1-24）。

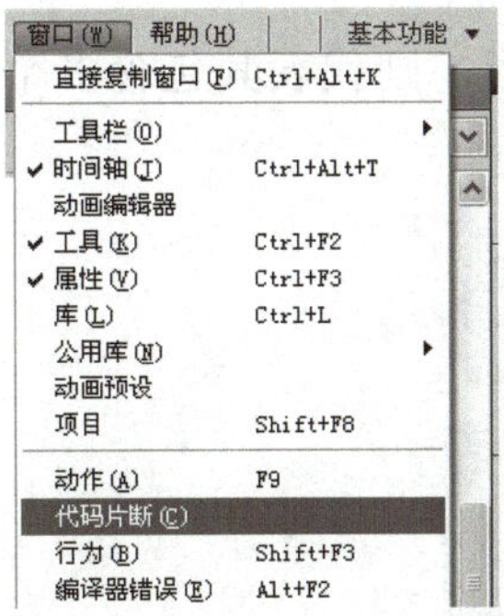


图1-23　“代码片断”命令

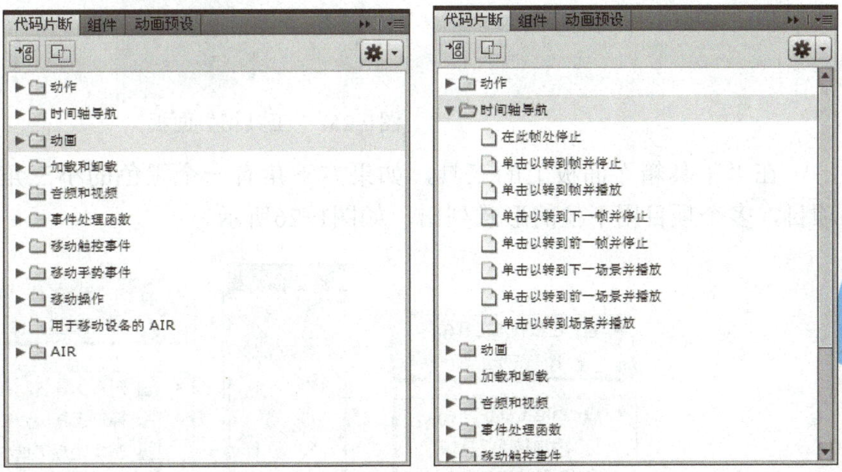


图1-24　代码片断

## 二、Flash CS5中的工具箱

在Flash CS5 中，工具箱中的工具可以用来选择对象、绘图、填色、修改图形等。“工具箱”面板，如图1-25所示。利用鼠标单击工具箱中相应的工具按钮，即可在舞台中使用该工具。

Flash CS5 工具箱分为以下4个部分。

1）“绘图工具”区：包含绘画、涂色和选择工具。

2）“查看工具”区：包含在应用程序窗口内进行缩放和移动的工具。

3）“颜色工具”区：包含用于笔触颜色和填充颜色的功能键。

4）“选项”区：显示选定工具的组合键，这些组合键会影响工具的涂色或编辑操作。有关工具箱中各个工具的具体使用方法将在后面的章节中进行详细的介绍。

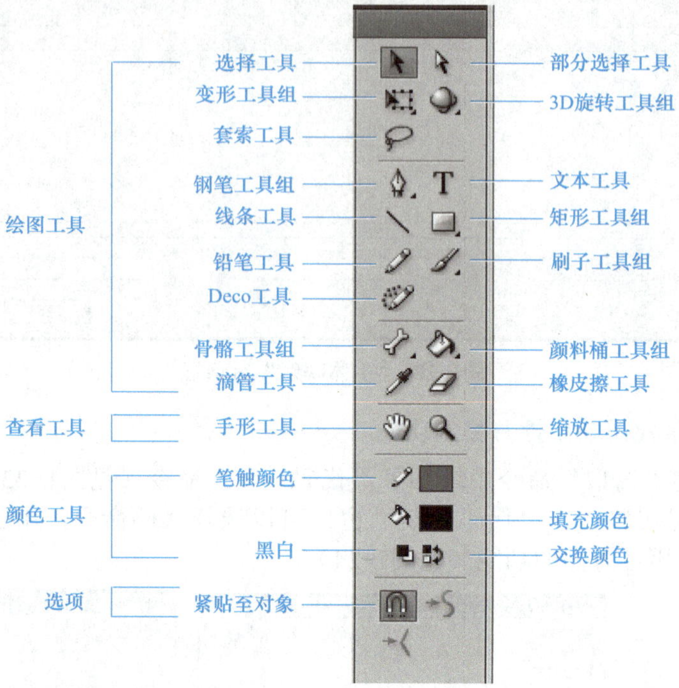


图1-25 “工具箱”面板

在“工具箱”面板上的工具，如果右下角有一个黑色的小三角形，则代表其包含多个项目，多个项目用下拉的形式列出，如图1-26所示。

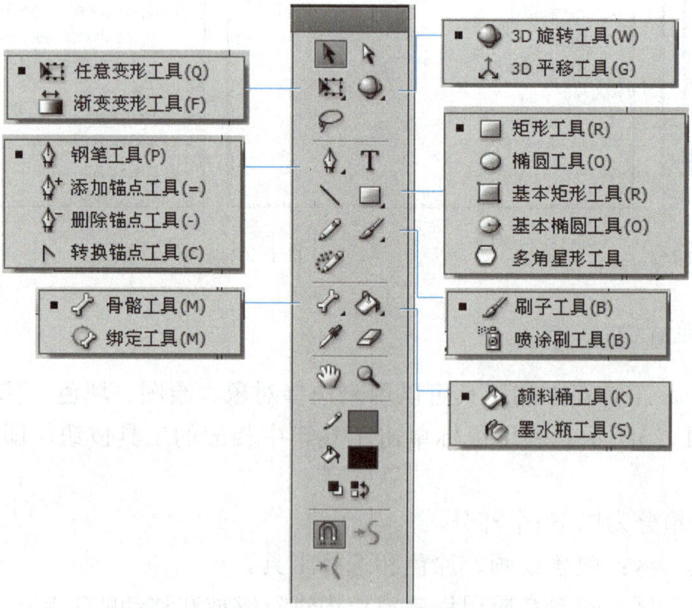


图1-26 工具箱的隐藏工具

# 项目1 探究动画原理

无论是迪士尼动画制作公司（Walt Disney Studios Motion Pictures）回归二维传统的手绘动画之作《公主和青蛙》（The Princess and The Frog），还是詹姆斯·卡梅隆（James Cameron）运用逼真的3D特效营造的视觉盛宴《阿凡达》（Avatar），都证实了动画带给人们的非比寻常的感观享受（见图1-27和图1-28）。

图1-27 传统2D手绘动画《公主和青蛙》

图1-28 史诗巨作3D科幻电影《阿凡达》

## 任务1 初识帧和帧频

### 任务描述

Flash和传统动画都是动画，用Flash制作动画时完全可以借用传统动画的许多知识。传统动画是用画笔画出一张一张不动的、但又是逐渐变化着的动态画面，经过摄影机、摄像机或计算机的逐格拍摄或扫描，然后以每秒钟24格或25格的速度连续放映或播放，这时不动的画面就在银幕上活动起来。

无论什么样的动画，它的原理都是一样的，这个原理就是传统动画原理，它是一切动画的基础；无论什么样的动画，它的构成要素也是一样，都是传统动画的构成要素。

现在就自己动手制作一个简单的Flash动画吧！

### 任务分析

通过利用文本、图片素材，使用逐帧动画技术制作一个动画短片，来了解动画的基本原理、帧、帧频的含义。

#### 1. 视觉暂留原理

不论是什么类型的动画，不论是使用什么科技手段制作的影片，动画的最基本原理都是一样的：动画是采用连续播放静止图像的方法产生景物运动的效果，是将静止的画面变为动态的艺术。

实现由静止到动态主要靠人眼的“视觉暂留”效应。科学实验证明，人眼在观察景物时，光信号传入大脑神经需经过一段短暂的时间，当光的作用结束，某个视像消失后，人眼的视觉形象并不立即消失，仍可使该物像在视网膜上滞留0.1～0.4s，这种残留的视觉称“后像”，视觉的这一现象则被称为“视觉暂留”。利用这一原理，在一幅画面还没有消失之前播放出下一幅画面，就会给人造成一种流畅的视觉变化效果。

动画就是基于人眼的视觉原理创建的运动图像，在一定时间内连续、快速观看一系列的静止画面，就会给视觉造成连续变化的动画效果。两张不同奔跑姿态的小狗的静态画面，在快速、连续播放的情况下（见图1-29），就会因视觉暂留作用感觉到第一格画面还未消失，第二格画面便出现了，使影像在观看者的视网膜上暂留，造成一种连续的视觉印象，观众便可看到一组小狗奔跑的画面，产生逼真的动感。

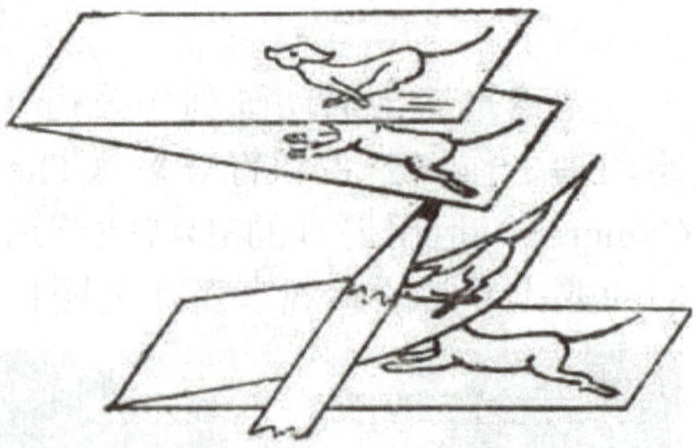

图1-29 小狗奔跑

传统的动画制作是通过电影摄影机在连续的胶片上拍摄一系列单个画面，其中每个画面都与前一个画面略有不同，并用投影机以一定的速率放映胶片，将画面投射到银幕上，人眼的视觉暂留特性就会把每幅不同的画面连接起来，从而在人脑中产生物体“运动”的印象（见图1-30）。

大家熟悉的传统动画影片，如《大闹天宫》《葫芦兄弟》《米老鼠和唐老鸭》等的制作过程就是采用这种方法拍摄完成的。如图1-31所示，由4幅静止画面的连续、快速播放，组成了孙悟空挥动金箍棒的动画效果。

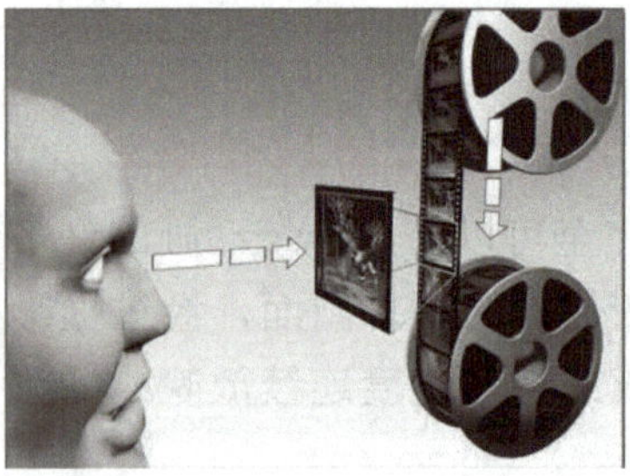

图1-30 视觉暂留原理

图1-31 孙悟空挥动金箍棒的动作

目前有一种玩具可以真实地再现传统手绘动画的制作原理，如图1-32所示。

图1-32 再现动画原理的玩具

2. 帧

传统动画中每个单独的静止画面称为帧。帧是组成动画的最基本元素，动画中的每一个单幅的静止画面都是一帧。一个动画文件是由若干个帧组成的，制作和编辑动画实际上就是对连续的帧进行操作。

Flash动画是通过对帧的连续播放实现动画效果的，通过帧与帧之间的不同状态或位置的变化实现不同的动画效果。在Flash中，时间轴面板上的帧编辑区中的每一个小方格表示一帧。使用Flash软件制作形成的动画实质上就是以时间轴为基础的帧动画。

Flash动画中的帧有4种类型，分别是关键帧、空白关键帧、普通帧和过渡帧，如图1-33所示。

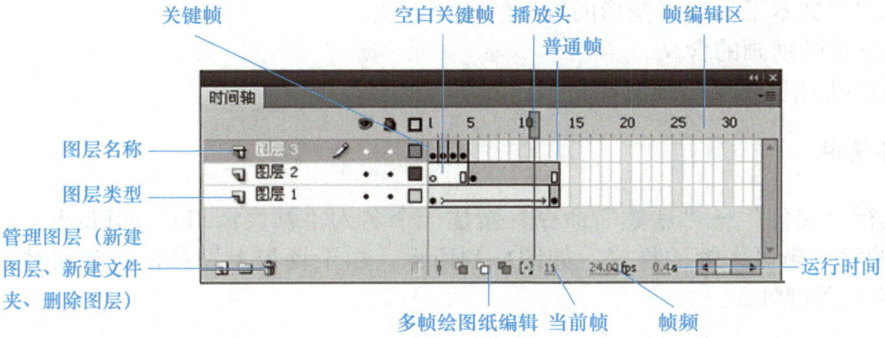


图1-33　时间轴和帧

1）关键帧 （快捷键<F6>）。关键帧是指在动画制作过程中，呈现关键性动作或关键性内容变化的帧。关键帧在时间轴中以黑色实心圆点来显示。

2）空白关键帧 （快捷键<F7>）。空白关键帧在时间轴中以空心圆点来显示，该关键帧中没有任何内容。

3）普通帧 （快捷键<F5>）。普通帧又称为延时帧，一般处于关键帧的后方，其作用是延长关键帧中的内容。一个关键帧后的普通帧越多，则该关键帧播放的时间越长。普通帧在时间轴中以小长方形显示。

4）过渡帧。过渡帧是在动画制作过程中由Flash自己生成的帧，过渡帧中的动画对象也是由Flash自己生成的。

3. 帧频

帧是静态的图像，动画影片是由一张张连续播放的图片组成的。帧频是动画播放的速度，以每秒播放的帧数为度量。常用的度量单位是fps（frame per second）。如果帧频太慢那么就会给人造成视觉上不流畅的感觉。所以，按照人的视觉原理，一般将动画的帧频设为24帧/s。帧频主要是用于控制动画的播放速度的，帧频越小速度越慢，反之帧频越大速度越快，也可中间多加一些普通帧来降低帧频。

Flash软件默认的帧频是12帧/s，也就是说，当播完12帧后正好经历1s的时间，一帧即1/12s的时间长度。例如，在24帧/s的帧频下，角色用36帧完成一套动作，转换成时间单位就是角色用1.5s的时间完成一套动作。

动画的基本原理与电影、电视一样，都是利用视觉原理。一般Flash动画是以24帧/s制作的，若用于网络播放则12帧/s即可，若用于电视台播放则要用25帧/s制作。

小提示　世界各国视频播放的标准主要有3种。中国、丹麦、印度等国是PAL制式，通用的是每秒25帧；美国、日本、韩国、加拿大等国是NTSC制式，通用的是每秒30帧；捷克、法国、希腊等国是SECAM制式，通用的是每秒25帧。当Flash动画在电视台播放时，帧频是25帧/s，舞台宽高尺寸为720px × 576px。

## 任务目标

1）明确帧、帧频的含义。

2）掌握“文本工具”“变形面板”的使用方法。

3）理解逐帧动画的含义。

4）制作Flash单图层动画文件。

## 任务实施

1）执行“文件”→“新建”命令，新建一个名为“帧表情.fla”的Flash文件。观察时间轴面板的帧编辑区中帧的样式，如图1-34所示。由于场景上没有任何动画对象，此时的帧为一个空白关键帧。

图1-34　空白关键帧

2）执行下列操作之一，设置文档属性，将帧频设置为6fps，如图1-35所示。

① 在“属性”面板中直接修改帧频。

② 单击时间轴底部帧频显示区中的帧频选项。

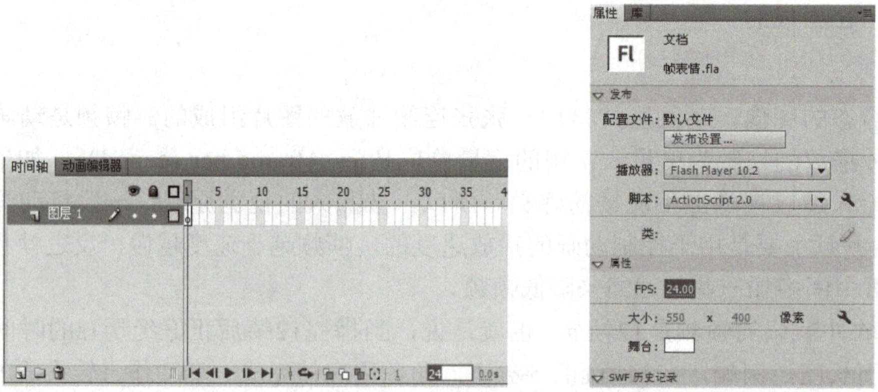


图1-35　修改帧频

3）先单击选中工具箱中的“文本工具”，在“属性”面板中设置文本的属性，设置字体的“系列”为“华文新魏”；“大小”为“44”；“颜色”为#003399，然后在舞台中单击鼠标，输入文本内容“清早起床……”，如图1-36所示。

4）使用工具箱中的“选择工具”单击选中舞台中的文本对象，调整文本对象在舞台上的位置，如图1-37所示。

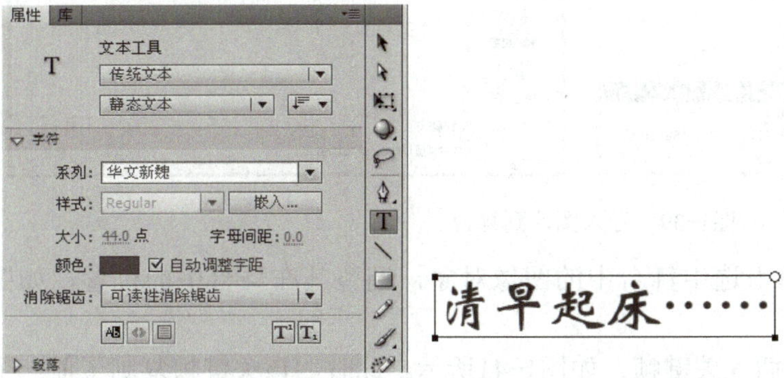


图1-36　设置“文本工具”属性、输入文本

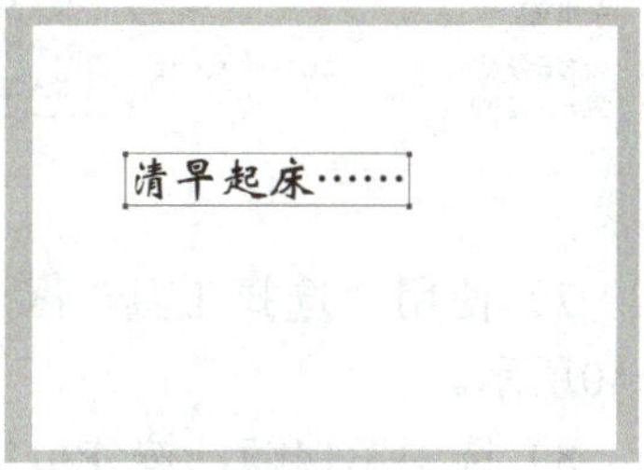


图1-37　调整文本对象在舞台的位置

## 操作技巧

Flash中的“选择工具”和Photoshop中的“选择工具”是一样的。要选取对象，首先单击工具箱中的“选择工具”，然后用鼠标单击某个对象即可选取它，同时“属性”面板也随之发生变化，会显示与所选对象相关联的设置内容。

“选择工具”又被称为“主选工具”，是工具箱中使用频率最高的工具。在使用其他工具的过程中，若临时需要使用“选择工具”，则按住<Ctrl>键，可随时从其他工具切换到“选择工具”。在使用完工具箱中的其他工具后，应该及时切换回“选择工具”。临时切换到“选择工具”可按<Ctrl>键。长久切换到“选择工具”可按<Shift + V>组合键。

5）选中第11帧，按<F7>键插入空白关键帧，如图1-38所示。

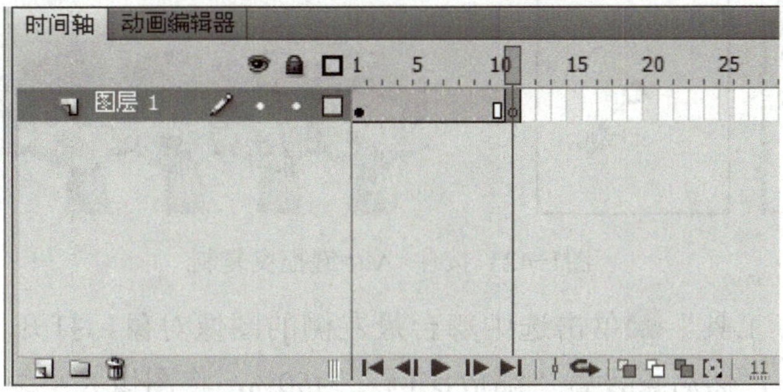


图1-38　在第11帧处插入空白关键帧

6）执行“文件”→“导入”→“导入到舞台”命令，将图片素材导入到舞台中，如图1-39所示。

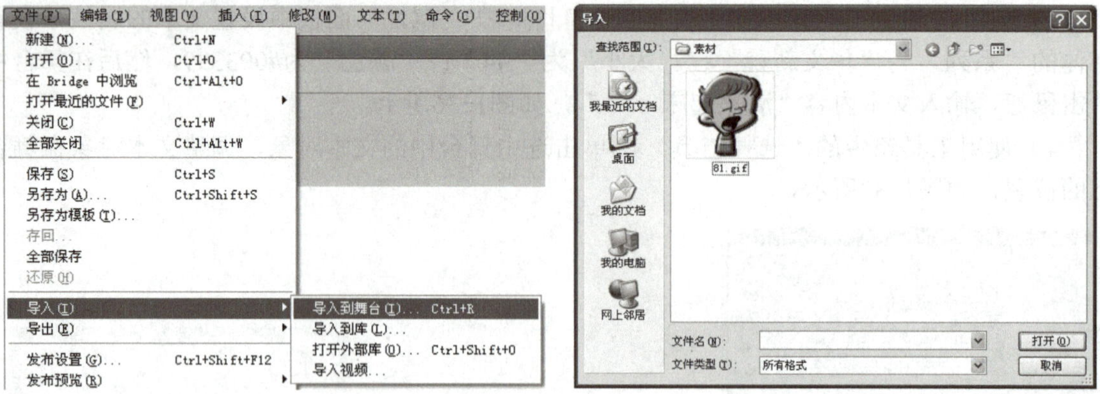


图1-39　导入图片到舞台

7）使用“选择工具”单击选中舞台中的图像对象，调整其在舞台中的位置，如图1-40所示。

8）选中第14帧，按<F6>键插入关键帧，如图1-41所示。此时，该关键帧复制了前一个关键帧的内容，显示图像对象。

图1-40　调整图像在舞台中的位置

图1-41　在第14帧处插入关键帧

9）使用“选择工具”单击选中舞台中的图像对象，并按住<Alt>键拖曳出一个图像对象的幅本，如图1-42所示。重复5次这样的操作，共复制出5个图像对象。

图1-42　按住<Alt>键拖曳复制

10）使用“选择工具”单击选中舞台最左侧的图像对象，打开“变形”面板，先设置“约束”选项，然后再设置“缩放比例”为50%，将图像大小缩放50%，如图1-43所示。“约束”选项用于约束“宽度”和“高度”选项，使图形能够成比例地变形。

11）重复上一步的操作步骤，使用“变形”面板，依次调整图像的缩放比例分别为50%、60%、70%、80%和90%，效果如图1-44所示。

12）选中第20帧，按<F6>键插入关键帧，如图1-45所示。此时，该关键帧复制了前一个关键帧的内容，显示缩放后的图像对象。

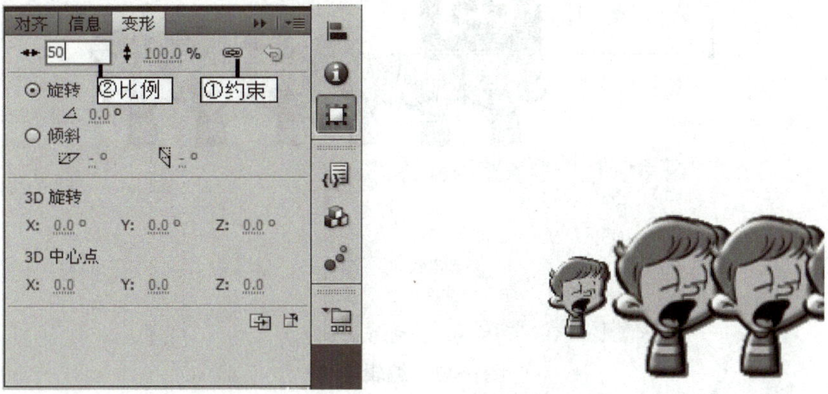


图1-43　使用“变形”面板缩放图形

图1-44　图形缩放比例

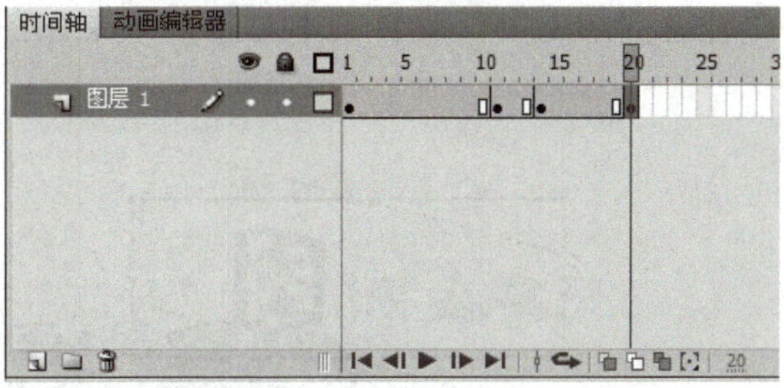


图1-45　在第20帧处插入关键帧

13）使用“选择工具”单击选中舞台最左侧的图像对象，打开“变形”面板，单击“取消变形”按钮，将图像大小从50%恢复到初始状态，如图1-46所示。

图1-46　使用“变形”面板取消变形

14）重复上一步的操作步骤，将舞台中所有图像的大小恢复到初始状态。

15）先单击工具箱中的“文本工具”，在“属性”面板中设置文本的属性，设置字体的“系列”为“华文新魏”、“大小”为“44”、“颜色”为#FF0000，然后在舞台中单击鼠标，输入文本内容“实在很困！”。单击选中“困”字，设置其字体“大小”为“96”，如图1-47所示。

图1-47　编辑字体

16）先单击选中工具箱中的“任意变形工具”，再单击舞台上的文本对象，使用“任意变形工具”旋转文本对象，效果如图1-48所示。

图1-48　使用“任意变形工具”旋转文本对象

17）选中第30帧，按<F5>键插入普通帧，对动画效果进行延时设置，如图1-49所示。

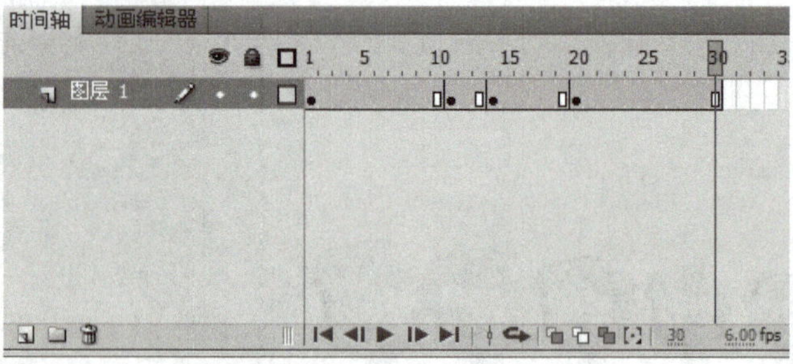


图1-49　在第30帧处插入普通帧

18）按<Ctrl+Enter>组合键，测试动画效果。

动画时间轴面板上的关键帧及其内容见表1-1。

表1-1　制作“帧表情”动画中的关键帧说明

| 帧位置序号 | 关键帧上的内容 | 使用工具或命令 |
| --- | --- | --- |
| 第1帧 | 清早起床…… | “文本工具” |

（续）

| 帧位置序号 | 关键帧上的内容 | 使用工具或命令 |
| --- | --- | --- |
| 第11帧 |  | 1）执行“文件”→“导入”→“导入到舞台”命令<br>2）使用“选择工具”调整位置 |
| 第14帧 |  | 1）复制图像：按住<Alt>键拖动<br>2）在“变形面板”中缩放图像<br>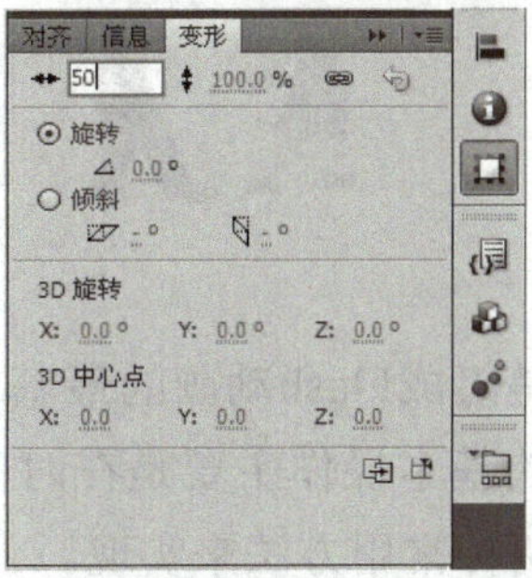 |
| 第20帧 |  | 1）在“变形面板”中取消变形<br>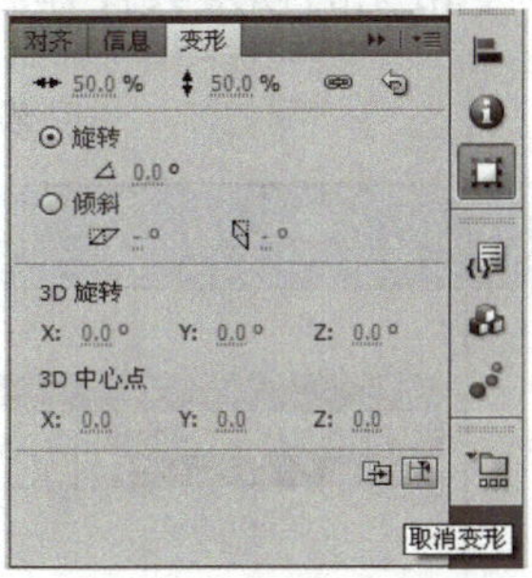<br>2）“文本工具”<br>3）“任意变形工具” |

## 任务总结

在Flash中采用“时间轴”与“帧”的设计方式来进行动画的制作。简单地说，时间轴就是一个以时间为基础的线性进度安排表，它相当于电影导演使用的摄影表，即在什么时间，哪位演员上场、说什么台词、做什么动作。Flash会根据时间轴的设置逐一播放，构成一部连续动画作品。包含动画对象的帧被称为关键帧。

### 一、逐帧动画技术

Flash动画是基于帧构成的，首先将不同的动画对象放在不同的帧中，然后设置帧的动作方式和行为，就可以制作出简单的动画。Flash动画一般包括两种形式：逐帧动画和补间动画。在逐帧动画中，必须创建动画中每一帧中的图像；而在补间动画中，只需要创建起始帧和结束帧，让 Flash 创建中间的帧。

逐帧动画是Flash动画的基础，它像传统动画一样自己绘制动画的每一帧，并通过修改动画文件中每一帧中的内容而产生动画。在之前的Macromedia Flash MX软件帮助目录下，提供了一个精彩的逐帧动画效果范例frame_by_frame.swf文件（见图1-50），若干个连续的舞蹈动作画面，组成了跳舞动作的全过程。

逐帧动画的实质是包含不同动画对象的各个关键帧的连续播放。因此熟练掌握帧的基本操作是制作动画的基础。

图1-50 逐帧动画动作分解图

帧是组成Flash动画的最基本元素，它是单幅影像画面，相当于电影胶片上的每一格镜头。帧的基本操作主要是在时间轴面板上的帧编辑区，通过快捷菜单命令或按下键盘上的功能键两种常用方法来实现。

动画中常见的帧及其操作方法见表1-2。

表1-2 动画中常见的帧及其操作方法

| 帧操作 | 帧状态 | 快捷菜单命令 | 功能键 |
|---|---|---|---|
| 插入空白关键帧 | 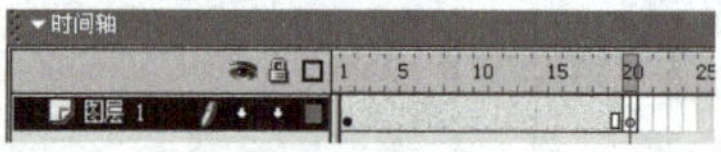 | 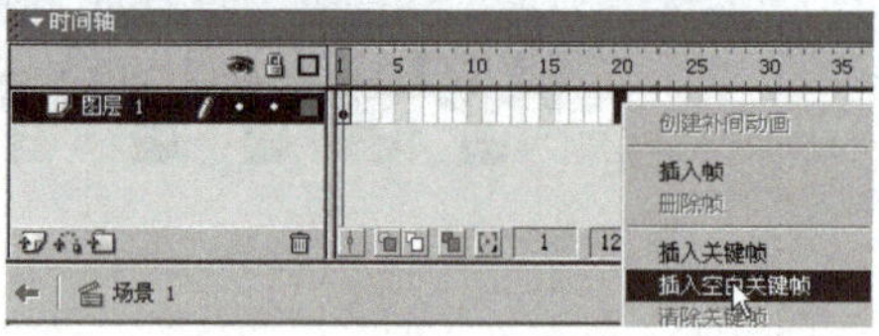 | 〈F7〉 |
| 复制关键帧 | 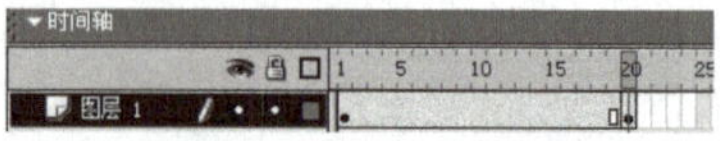 | 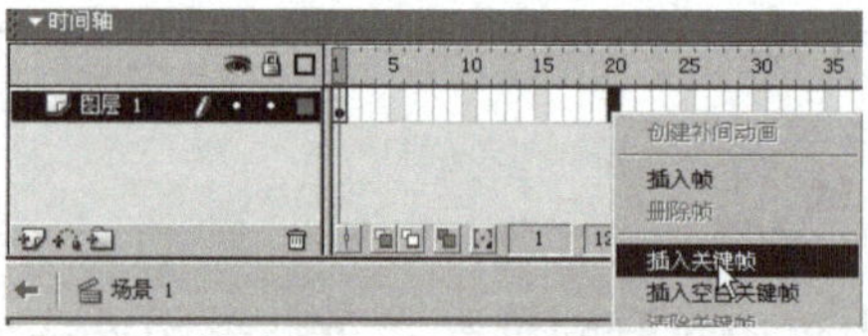 | 〈F6〉 |
| 延时关键帧 | 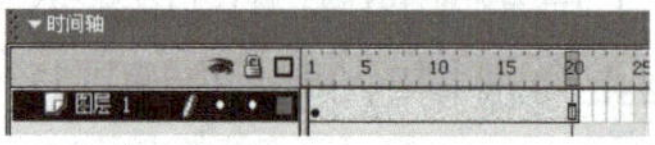 | 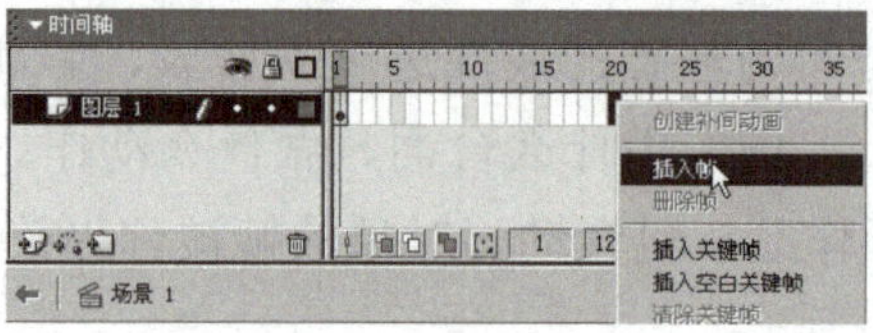 | 〈F5〉 |

**温馨提示**

“清除帧”和“删除帧”的区别：“清除帧”是将当前帧转换为空白帧，“删除帧”是去掉当前帧，会使动画少一帧，“清除帧”则保持原有的帧数。如果对图层中的所有帧都执行“删除帧”命令，则动画图层中没有帧存在（见图1-51）。

此时，如果想在场景中绘制图形或添加对象，则系统弹出如图1-52所示的对话框，提示无法在空帧上完成操作。此时，只有先插入空白关键帧后，才能在帧上添加对象。所以，动画的一切操作都必须在关键帧上完成。

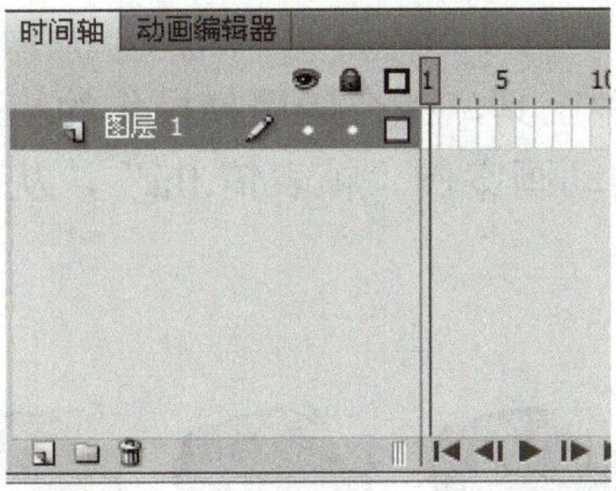


图1-51　空帧状态下的时间轴

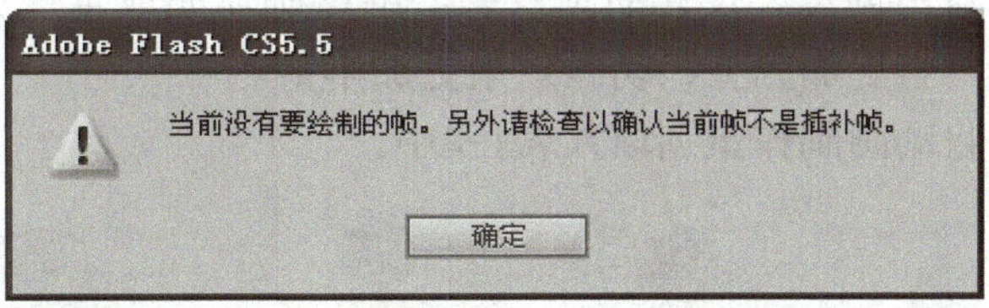


图1-52　空帧操作状态下的对话框

## 二、常用工具/面板的操作方法（见表1-3）

表1-3　常用工具/面板的操作方法

| 工　具 | 操作方法 | 作　用 |
|---|---|---|
| “选择工具” | 临时切换按<Ctrl>键　长久切换按<Shift+V>键 | 从其他工具临时/长久切换到“选择工具” |
| | 在对象的外框上单击 | 选择对象的外边框 |
| | 在对象的内部单击 | 可选择内部形状 |
| | 在对象上双击 | 可选择整个对象 |
| | 在对象外的空白舞台上单击 | 可取消选择 |
| | 按住鼠标左键，拖曳出矩形区域 | 可选择区域内的所有对象 |
| | 按住<Shift>键选择 | 选取多个对象 |
| | 按住<Alt>键拖动 | 复制对象 |
| “文本工具” | 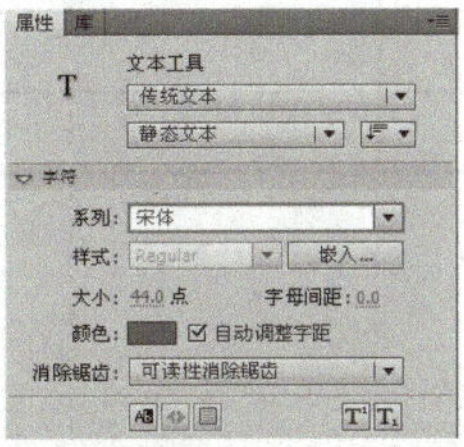 | 字体类型<br>字体样式（加粗、倾斜等）<br>字体大小<br>字体颜色<br>字体上标、下标<br>文本消除锯齿，平滑文本边缘 |
| “变形工具” | 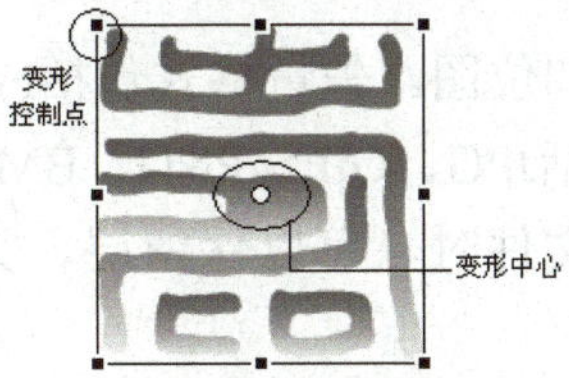  |  1个变形中心点<br>8个变形控制点<br>按住<Shift>键等比例缩放<br>按住<Alt>键以中心点缩放<br>按住<Shift+Alt>键，以中心点为基准等比例缩放 |
| “变形面板” | 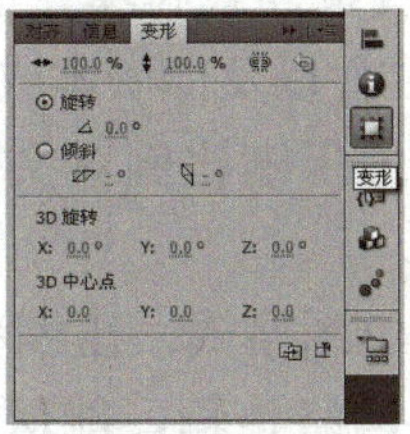 | “宽度”和“高度”选项<br>“约束”选项：成比例地变形<br>“旋转”选项：旋转角度<br>“倾斜”选项：水平倾斜或垂直倾斜<br>“复制并应用变形”按钮：用于复制图形并将变形设置应用给图形<br>“重置”按钮：用于将图形属性恢复到初始状态 |

## 任务拓展

1）自制小玩具。把铅笔设计成树的样子，在搓铅笔时，由于视觉暂留原理，小鸟会与鸟窝重合，于是小鸟就回到了自己的家了，如图1-53所示。

2）利用提供的图片素材（见图1-54），合理使用各种工具，综合运用帧操作的相关技术，自由创意、设计动画效果，继续制作完成本任务中的动画案例“帧表情.fla”，从而让动画内容更加完整、动画效果更加丰富。

将动画制作策划填入表1-4中。

图1-53　玩具效果图

图1-54　动画图片素材

表1-4　动画制作策划

| 作品创意 | 动画效果 | 使用工具名称/菜单命令 |
| --- | --- | --- |
| | | |
| | | |
| | | |
| | | |
| | | |
| | | |
| | | |
| | | |

## 拓展阅读

### 一、导入的图像素材格式

Flash CS5支持导入各种文件格式的矢量图形和位图。矢量格式包括FreeHand文件、Adobe Illustrator文件、EPS文件或PDF文件。位图格式包括JPG、GIF、PNG、BMP等格式。

1）FreeHand文件：在Flash中导入FreeHand文件时，可以保留层、文本块、库元件和页面，还可以选择要导入的页面范围。

2）Adobe Illustrator文件：该文件支持对曲线、线条样式和填充信息非常精确的转换。

3）EPS文件或PDF文件：可以导入任何版本的EPS文件以及1.4版本或更低版本的PDF文件。

4）JPG格式：是一种压缩格式，可以应用不同的压缩比例对文件进行压缩。压缩后，图片质量不会下降。

5）GIF格式：即位图交换格式，是一种256色的位图格式，压缩率略低于JPG格式。

6）PNG格式：能把位图文件压缩到极限以利于网络传输，能保留所有与位图品质有关的信息。PNG格式支持透明位图。

7）BMP格式：在Windows环境下使用最为广泛，而且使用时最不容易出问题。但由于文件较大，一般在网上传输时，不考虑该格式。

对于包含渐变和细微变化的图像，可使用JPG文件。对于具有较大的纯色块或者黑色和白色线条画的图像，可使用GIF文件。对于包含透明度的图像，可使用PNG文件。如果想保留来自Photoshop文件中的所有图层、透明度和混合信息，则可使用PSD文件。

## 二、矢量图形和位图图像

计算机可以显示的图片有矢量图形和位图图像两种格式。利用Flash绘图工具绘制的图形都是矢量图形，在Flash中也可以导入位图图像。

1）位图图像：称为点阵图，是采用具有一点颜色的像素点来描绘图像的。每个像素都被分配一个特定位置和颜色值。数码照相机拍摄的照片、扫描仪扫描的稿件以及绝大多数的图片都属于点阵图。

位图图像与分辨率有关，即在一定面积的图像上包含有固定数量的像素。因此，在屏幕上以较大的倍数放大显示图像或以过低的分辨率打印，位图图像会出现锯齿边缘。如果放大或缩小，则画质会发生变化。其变化程度取决于放大或缩小的倍数。位图图像放大后，可以清楚地看到一个个像素点，俗称“马赛克”现象（见图1-55）。倍数越大，马赛克越明显。

图1-55 位图图像放大前后效果比较（画质变化明显）

2）矢量图形：是以数学中的向量直线或曲线来描绘图像的，还包括颜色和位置的属性。矢量图的基本构成元素是轨迹线。一个轨迹线可以用数学方法描述，并且至少有两个确定位置的点。由于用数学方法构图，图形不论放大还是缩小都会很平滑、清晰，都不会影响矢量图形的画质（见图1-56）。矢量图形和分辨率无关，即图形在不同分辨率的显示器上显示时，画质都不会有任何的损失。Flash动画的优势之一就是动画内容为矢量图形，对图形的任何放大都不会使其失真，对文件的大小也不会有影响。

图1-56 矢量图形放大前后效果比较（画质保持不变）

# 任务2 认识管理图层

### 任务描述

图层（Layer）通常简称为层，它犹如透明的胶片，在上面可以绘制任何图案或书写任何文字。所有的图层叠合在一起就组成了一幅完整的画面，如图1-57所示。

a）图层1——船　　b）图层2——海浪　　c）图层叠合效果

图1-57　图层叠合效果演示

在动画制作过程中，为了方便管理，将各种不同的动画运动元素分别放置在不同的图层中，如背景图层、人物图层、道具图层等。可以这样理解，图层就是在一张张透明的玻璃纸上作画，透过上面的玻璃纸可以看见下面纸上的内容，但是无论在上一层上如何涂画都不会影响到下面的玻璃纸，上面一层会遮挡住下面的图像。最后将玻璃纸叠加起来，通过移动各层玻璃纸的相对位置或者添加更多的玻璃纸即可改变最后的合成效果。传统动画是在纸上画背景，在玻璃纸上画动画，通过叠加景物的方式形成一帧，再用摄像机逐帧拍摄连贯播放形成动画（见图1-58）。

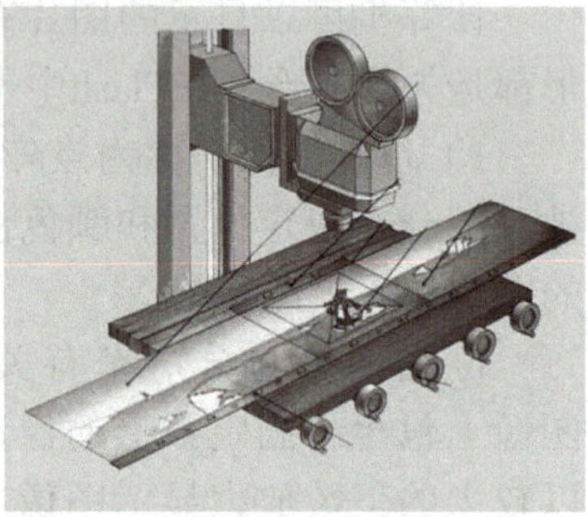

图1-58　传统动画制作

本任务将利用图像素材（见图1-59），为任务1的“帧表情”动画添加图层背景，让动画效果更丰富。

图1-59　图像素材

## 任务分析

当创建了一个新的Flash 文档之后，它仅包含一个图层。在Flash动画中，可以将图层看作一叠透明的胶片，每张胶片上都有不同的内容，将这些胶片叠在一起就组成一幅比较复杂的画面。通过添加更多的图层，可以在动画文档中组织插图、动画和其他元素。

要正确、高效地运用Flash CS5软件进行动画制作，必须了解Flash CS5中图层的功能，熟练地进行图层的编辑与调整，制作Flash的多图层动画。在不同的图层里存放不同的元件，设置不同的动画，不但能够突出动画的层次感，而且在修改时也会比较方便。

## 任务目标

1）掌握新建图层、对图层进行重命名的方法。

2）对图层进行基本管理（隐藏、锁定或重新排列图层）。

3）使用任意变形工具调整动画对象。

4）使用变形面板调整动画对象。

5）制作Flash多图层动画。

## 任务实施

为了制作方便，动画中背景、角色放在不同的透明纸上，每个对象置于不同的图层当中，图层重叠播放，就形成了预设中的动画。一个场景可由几个图层组成，每个图层的内容由图像、动画、组件或音效等构成。放在上层的对象会遮盖下层的重叠部分。

在图层编辑区（见图1-60）的上方和下方各有一些小按钮，上方的按钮控制图层对象的显示方式，下方按钮用来完成新建图层、删除图层等操作。“新建文件夹”按钮用来新建一个文件夹，这样可以把多个图层拖放到文件夹中，便于分类放置管理。

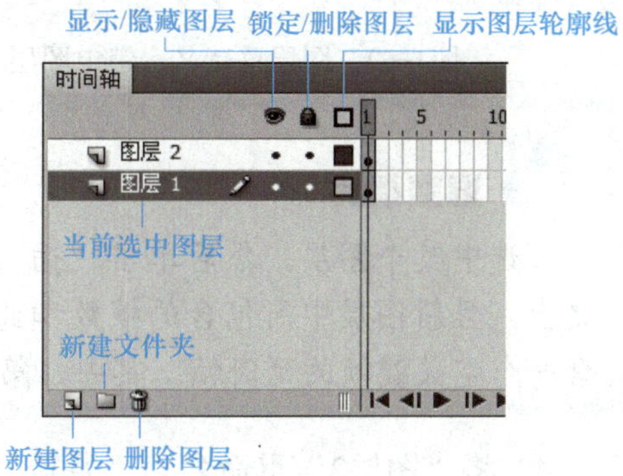


图1-60 图层编辑区

1）执行“文件”→“打开”命令，打开任务1制作完成的文件名为“帧表情.fla”的Flash文件，观察动画文件的时间轴面板的图层编辑区，如图1-61所示。

图1-61 打开文件并查看动画时间轴面板

2）双击“图层1”，当其变成输入框时，输入图层新名称“动画”，对图层进行重命名，如图1-62所示。单击图层编辑区上方的锁定图层按钮，锁定“动画”图层，则该图层中的内容都不能修改编辑，如图1-62所示。锁定图层可以很好地防止误操作。

3）单击图层编辑区下方的“新建图层”按钮，在“动画”图层上方新建一个图层，如图1-63所示。

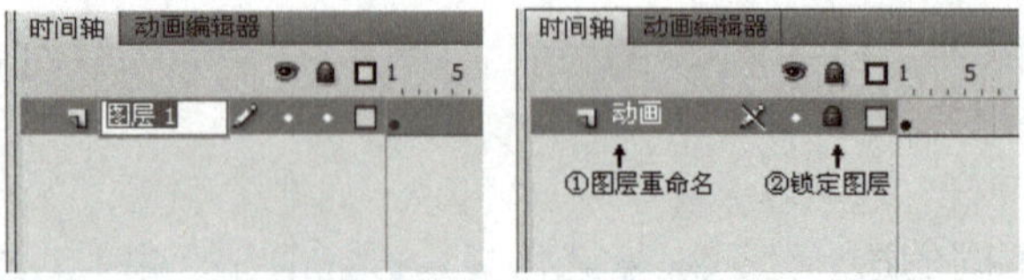


图1-62　图层重命名、锁定图层

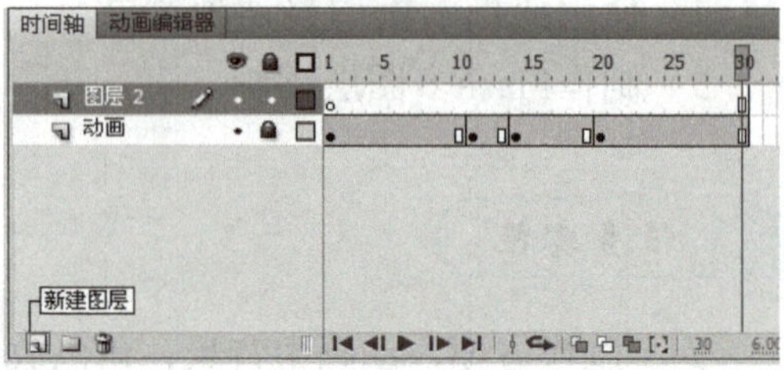


图1-63　新建图层

**温馨提示**

选中某个图层，然后单击“插入图层”按钮，则插入的新图层会位于所选中的图层之上，且新图层中所包含的帧数和此时动画时间轴上现有的最长帧数相同。这些帧为包含一个空关键帧的延时帧。其中，第一帧为空白关键帧，其余帧为延时帧。

4）将“图层2”重命名为“背景”图层，如图1-64所示。

5）在进行动画制作时，“背景”层应位于“动画”层的下方。单击选中“背景”层，按住鼠标左键拖动其到“动画”层的下方，如图1-65所示。

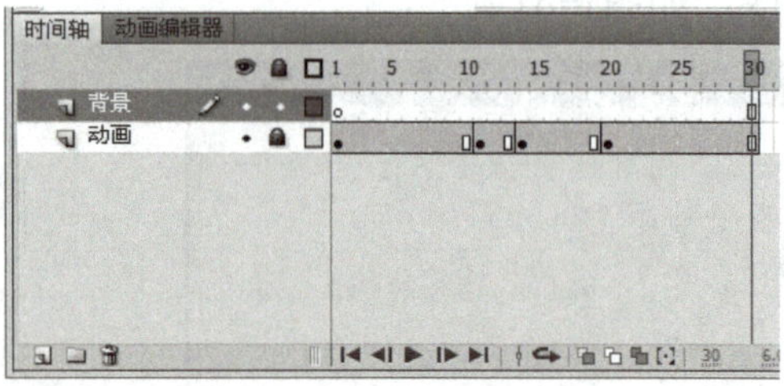


图1-64　图层重命名

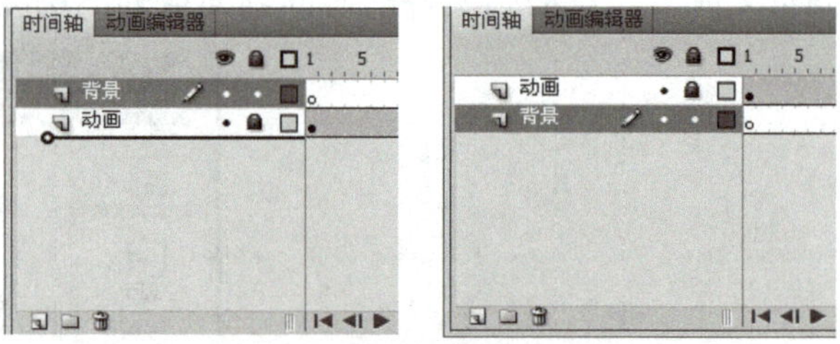


图1-65　调整图层的顺序

6）参照“动画”图层中关键帧的位置，在“背景”图层的相应帧上分别按<F6>键插入空白关键帧，如图1-66所示。

7）选中“背景”图层第1帧，执行“文件”→“导入”→“导入到舞台”命令，将图像素材导入到舞台中。使用“选择工具”、“任意变形工具”调整图像素材的位置、大小，如图1-67所示。

8）重复步骤7），分别在第11帧、第14帧和第20帧导入图像素材、调整图像的大小和位置，动画效果如图1-68所示。

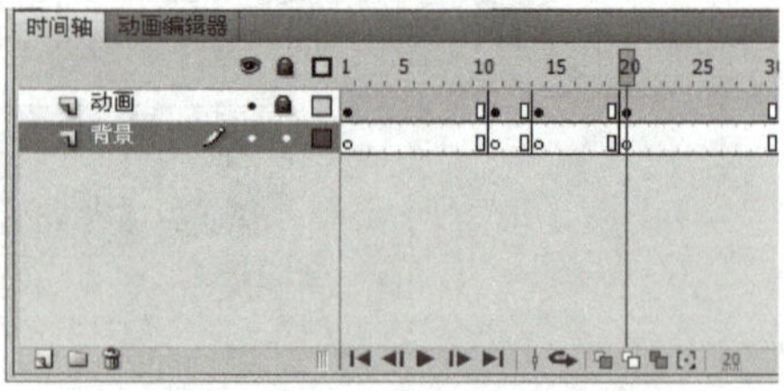


图1-66　插入空白关键帧

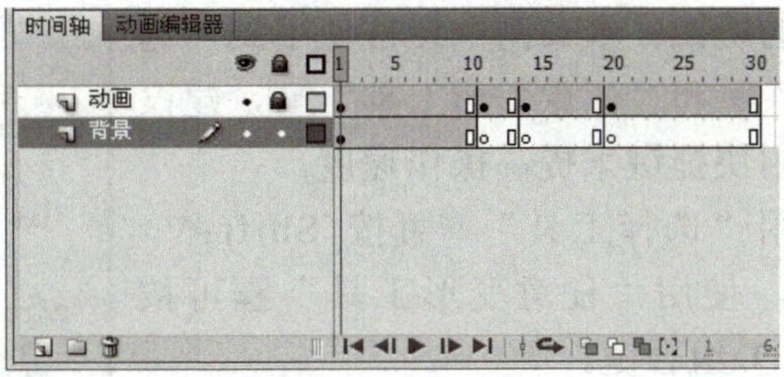


图1-67　第1帧动画效果及时间轴

a）

b）

c）

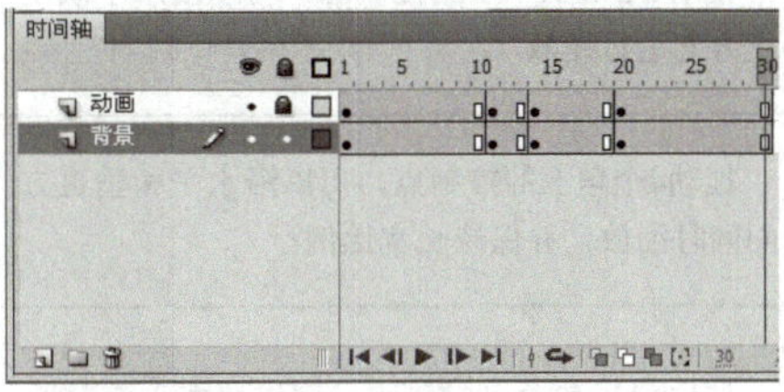


d）

图1-68　动画各关键帧内容

a）第11帧　b）第14帧　c）第20帧　d）时间轴

9）按<Ctrl＋Enter>组合键，测试动画效果。为保证动画流畅播放，将帧频从6fps调整到4fps、2fps，查看动画效果，如图1-69所示。30帧的动画，由于帧频的不同，播放时间也不同，帧频越小，播放时间越长。

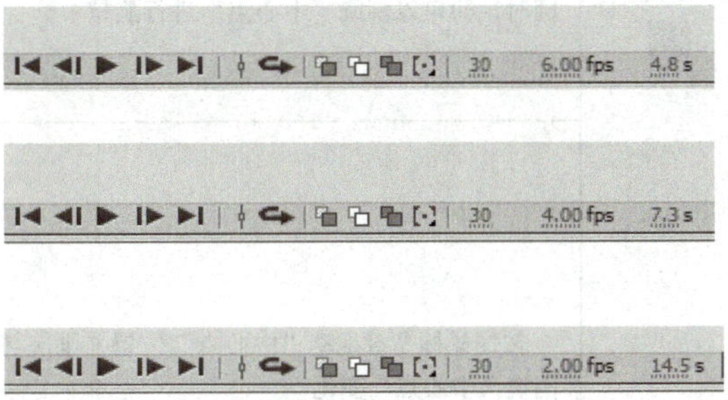


图1-69　调整动画的帧频

10）确定动画的帧频后，按<Ctrl+S>组合键，保存文件。

本任务中使用的操作技巧：

① 执行“文件”→“导入”→“导入到舞台”命令，在弹出的“导入”对话框中（见图1-70），选择“缩略图”方式查看图像文件，可以快速地找到所需要的图片。

②“选择工具”和“任意变形工具”的切换。本实例中经常使用到“选择工具”和“任意变形工具”，建议读者使用快捷键来提高操作速度。

使用“选择工具”可按〈Shift+V〉组合键，使用“任意变形工具”可按〈Shift+Q〉组合键。

在使用其他工具的过程中，若临时需要使用“选择工具”，则按住〈Ctrl〉键，可随时从其他工具切换到“选择工具”。在使用完毕工具栏中的其他工具后，应该及时切换回“选择工具”。

图1-70　导入图片

③“任意变形工具”的使用方法（见表1-5）。“任意变形工具”可以对对象进行选择、移动、调整变形中心、缩放、旋转和各种变形操作。

**表1-5　“任意变形工具”的使用方法**

| 工　具 | 操作及作用 | 样　例 |
|---|---|---|
| “任意变形工具” | 拖动4个边上中心的控制点，可以沿水平或垂直方向进行缩放 | 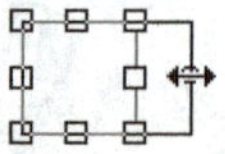 |
| | 拖动4个角上的控制点，可以沿水平和垂直方向同时缩放，并保持长宽比例 | 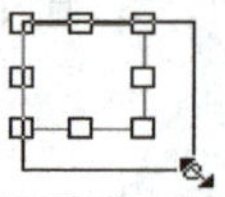 |
| | 按住〈Alt〉键拖动控制点，则以“中心点”为基准点进行缩放 | 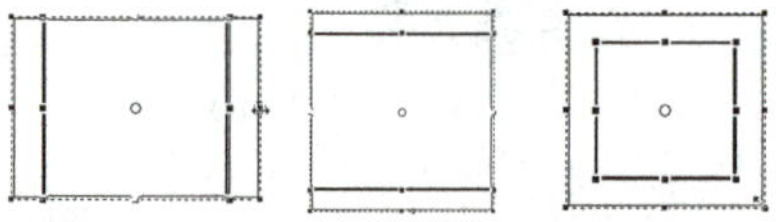 |
| | 把光标移近4角控制点位置，当光标变为3/4圆时，即可以围绕“中心点”进行旋转 | 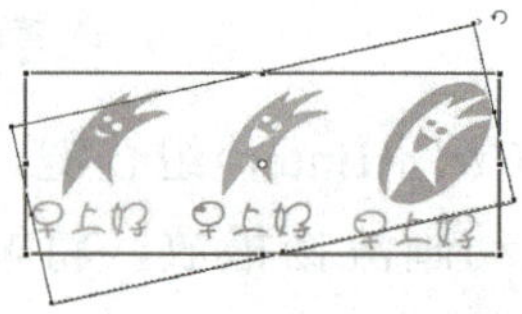 |
| | 按住鼠标左键拖动“中心点”位置，则旋转围绕“中心点”变化 | 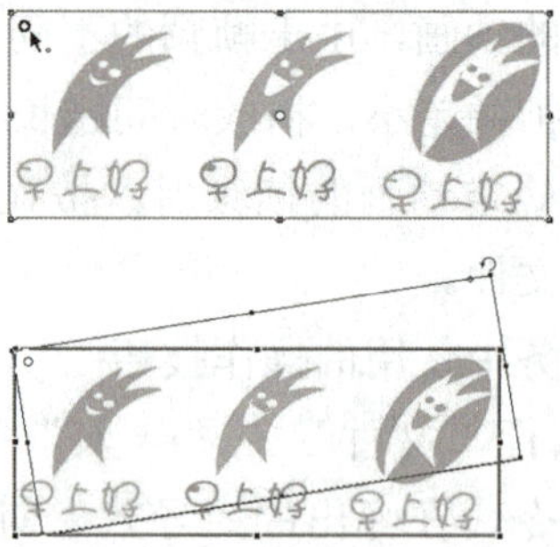 |

## 任务总结

动画的核心价值就是运用帧画面在不同图层上的组合去实现视觉的动态效果。一部动画片通常是数万帧乃至数十万帧图画和若干个背景图层组成的。图层是为了让动画内容分开，不同的内容放在不同的图层上。

多层动画是Flash动画设计中使用最为广泛的动画类型。可以把Flash中的层看成是相互堆叠在一起的许多透明的薄纸。在每个图层上绘制和编辑不同的对象，多个图层堆叠起来就会产生复杂和玄妙的动画效果。

图层的基本操作是通过时间轴面板中图层控制区上的工具区来实现的。图层的数量是不限定的，可以根据动画作品的需要随便添加。可以创建的层数只受计算机内存的限制，而且层数不会增加发布的影片的文件大小。复杂的动画一般由多个图层组成，为方便图层的编辑和管理，可以重命名图层以更好地反映它们的内容。

## 任务拓展

利用提供的图片素材（见图1-71），合理使用各种工具，综合运用帧操作、图层操作的相关技术，为动画案例“帧表情.fla”添加动画片头、动画片尾。动画制作过程见表1-6。

图1-71　图片素材

表1-6　动画制作过程

| 作 品 创 意 | 动 画 效 果 | 使用工具名称/菜单命令 |
|---|---|---|
| | | |
| | | |
| | | |
| | | |
| | | |
| | | |
| | | |
| | | |

## 拓展阅读

### 一、动画的片头和片尾

动画片头文字通常指动画的名字。一般都将片名放在画面中心的突出位置，字体较大，持续时间较长，以保证观众有充分的时间阅读。另外，在可认易读的原则上还要注意特色性，可以配合动画情节适当添加片中的角色等元素，越有特色的片头文字越能吸引观众的注意力，产生标志性的效果。

片尾文字主要展示动画的出品发行单位、发行时间及创作团队等，如制片人、导演、角色及场景的设计制作人员、动画制作人员、配音人员、后期合成人员等。片尾文字多数采用滚动、进入等方式出现，同样要注意文字的易读性，并保证进行阅读的时间。

### 二、动画调整过程中帧的移动操作

1）单击时间轴面板左侧的图层标志，选中该图层上的所有帧，如图1-72所示。

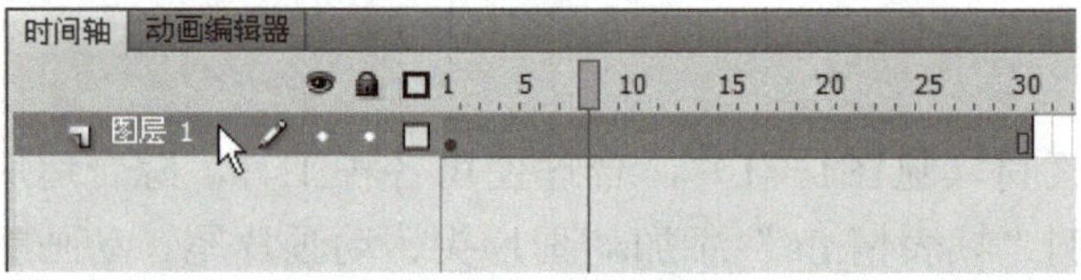


图1-72　选中图层中所有帧

2）按住鼠标左键向右侧拖动帧，如图1-73所示。

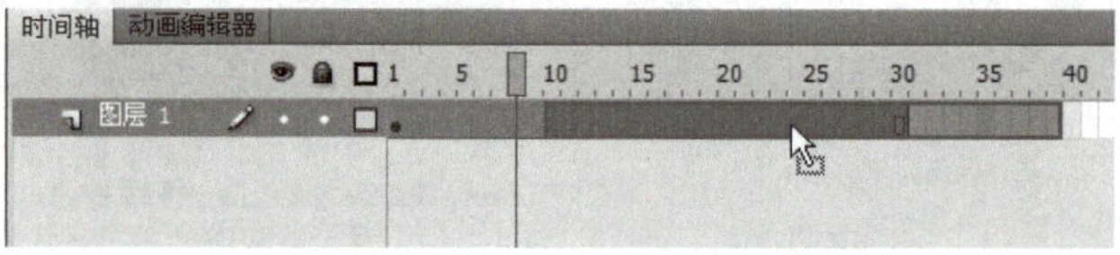


图1-73　拖动帧

3）拖动到合适位置后，松开鼠标左键，如图1-74所示。

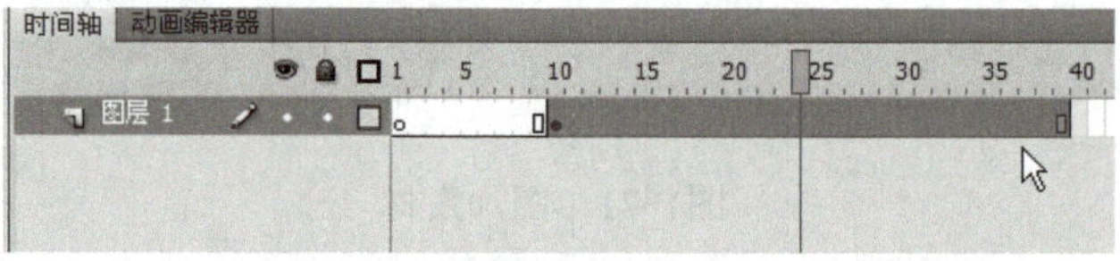


图1-74　移动帧后的效果

### 三、动画选中帧的操作

1）选中动画中的所有帧，如图1-75所示。

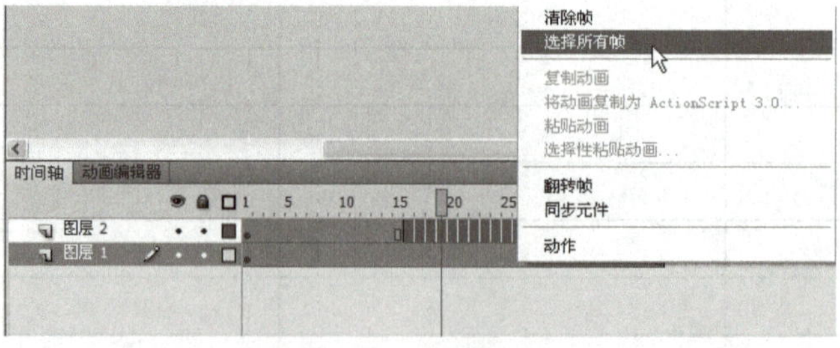


图1-75　选择所有帧

2）选择动画中连续帧的方法。

①按住〈Shift〉键，单击开始帧和结束帧，选中它们之间的所有帧，如图1-76所示。

②双击一个关键帧到下一个关键帧之间的任何帧时，两个关键帧之间的整个帧序列都将被选中，如图1-77所示。

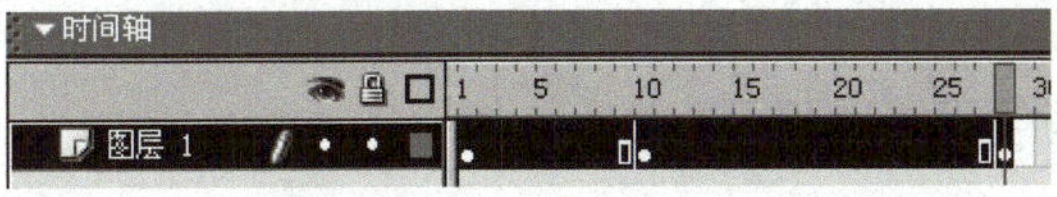


图1-76　选中所有帧

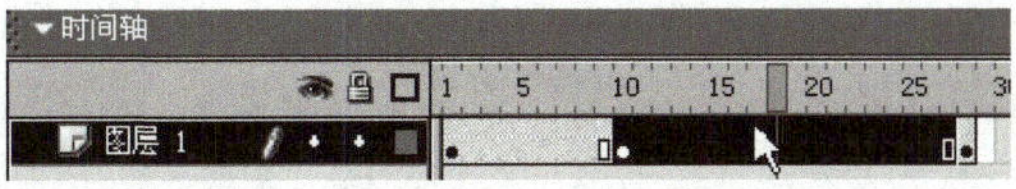


图1-77　选中两个关键帧之间的帧

## 项目学习作品评价表

| 评价标准 | 个人评价 | 小组评价 | 教师评价 |
|---|---|---|---|
| 1. 能理解动画的原理 | | | |
| 2. 能明确帧、帧频的含义 | | | |
| 3. 能制作单层Flash动画 | | | |
| 4. 能对图层进行编辑、管理 | | | |
| 5. 能制作多图层Flash动画 | | | |
| 6. 能灵活使用“选择工具” | | | |
| 7. 能使用“文本工具” | | | |
| 8. 能灵活使用“任意变形工具” | | | |
| 9. 能熟练掌握帧的操作 | | | |
| 10. 动画作品有自己的创意 | | | |

注：A全部准确理解，B大部分准确理解，C部分准确理解，D基本做不到。

## 项目总结

通过项目1的学习可以明确动画的制作过程，熟练掌握基本工具的使用方法，重点掌握帧和图层的基本操作，能发布一个多图层动画作品，并深入了解动画的基本原理。

Flash动画的核心就是运用帧画面在不同图层上的组合去实现视觉的动态效果。一部动画是由若干个帧和图层组成的多层动画。在每个图层上绘制和编辑不同的对象，多个图层堆叠起来就会产生复杂的动画效果。帧、图层的基本操作是通过时间轴面板来实现的。

# 项目2 制作动画片段

动画角色是动画的灵魂，动画影片中的角色就相当于电影里的演员。角色在Flash英文版中称为Symbol，也被翻译为元件、符号。动画的制作过程类似拍摄电影，各个角色按照一定的情节，依据一定的顺序，采用不同的方式先后出场，从而形成了一个完整的影片。

## 任务1 认识角色元件和实例

### 任务描述

在Flash动画中，元件就像剧中的演员、道具，具有独立的地位并发挥着各自的作用。它是Flash动画中不可或缺的主体因素。一个精彩的动画作品就是由若干元件的组合和变化而形成的。下面认识一下Flash CS5软件的角色。

### 任务分析

要正确、高效地运用Flash CS5软件进行动画制作，必须准确理解Flash中角色元件的含义，熟练地使用动画角色元件，可以有效减小影片文件的大小，加快动画影片的播放速度。

在Flash动画中，各种角色资源统一存储在Flash文件的库中。

#### 1. 打开“库”面板查看角色元件

执行“窗口”→“库”命令或按<Ctrl+L>组合键，弹出“库”面板，如图1-78所示。

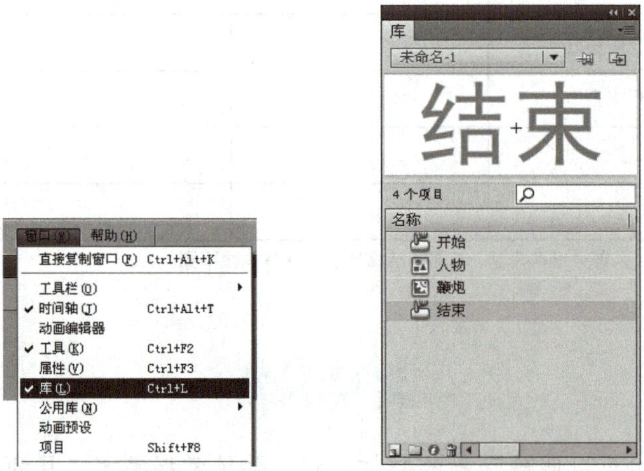


图1-78 动画角色元件库

既可以创建新的角色，也可以使用Flash CS5软件提供的角色。

执行“窗口”→“公用库”命令，打开Flash CS5附带的内置公用库中包含的一些范例，如按钮、声音或类，如图1-79所示。使用内置公用库资源，可以优化动画制作者的工作流程和文件资源管理。单击“库”面板中“元件预览窗口”中的“播放”按钮▶，可预览角色元件的效果。

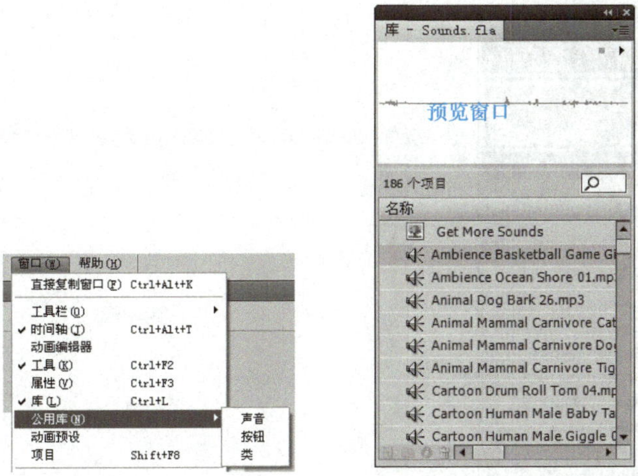


图1-79　公用库

在Flash CS5中，提供了声音、按钮、类3种类型的“公用库”，在打开的每一个“公用库”面板中都包含有文件夹，进入文件夹中可以看到几十个常用的元件。

**温馨提示**

“公用库”中的元件都保存在相应的Flash源文件中，如图1-79所示。查看库面板，各类声音文件都保存在Sounds.fla的源文件中。

### 2. 使用“库”角色——实例

实例是使用角色元件时产生的副本。角色元件保存在“库”中，当将其拖放在“舞台”上使用时，被拖放在舞台上使用的角色元件就被称为该“角色元件”的“实例”。在“库”面板中，单击选中某个角色，按住鼠标左键将其拖曳到场景中，创建形成所选角色的一个“实例”。

一个角色元件可以多次、同时被使用，产生同一角色元件的不同“实例”。“实例”在颜色、大小和功能上可以与“角色元件”有所差异。

**任务目标**

1）明确角色元件的含义。

2）明确角色元件和实例的关系。

3）明确“库”的作用。

**任务实施**

1）新建一个Flash CS5文件，命名为“按钮.fla”。

2）执行“窗口”→“公共库”→“按钮”命令，弹出“库”面板。注意，此时打开的“库”面板是“Buttons.fla”文件的角色库。

3）在“库”面板中选中“buttons bar crapped”文件夹下“bar crapped blue”文件，将其拖曳到场景中，即在场景中创建了按钮文件“bar crapped blue”的一个实例，如图1-80所示。

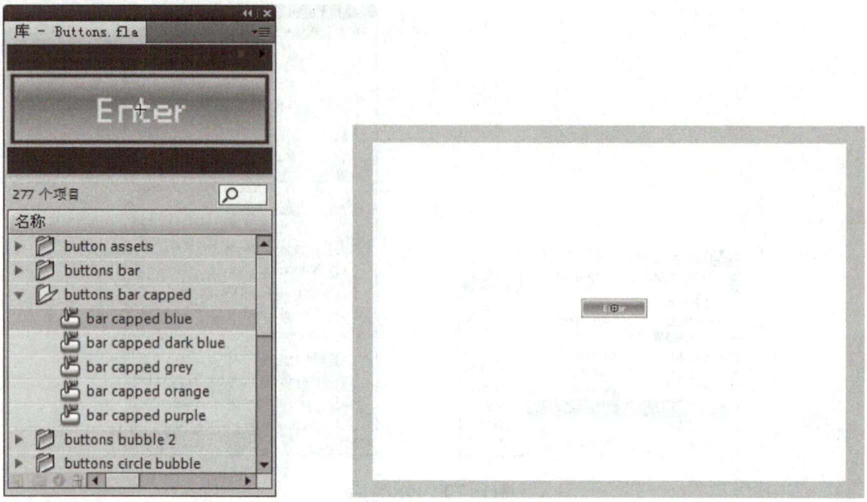


图1-80　拖曳按钮角色元件到场景中

4）此时，在“按钮.fla”文件的“库”面板中增加了一个“buttons bar crapped”文件夹，同时时间轴面板中增加了一个关键帧，如图1-81所示。

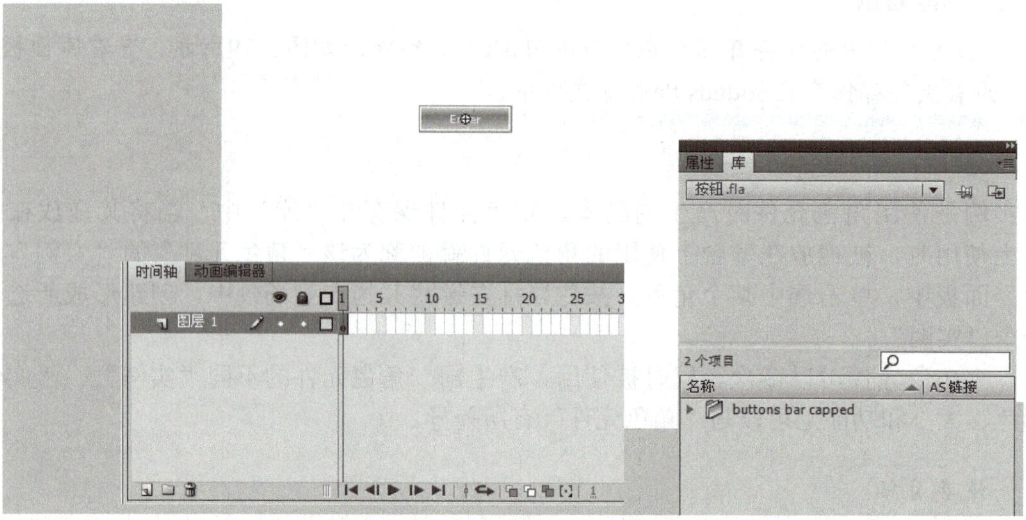


图1-81　“库”面板和时间轴面板

**温馨提示**

“库”中的角色元件是伴随着Flash文件的存在而存在的，打开其他文件或新建文件将重新建“库”，原“库”角色元件将不复存在。

5）使用“工具”面板中的“选择工具”选中场景中的“bar crapped blue”按钮角色实例，打开“属性”面板查看该角色实例的相关属性，并将该实例名称命名为“蓝色按钮”，如图1-82所示。

6）再次打开“按钮.fla”文件的“库”面板，选中“buttons bar crapped”文件夹下的按钮文件“bar crapped blue”，将其拖曳到场景中，再次在场景中创建按钮文件“bar crapped blue”的另一个实例。

7）重复步骤5），在“属性”面板中将该实例命名为“绿色按钮”，并通过设置“色彩效果”中的“色调”选项，设置“绿色按钮”实例的颜色为绿色，如图1-83所示。

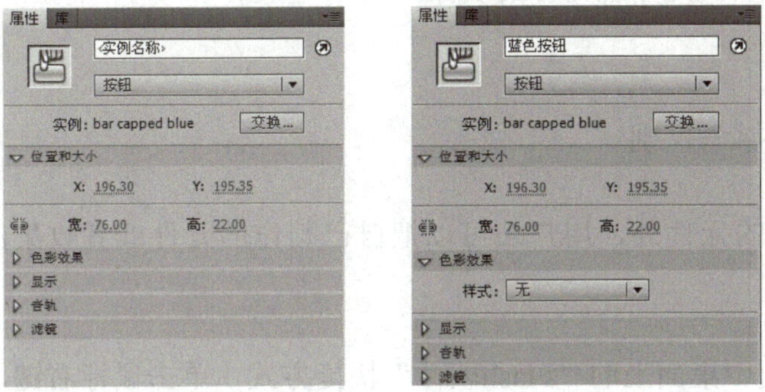

图1-82 命名角色实例

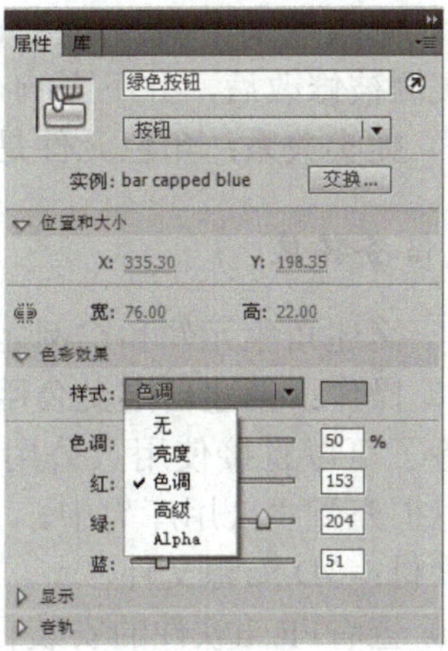

图1-83 设置角色实例的色彩效果

8）此时，在“按钮.fla”文件的场景中，由“库”面板中的一个按钮文件“bar crapped blue”创建两个名称分别为“蓝色按钮”和“绿色按钮”的实例，如图1-84所示。

9）保存“按钮.fla”文件，并测试动画效果，如图1-85所示。

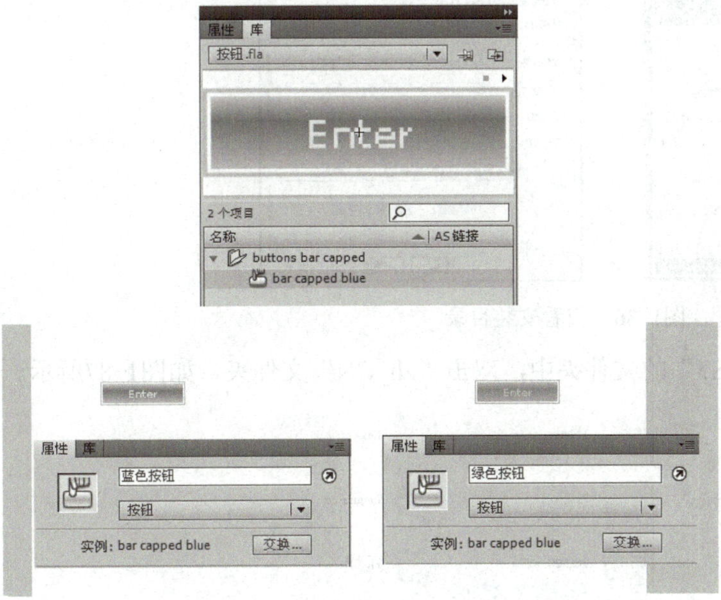

图1-84 一个角色元件创建两个实例

图1-85 动画效果图

## 任务总结

角色元件与实例的关系如下。

1）使用范围不同：实例在前台“舞台”中，角色元件在后台“库”中。

2）编辑方式不同：舞台中的实例在“属性”面板编辑，“库”中的角色元件用“工具”进行编辑。

3）修改效果不同：角色元件修改后，舞台上该角色元件的所有实例将同步被修改。某一个实例被修改后，并不影响角色元件，也不影响其他实例。

4）虚实关系：角色元件是实体，实例是角色元件的映像。

## 任务拓展

1. 简述角色元件和实例之间的关系与区别

2. 操作：创建自定义公用库

除了可以直接使用“公用库”中的元件外，用户还可以把自己制作的元件或者收集的素材也扩充到“公用库”中。

素材：3D.fla源文件

1）查看Flash软件的安装目录。选中桌面上的“Flash软件”快捷方式，单击鼠标右键，在弹出的快捷菜单中选择“属性”命令，再单击“查找目标”，打开Flash软件的安装目录文件夹，如图1-86所示。

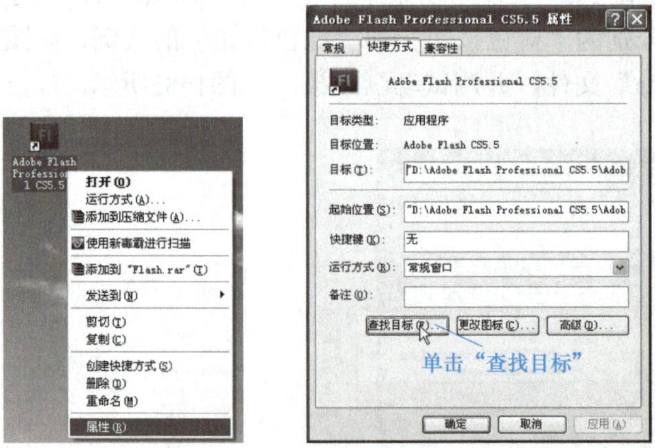


图1-86 查看安装目录

2）在打开的“Adobe Flash CS5”的文件夹中，双击“zh_CN”文件夹，如图1-87所示。

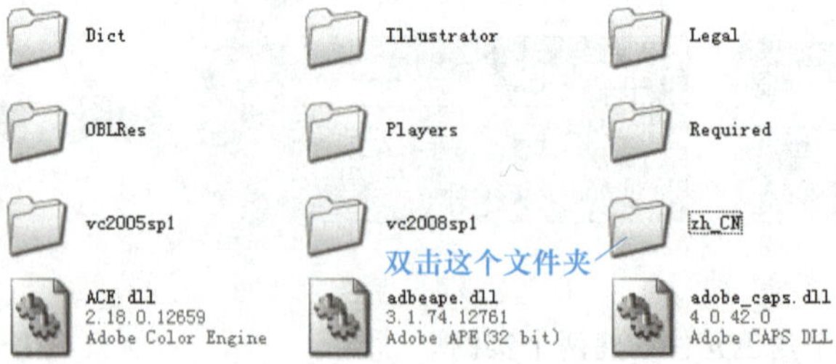


图1-87 打开安装目录文件夹中的“zh_CN”文件夹

3）打开“Configuration”文件夹。在打开的“zh_CN”文件夹中双击“Configuration”文件夹，如图1-88所示。

4）打开“Libraries”文件夹。在打开的“Configuration”文件夹中双击“Libraries”文件夹，如图1-89所示。

图1-88　打开“Configuration”文件夹

图1-89　打开“Libraries”文件夹

5）此时看到的就是Flash CS5的“公用库”文件夹了，如图1-90所示。

图1-90　库文件夹

6）将“3D.fla”文件复制到“公用库”文件夹，如图1-91所示。

图1-91　复制文件到库文件夹中

7）启动Flash软件，执行“窗口”→“公用库”命令，就可以查看公用库中的新元件了，如图1-92所示。

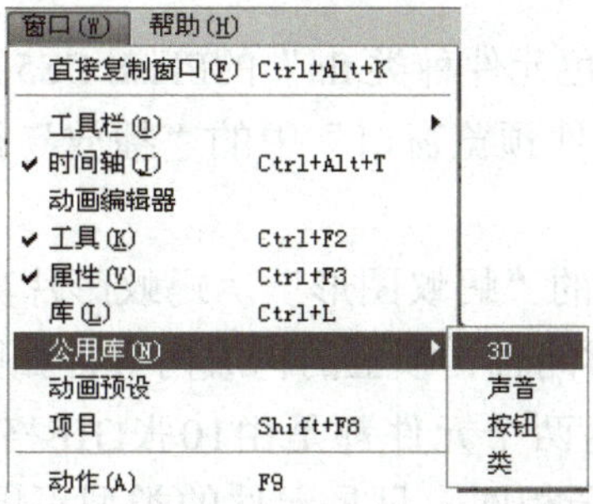


图1-92　公用库中新添加的3D元件库

## 任务2 明确角色元件的种类

### 任务描述

在Flash里，角色元件是最终要进行表演的演员，而它所在的库就相当于演员的休息室，场景是演员要进行表演的最终舞台。在Flash制作过程中，大部分时间要与元件打交道。“元件”是“舞台”的“基本演员”，要想实现自己的“动画剧本”，就得组建“演出班子”，那么，这个“演出班子”中可以有哪些类型的“演员”呢？下面就来认识一下Flash软件中角色的类型。

### 任务分析

按照功能和类型不同，角色元件可以分为影片剪辑、图形和按钮3种类型。

1）影片剪辑：一般用于创建动态的角色。影片剪辑是动画中的动画、电影中的小电影，可以完全独立于主场景时间轴（主时间轴）的控制，并且可以重复播放。

2）图形：一般用于创建静态图像的角色，也可以用来创建连接到主时间轴的、可重复使用的动画片段。它有自己的编辑区和时间轴。图形元件与主时间轴同步运行。

3）按钮：一般用于制作在影片中能触发鼠标事件的角色，可以创建响应鼠标单击、滑过或其他动作的交互式按钮。通过给舞台上的按钮添加动作语句从而实现Flash影片强大的交互性。创建按钮元件的关键是设置4种不同状态的帧，即“弹起”（鼠标抬起）、“指针经过”（鼠标移入）、“按下”（鼠标按下）、“点击”（鼠标响应区域，在这个区域创建的图形不会出现在画面中）。

### 任务目标

1）明确角色元件的种类。

2）理解图形元件和影片剪辑元件之间的差异。

### 任务实施

1）打开一个文件名为“角色元件种类.fla”的Flash CS5文件。

2）单击“库”面板中“元件预览窗口”中的“播放”按钮▶，预览“库”中的角色元件效果，如图1-93所示。

3）分别双击“库”面板中的“蚂蚁图形”“蚂蚁影片剪辑”的元件图标，进入这两个元件的编辑模式，查看元件的时间轴、帧上的构成内容，如图1-94所示。

4）通过观察分析可知，这两个元件都是由10张GIF格式的图像构成的，如图1-95所示。这两个元件的组成内容完全相同，只是元件的类型不同而已，一个是图形元件，另一个是影片剪辑元件。

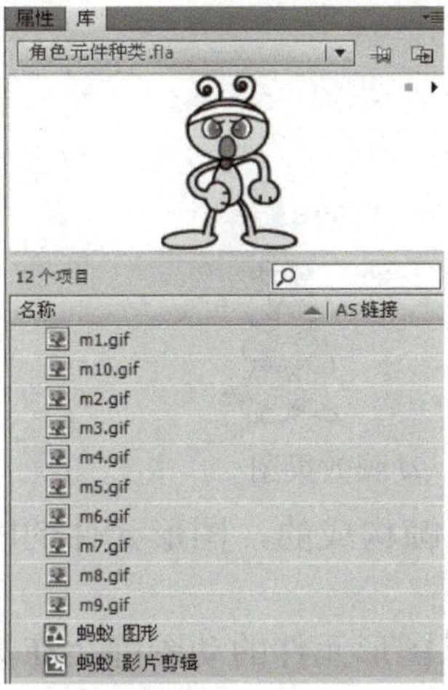


图1-93　库面板

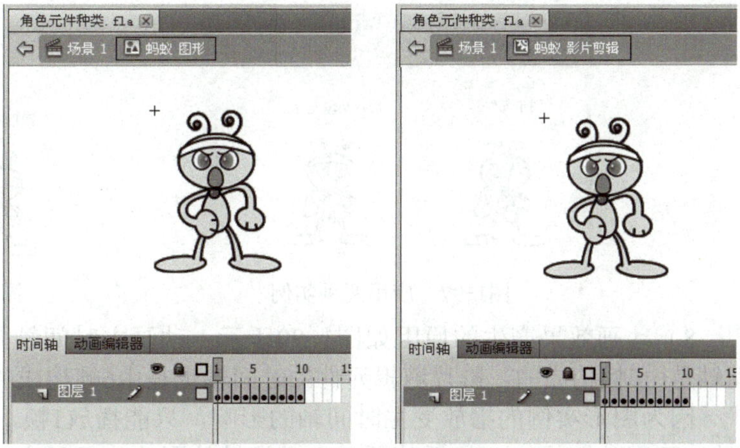


图1-94　查看元件的内容

图1-95　图像

5）如图1-96所示，执行下列操作之一，分别退出这两个元件的编辑模式并返回到文档场景的编辑状态：

① 单击舞台顶部编辑栏左侧的“返回”按钮。

② 单击舞台上方编辑栏内的场景名称。

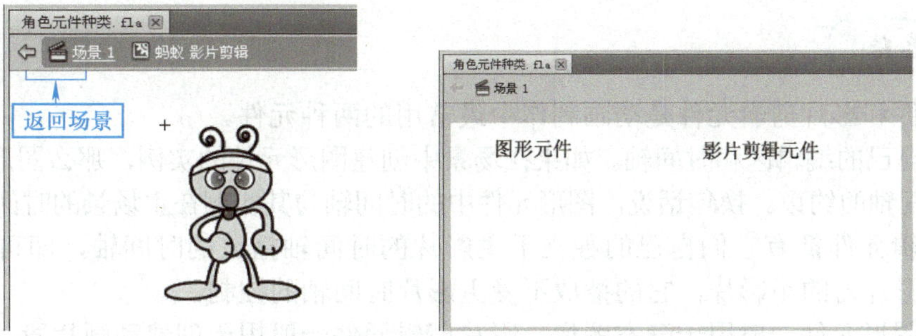


图1-96　退出元件编辑模式，返回到场景编辑状态

6）打开“库”面板，在“库”面板中分别选中“蚂蚁图形”“蚂蚁影片剪辑”的元件图标，将其拖曳到场景中的相应文字位置之下，如图1-97所示。

7）保存文件，并测试动画效果，如图1-98所示。在动画中，图形实例是静止的，而影片剪辑实例是运动的。

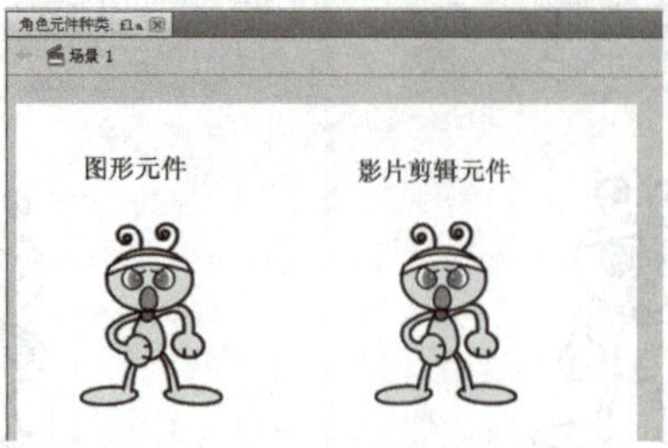


图1-97　应用两种实例

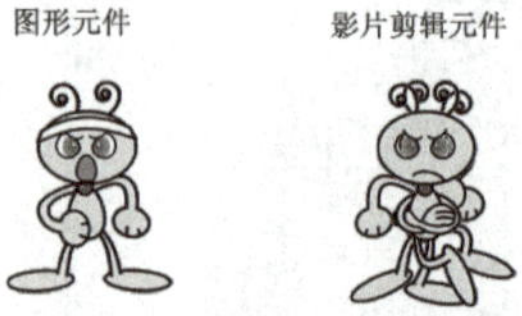


图1-98　动画效果图

8）动画效果产生的原因如图1-99所示。动画主时间轴是由1帧构成的，图形元件的时间轴是由6帧构成的，影片剪辑元件的时间轴也是由6帧构成的。

因为图形实例的播放受主时间轴的影响，只能播放1帧，所以图形元件的动画静止在第1帧；而影片剪辑实例的播放不受主时间轴的影响，虽然主时间轴只有1帧，但影片剪辑的动画仍然可以播放。

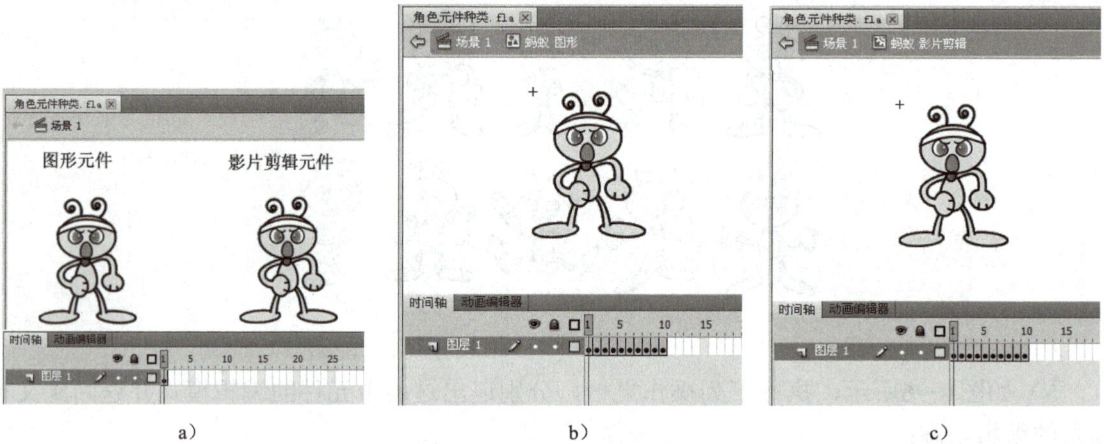


图1-99　时间轴比较分析

a）动画主时间轴　b）图形元件时间轴　c）影片剪辑元件时间轴

## 任务总结

图形元件和影片剪辑元件是动画制作中最常用的两种元件。

图形有自己的编辑区和时间轴。如果在场景中创建图形元件的实例，那么图形实例将受到主场景中时间轴的约束。换句话说，图形元件中的时间轴与其实例在主场景的时间轴同步。

影片剪辑元件拥有它们自己的独立于主影片的时间轴播放的时间轴，即可以将影片剪辑看作是主影片内的小影片，它的播放不受主影片时间轴的控制。

所以，图形元件一般用于静态图像，影片剪辑元件一般用于创建动画片段。

## 任务拓展

1）根据你对影片剪辑元件和图形元件的理解，编辑本任务中的“角色元件种类.fla”文件，让图形元件也能动起来。

2）操作题：利用“角色元件种类.fla”文件中的库文件和图像素材（见图1-100），自由创意制作一个主题动画短片。

图1-100　图像素材和库文件

将动画制作策划填入表1-7。

表1-7　动画制作策划

| 作品创意 | 动画效果 | 使用工具名称/菜单命令 |
| --- | --- | --- |
| | | |
| | | |
| | | |
| | | |
| | | |
| | | |
| | | |
| | | |

## 任务3　制作动画人物角色

### 任务描述

根据某动画作品的主题内容，运用Flash CS5软件制作该动画作品中的人物角色。根据动画效果需要，分别创建人物静态图形元件和动态的“人物转身”影片剪辑元件。动画作品中男主角的角色设定如图1-101所示。

图1-101　动画作品中男主角的角色设定

## 任务分析

明确了Flash CS5软件的角色元件类别后，根据动画制作素材、动画制作效果要求，创建各类动画角色元件。

## 任务目标

1）利用图片素材创建动画图形元件。

2）利用图形元件创建动画影片剪辑元件。

3）设置动画影片剪辑实例的属性。

## 任务实施

下面利用图像素材，先来创建静态图形元件，然后利用图形元件来创建动画影片剪辑元件，如图1-102所示。

a）　　b）

图1-102　动画中的元件

a）3个图形元件　b）一个影片剪辑元件

1）新建一个文件名为“人物角色.fla”的Flash CS5文件。

2）执行“文件”→“导入”→“导入到库”命令，将图像素材导入到“库”面板中，如图1-103所示。

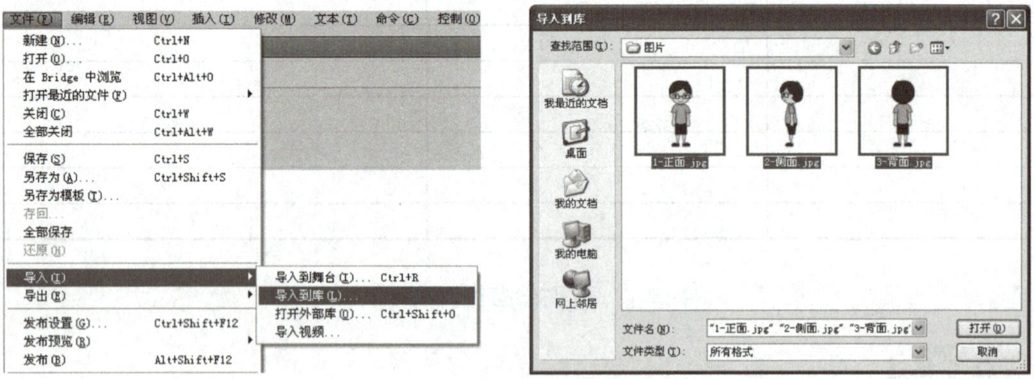


图1-103　导入图像素材

3）打开“库”面板，查看图像素材，如图1-104所示。

图1-104　导入到库面板中的图像素材

4）执行“插入”→“新建元件”命令，在打开的“创建新元件”对话框中输入元件“名称”为“人物正面”，选择元件的“类型”为“图形”，单击“确定”按钮，即可进入新元件“人物正面”的编辑模式，如图1-105所示。

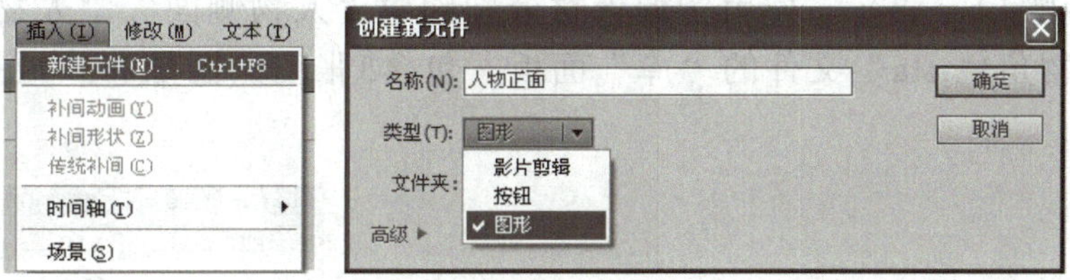


图1-105　新建元件

5）在“人物正面”图形元件的编辑窗口中，元件的名称出现在舞台的左上角，窗口中包含一个“十”字准线，它代表了该元件的“注册点”（也称为元件的中心点、定位点），该点由坐标（0，0）标识，如图1-106所示。

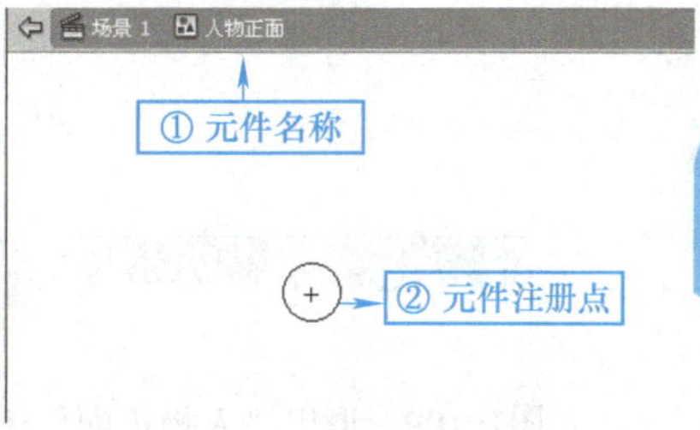


图1-106　元件的编辑窗口

6）在“人物正面”图形元件的编辑模式，在“库”面板中选中“1-正面.jpg”图像文件，将其拖曳到编辑窗口中，如图1-107所示。

图1-107　“人物正面”图形元件

7）使用“工具”面板中的“选择工具”单击选中“1-正面.jpg”图像，打开“对齐”面板，设置该图像相对于舞台“水平中齐、垂直中齐”，使图像位于编辑窗口的中间位置，如图1-108所示。

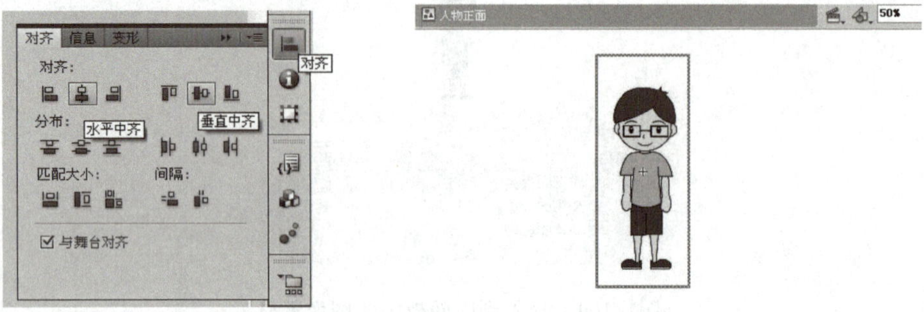


图1-108　调整“人物正面”图形元件中图像的位置

8）单击舞台顶部编辑栏左侧的“返回”按钮或单击左上角的场景标签，退出“人物正面”图形元件编辑模式，如图1-109所示。

9）重复步骤4）～8），使用图像素材分别创建“人物侧面”“人物背面”图形元件。打开“人物角色.fla”文件的“库”面板，包含3张位图图像和3个图形元件，如图1-110所示。

图1-109　退出“人物正面”图形元件编辑模式

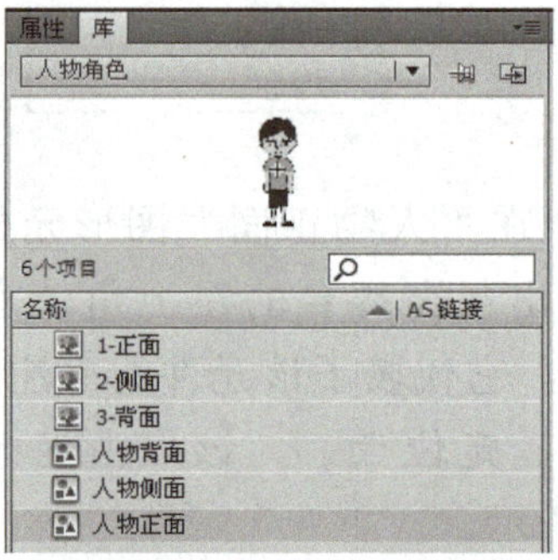


图1-110　“人物角色.fla”文件的“库”

10）执行“插入”→“新建元件”命令，在打开的“创建新元件”对话框中输入元件名称为“人物转身”，选择元件的类型为“影片剪辑”，单击“确定”按钮，即可进入新元件“人物转身”的编辑模式，如图1-111所示。

图1-111　新建“人物转身”影片剪辑元件

**温馨提示**

“人物转身”的动作通常包括正面→左侧面→后面→右侧面→正面5个连续动作，如图1-112所示。

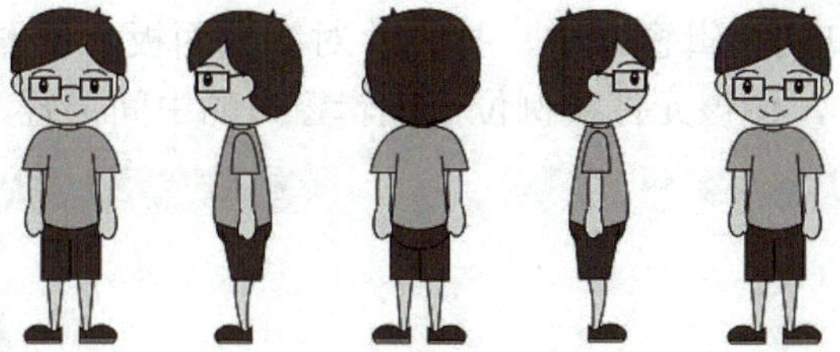

图1-112　“人物转身”的连续动作

11）在“人物转身”影片剪辑元件的编辑模式，在“库”面板中选中“人物正面”图形元件，将其拖曳到编辑窗口中，打开“对齐”面板，设置该元件实例相对于舞台“水平中齐、垂直中齐”，使该元件实例位于编辑窗口的中间位置，如图1-113所示。

12）在时间轴面板的第5帧处按<F6>键，插入空白关键帧，如图1-114所示。

图1-113　新建“人物转身”影片剪辑元件

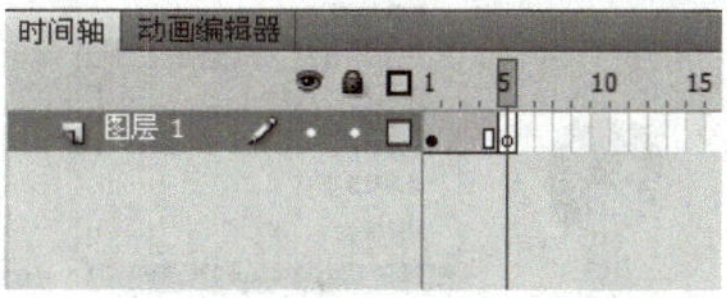


图1-114　在第5帧处插入空白关键帧

13）在时间轴面板的第5帧，从“库”面板中选中“人物侧面”图形元件，将其拖曳到编辑窗口中，打开“对齐”面板，设置该元件实例“相对于舞台、水平居中、垂直居中”，使该元件实例位于编辑窗口的中间位置，如图1-115所示。

14）重复以上步骤，先在时间轴面板的第10帧处插入空白关键帧，再从“库”面板中选中“人物背面”图形元件，将其拖曳到编辑窗口中，打开“对齐”面板，设置该元件实例相对于舞台“水平中齐、垂直中齐”，使该元件实例位于编辑窗口的中间位置，如图1-116所示。

图1-115　在第5帧处插入“人物侧面”元件实例

15）选中时间轴面板的第15帧，插入空白关键帧，再从“库”面板中选中“人物侧面”图形元件，将其拖曳到编辑窗口中，打开“对齐”面板，设置该元件实例相对于舞台“水平中齐、垂直中齐”，使该元件实例位于编辑窗口的中间位置，如图1-117所示。

图1-116　在第10帧处插入“人物背面”元件实例

图1-117　在第15帧处插入“人物侧面”元件实例

16）选中“人物侧面”实例，执行“修改”→“变形”→“水平翻转”命令，让人物从左侧面转到右侧面，如图1-118所示。

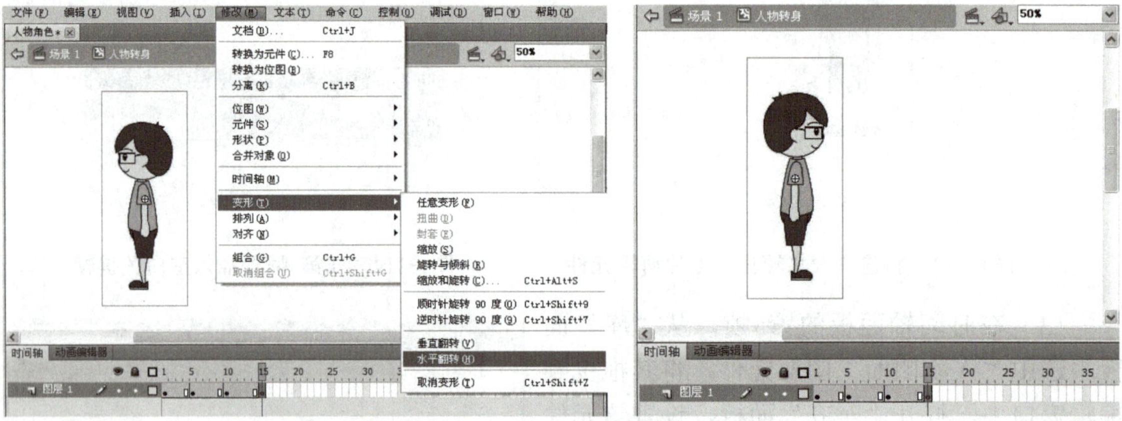


图1-118　在第15帧处插入“人物侧面”元件实例

17）选中时间轴面板的第20帧，插入空白关键帧，再从“库”面板中选中“人物正面”图形元件，将其拖曳到编辑窗口中，打开“对齐”面板，设置该元件实例相对于舞台“水平中齐、垂直中齐”，使该元件实例位于编辑窗口的中间位置，如图1-119所示。

18）单击舞台顶部编辑栏左侧的“返回”按钮⇦或单击左上角的场景标签，退出“人物转身”影片剪辑元件编辑模式，如图1-120所示。

19）按<Ctrl+L>组合键打开“库”面板，将“人物转身”影片剪辑元件拖动到场景中，调整该实例在场景中的大小、位置。按<Ctrl+Enter>组合键，测试动画效果，如图1-121所示。

20）“人物转身”影片剪辑元件的制作过程，如图1-122所示。

图1-119 在第20帧处插入“人物正面”元件实例

图1-120 退出“人物转身”影片剪辑元件编辑模式

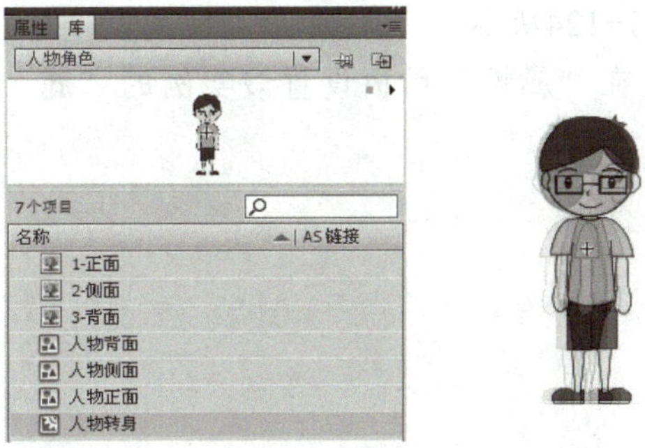


图1-121 “人物转身”动画效果

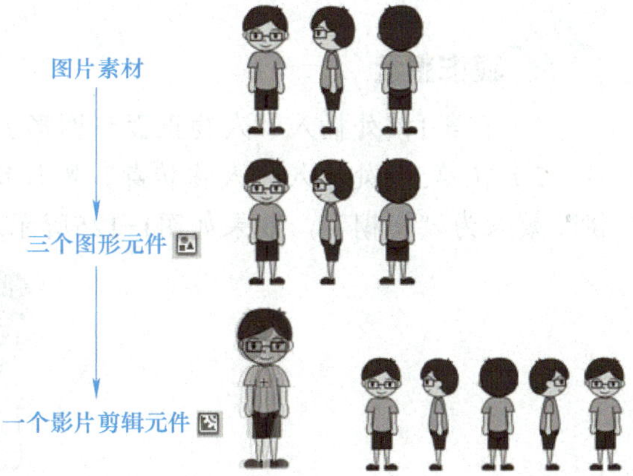


图1-122 “人物转身”影片剪辑元件的制作过程

## 任务总结

在制作Flash动画的过程中，经常需要使用各种外部的原始素材，包括声音、位图图像、矢量图形、视频等，它们通常存放在“元件库”中。“元件”是最终要进行表演的演员，而它所在的“库”就相当于演员的休息室，“场景”则是演员要进行表演的最终舞台。

“元件”是“舞台”的“基本演员”，要想实现自己的“动画剧本”，就得组建“演出班子”，那么这个“演出班子”中可以有哪些类型的“演员”呢？在Flash中主要有“图形”“动画剪辑”和“按钮”3种，分别用于产生静态、动态、交互效果的。

演员从“休息室”走上“舞台”就是“演出”，同理，“元件”从“库”中进入“舞台”就被称为该“元件”的“实例”。

一个“元件”在“舞台”上的“实例”应用次数是无限的，每一个“实例”可以被赋予不同的外在特征，“实例”的变化，不影响它的“元件”；而“元件”的变化，影响到它的所有“实例”。

在Flash动画中，利用“外部素材”创建元件的过程如图1-123所示。

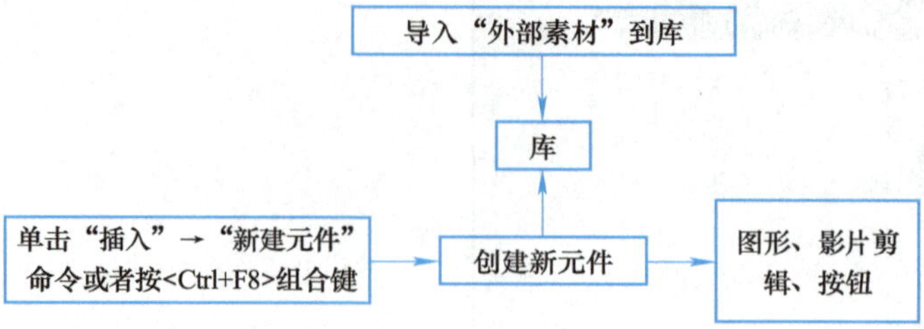


图1-123　创建元件的过程

## 任务拓展

请利用本次任务“人物角色.fla”的Flash CS5文件中的图形元件、影片剪辑元件制作一个人物快速转身的动作。

动画效果提示：人物快速转身时，会产生模糊的视觉效果。

## 操作提示

1）在第1帧处插入“人物正面”图形元件，如图1-124所示。

2）在第5帧处插入“人物转身”影片剪辑元件，在“属性”面板设置该实例的“滤镜”效果为“模糊”，效果如图1-125所示。

图1-124　在第1帧处插入“人物正面”图形元件

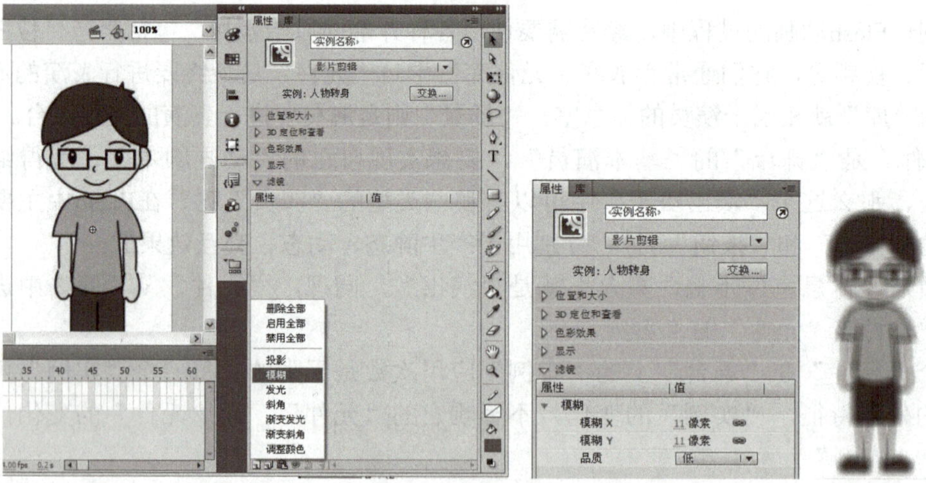


图1-125　第5帧设置影片剪辑实例“模糊”属性

拓展阅读

## 一、动画角色设定

角色设定常用于电影、动画、游戏等领域，用于设计角色的脸部特征、眼神、表情等。

在动画剧本的创作中，角色的形象塑造占有极其重要的位置。电视动画每集的故事比电视剧要短，情节也相对简单，因此一部动画要打动观众不能单单依靠情节，很重要的一方面需要塑造角色的形象，使之具有独特的行为、语言以及鲜明的个性，从而在观众的脑海里留下深刻的印象。这点在商业动画中尤其重要。对整个动漫产业来讲，塑造出鲜活的卡通形象是其中重要的环节，是品牌衍生的基础。

角色设计就是根据整部动画的剧情、风格及剧本中角色的时代、身份、职业和性格等特征，设计出最佳的角色表现图。也就是说，在进行角色设计时，除了要考虑角色的身材比例、样貌五官外，还要考虑角色的标准姿势、标志性表情和习惯动势、服装、道具等要素。在角色设计稿确定后，在动画的制作过程中就要严格以此为标准不能改动，这样才能保证在整部动画中同一个角色的前后形象统一可识别。

在动画的角色设计中，主要分为全体角色设计对比图和单一角色设计图。

全体角色设计对比图（见图1-126）是将整部动画中出现的全体角色表现在一张图中，通过角色外在形象的对比服务于中期动画制作环节。例如，当两个以上的角色同时出场时，他们的高、矮、胖、瘦就需要一个对比的标准，避免出现在全身小全景画面中一高一矮两个角色，但在另外的上半身近景画面中却出现两个角色又一样高的类似错误。

图1-126 全体角色设计对比图

单一角色设计图是为动画中角色前后形象统一及动作设计服务的，无论角色做什么角度的动作都能保持其形象不变、统一可认。单一角色设计图有三视图和五视图两种。三视图是将一个角色的正面、侧面、后面表现在一张图中（见图1-127），五视图还要在此基础上再添加正3/4侧面、后3/4侧面两个形象（见图1-128）。五视图多应用在大型动画中。

图1-127 角色设计三视图

图1-128 角色设计五视图

## 二、Flash动画导入的图像格式

导入素材是制作Flash动画的最基本操作，导入好的素材会使Flash作品更加生动，画面更加美观。打开Flash软件，执行“文件”→“导入”命令，发现Flash支持大部分格式的图片导入，如矢量图片、位图、JPG、GIF、PNG等，如图1-129所示。

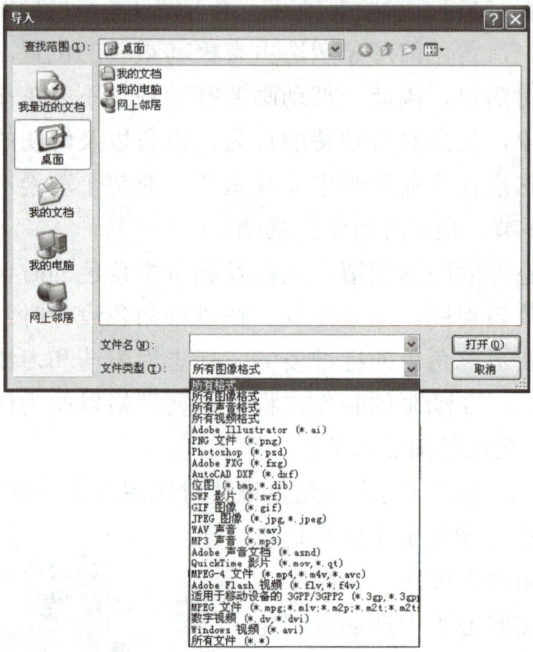


图1-129 “导入”命令

虽然Flash在绘制矢量图和图像处理方面不是最佳的工具，但在Flash影片中不仅可以使用其他应用程序中创建的矢量图或者位图，还可以把导入的位图转换为矢量图再进行修改。

## 任务4 制作合成动画片段

### 任务描述

在运用Flash CS5软件制作该动画作品中的角色元件后，根据动画作品的主题内容，合成动画效果，给动画添加背景和音乐效果。制作完成的动画效果如图1-130所示。

图1-130 动画作品效果

## 任务分析

根据动画制作素材、动画制作效果要求，分图层管理各类动画元素，合成动画效果，并进行动画效果的测试和完善。

通过任务1、任务2和任务3，已经制作完成了动画作品中的角色元件，下面使用Flash软件合成动画效果，为动画添加背景、声音等效果，制作完成动画作品。

制作过程分为以下3个步骤：

1）使用Flash软件中的“公用库”添加声音效果。

2）调用外部Flash文件中的“库”元件。

3）分图层管理、合成动画效果。

## 任务目标

1）分图层管理动画元素。

2）导入声音文件。

3）调用外部文件库。

4）使用分离命令、“套索工具”来编辑位图。

5）深入理解库的含义。

6）动画效果的测试、完善。

## 任务实施

### 1. 调用内置Flash软件中的“公用库”元件

1）新建一个文件名为“动画小品.fla”的Flash CS5文件，将帧频设置为12fps。

2）将“图层1”重命名为“音乐”图层，执行“窗口”→“公用库”→“声音”命令，打开Flash CS5附带的内置公用库中包含的声音范例，如图1-131所示。单击“库”面板中“预览窗口”的“播放”按钮▶，可以预览声音的效果。

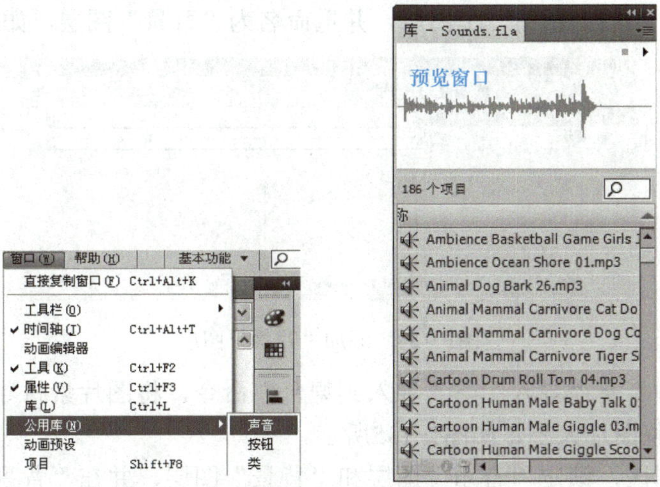


图1-131 “声音”公用库

3）在“音乐”图层的第1帧，将文件名为“Cartoon Drum Roll Tom 04.mp3”的声音文

件直接从“库”面板中拖动到舞台上，如图1-132所示。在时间轴面板第40帧处按<F5>键，插入延时帧。

4）单击选中“音乐”图层的声音文件，在“属性”面板中将“同步”选项设置为“数据流”，如图1-133所示。“数据流”类型可控制声音与动画同步，将声音分配到每个帧中，声音与动画同时停止。

图1-132 “声音”图层时间轴

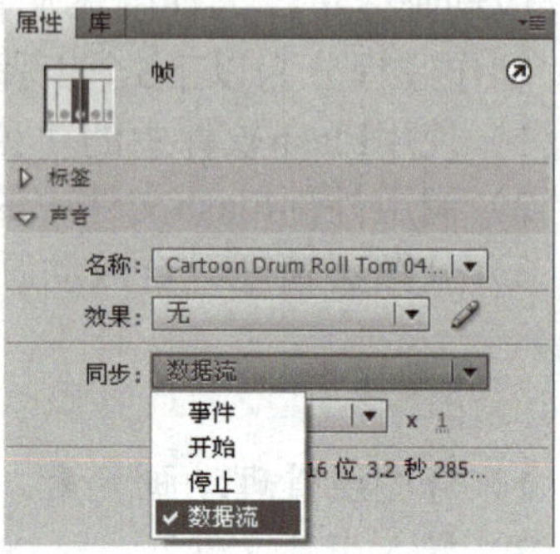


图1-133 设置声音“同步”属性

**温馨提示**

如果选中“库”中的一个声音，那么在预览窗口中就会观察到声音的波形。如果导入的音频为双声道，则会在“库”面板的预览窗口中出现两条波形。除此之外，还可以为声音创建任意多的图层，在每个图层导入不同的声音文件，每个图层所起的作用就好像声音通道，在播放时，所有图层中的声音组合在一起形成了多声道的混音效果。

### 2. 添加背景图层

1）在“音乐”图层上新建一个图层，并重命名为“背景”图层，如图1-134所示。

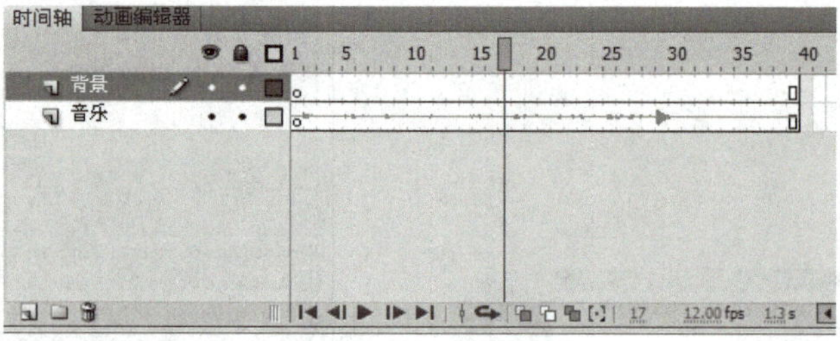


图1-134 添加“背景”图层

2）执行“文件”→“导入”→“导入到舞台”命令，将图片素材导入到场景中，并使用“变形工具”调整图片大小，如图1-135所示。

3）在图层编辑区，锁定“音乐”图层和“背景”图层，并在“背景”图层上新建一个图层，重命名为“动画”图层，如图1-136所示。

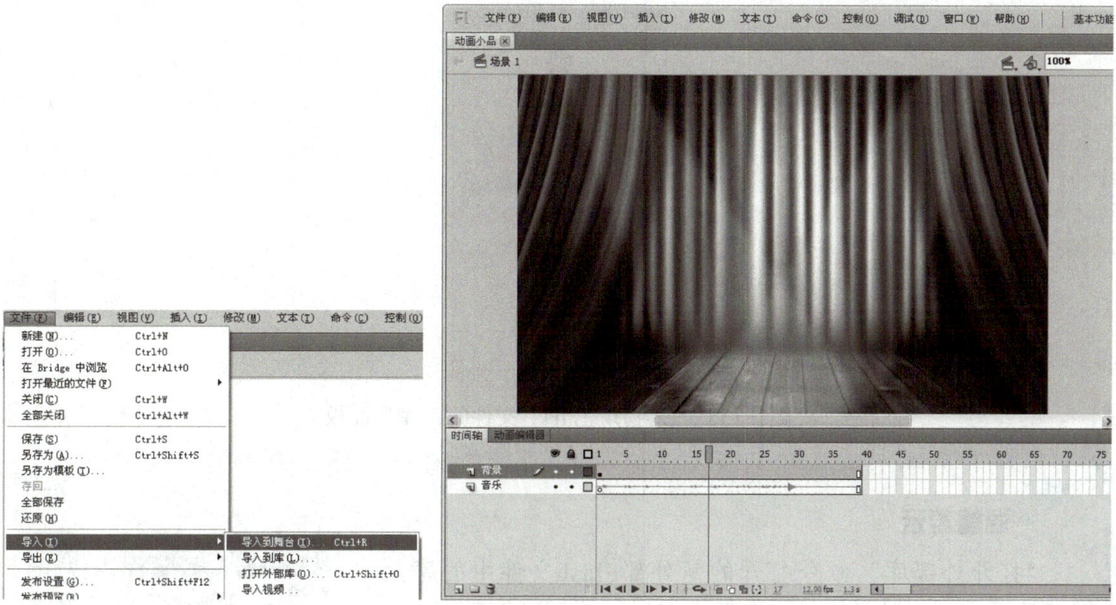


图1-135 “背景”图层上的图片

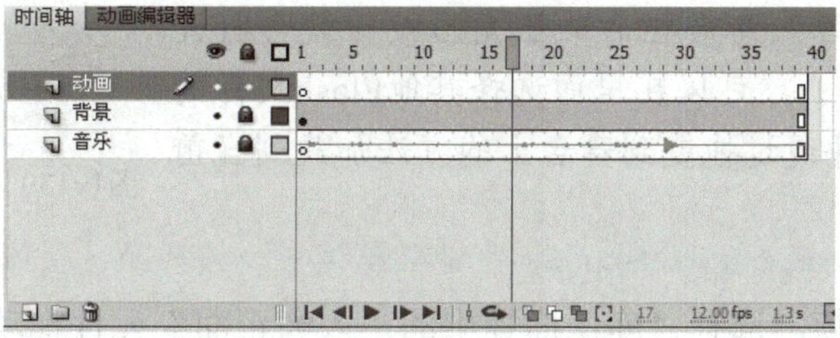


图1-136 时间轴面板上的图层

### 3. 调用外部Flash文件中的“库”元件

1）执行“文件”→“导入”→“打开外部库”命令，在弹出的“作为库打开”的对话框中选择任务3中的“人物角色.fla”文件，如图1-137所示。

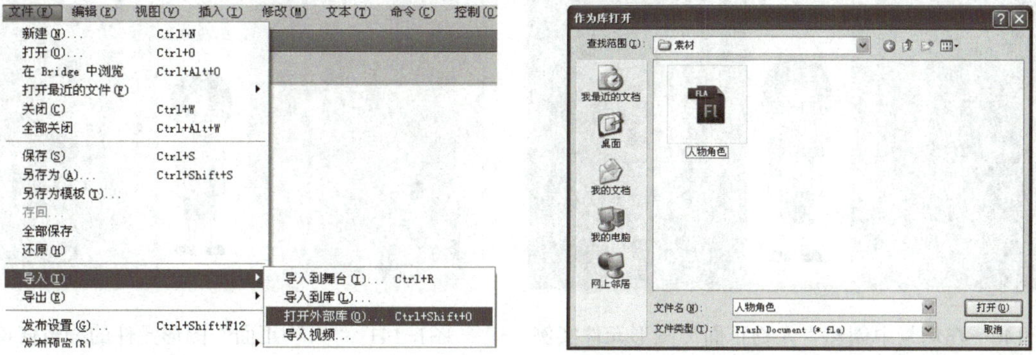


图1-137 打开外部文件的库

2）Flash软件自动打开“人物角色.fla”文件的“库”面板，如图1-138所示。

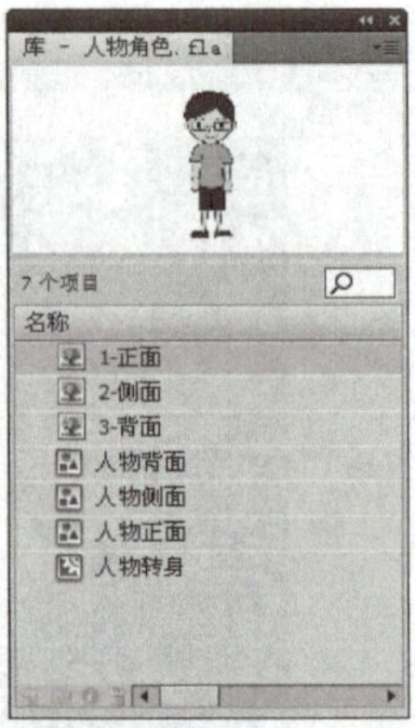


图1-138 “人物角色.fla”文件的“库”面板

### 温馨提示

“打开外部库”命令打开的是外部Flash文件中的库，而不是Flash文件自身。

当在Flash中同时打开多个文件时，在当前文件的库中单击“选择其他库”卷展栏后的三角形按钮就会打开卷展栏（见图1-139），可以在里面选择其他Flash文件的库，并将库内的元件通过拖曳到舞台上的方法加载到当前文件中。

图1-139 多个文件的库之间切换

3）在时间轴第1帧，选择“库”面板中的“人物正面”元件拖动到场景中，调整其在场景中的大小及位置，如图1-140所示。

4）观察动画效果，发现在场景中的“人物正面”实例背景为白色，影响动画效果。双击场景中的实例，进入“人物正面”图形元件编辑状态，如图1-141所示。

图1-140 在场景中创建“人物正面”图形元件实例

图1-141 “人物正面”图形元件的编辑窗口

5）单击选中“人物正面”编辑窗口中的图片，执行“修改”→“分离”命令，将位图图像打散分离，如图1-142所示。

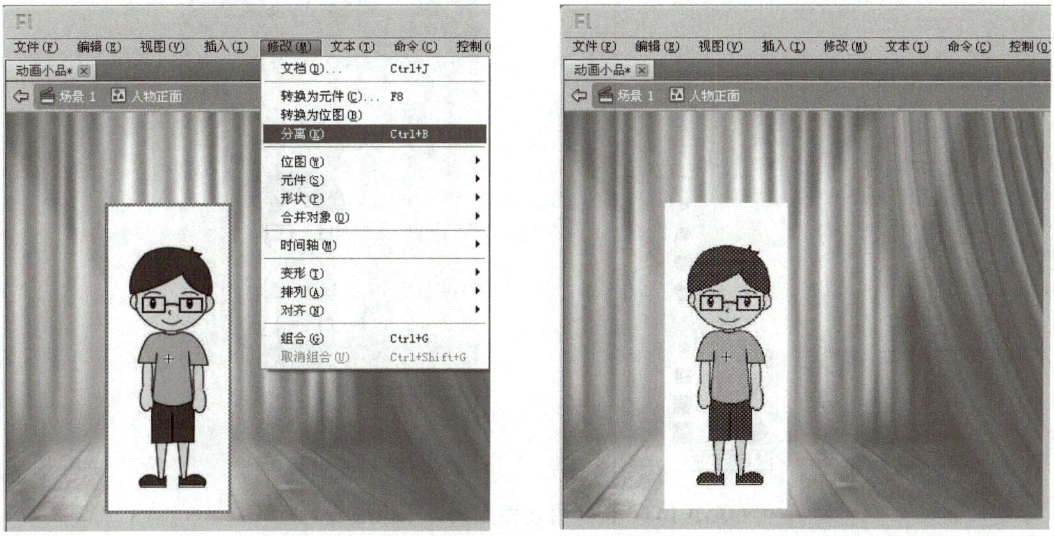


图1-142　打散位图图像

**温馨提示**

分离位图图像会将图像中的像素分到离散的区域中，可以分别选中这些区域并进行修改。分离后的位图图像将转化为可编辑的形状图形。分离命令的快捷键为<Ctrl+B>。

6）选择工具面板中的“套索工具”，设置选项为魔术棒，单击选中人物的白色背景，按<Delete>键删除白色背景，如图1-143所示。

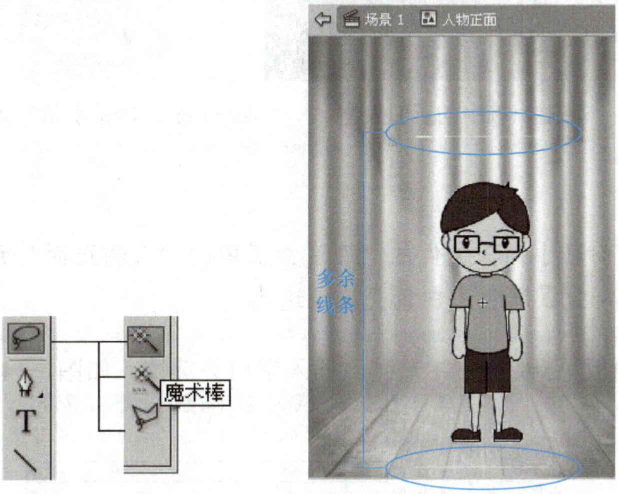


图1-143　用“魔术棒工具”删除白色背景颜色

7）如图1-144所示，选择工具面板中的“橡皮擦工具”，在“选项”区内选择合适的大小和形状，擦除多余的线条，如图1-144所示。

图1-144　用“橡皮擦工具”擦除细节

8）返回到场景编辑状态，人物效果如图1-145所示。

9）按<Ctrl+L>组合键，打开“库”面板，观察此时Flash文件的库面板，如图1-146所示。

图1-145　动画第1帧中的正面人物

图1-146　“动画小品”文件第1帧时的“库”面板

### 温馨提示

注意，此时“动画小品”文件的“库”面板中的“人物正面”元件经过位图图像的打散、分离编辑后，背景颜色由白色变成了透明。

10）在时间轴面板第5帧处按<F7>键，插入空白关键帧，如图1-147所示。

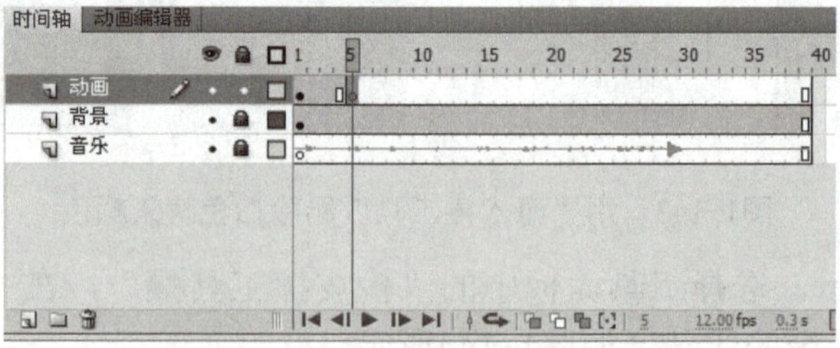


图1-147　在第5帧处插入空白关键帧

11）执行“文件”→“导入”→“打开外部库”命令，打开任务3中的“人物角色.fla”文件的库文件。选中“人物转身”影片剪辑元件，拖动到当前“动画小品”文件的场景中，弹出“解决库冲突”对话框，如图1-148所示。

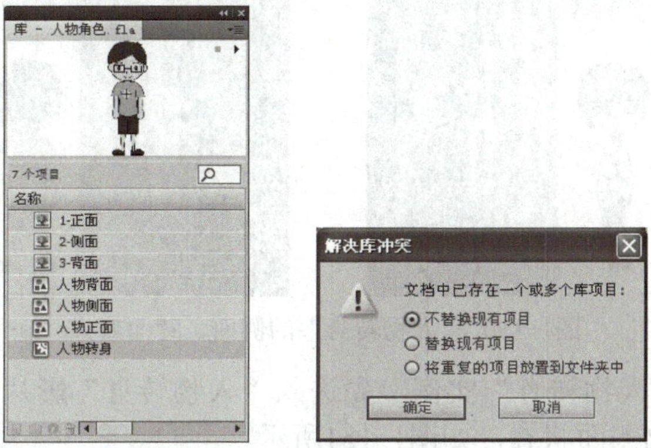


图1-148　“人物角色”文件的库与“解决库冲突”对话框

**温馨提示**

当前，“动画小品”文件的“库”面板（见图1-148）中存在“人物正面”元件，且该元件的背景颜色是透明的。

从“人物角色”文件的“库”面板（见图1-146）拖入的“人物转身”影片剪辑元件也是由“人物正面”“人物侧面”和“人物背面”3个图形元件组成的，背景是白色不透明的。

因此，拖入当前场景的“人物角色”文件的“人物正面”元件和“动画小品”文件的“人物正面”元件因文件名相同而互相冲突。选择“不替换现有项目”，则保留当前背景颜色透明的“人物正面”元件。

12）此时，时间轴面板第5帧，动画场景的效果及“库”面板，如图1-149所示。

图1-149　“人物转身”的正面效果和库

13）按<Ctrl+Enter>组合键，测试动画效果，如图1-150所示。在人物转身过程中的侧面、背面，人物背景颜色为白色不透明效果。

图1-150 “人物转身”的侧面、背面效果

14）双击场景中“人物转身”实例，先进入“人物转身”影片剪辑元件编辑状态，选中时间轴面板第5帧人物侧面状态，如图1-151所示。

图1-151 “人物转身”影片剪辑元件第5帧

15）再次双击场景中的“人物侧面”实例，进入“人物侧面”图形元件编辑状态。重复步骤5）~7），去掉该元件的白色背景，如图1-152所示。

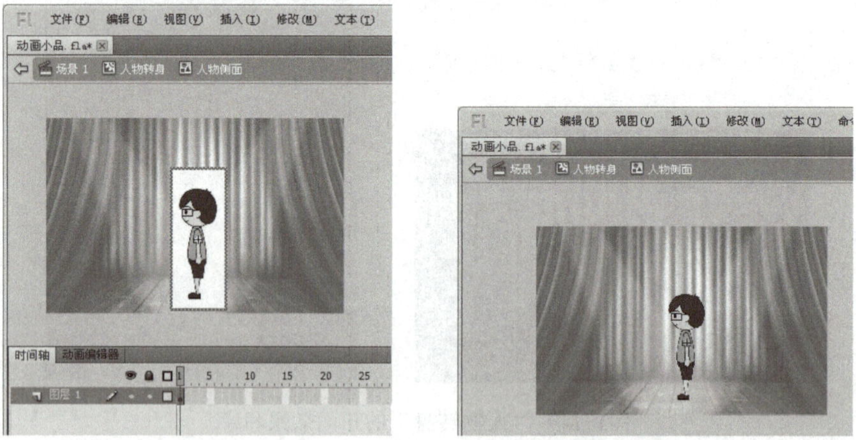


图1-152 去除“人物侧面”图形元件背景颜色

16）返回到“人物转身”影片剪辑元件编辑状态，选中第10帧人物背面状态。双击场景中的“人物背面”实例，进入“人物背面”图形元件编辑状态。重复步骤5）～7），去掉该元件的白色背景，如图1-153所示。

图1-153　去除“人物背面”图形元件背景颜色

17）返回到“场景”编辑状态，按<Ctrl+Enter>组合键，测试动画效果。动画时间轴面板如图1-154所示。

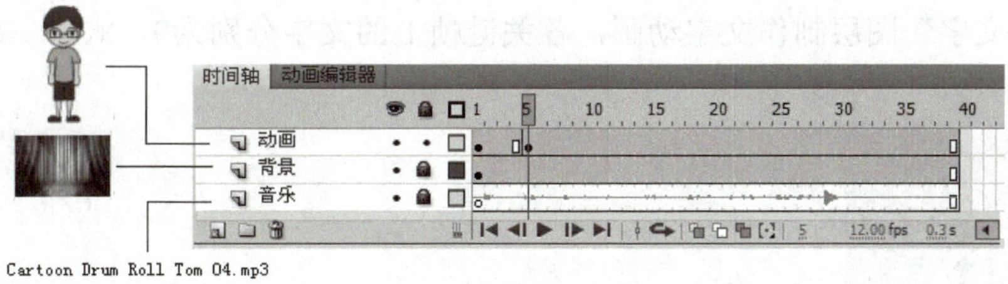


图1-154　动画时间轴面板

在本实例中，“人物转身”影片剪辑元件是由“人物正面”“人物侧面”和“人物背面”3个图形元件组成的。当修改编辑“人物正面”“人物侧面”和“人物背面”3个图形元件，让其背景从白色变成到透明之后，“人物转身”影片剪辑元件也就背景透明了。

## 任务总结

在Flash 动画中使用元件的好处如下。

1）简化舞台界面：元件的使用将使本来一段复杂的影片剪辑简化压缩为一个关键帧点，从而使舞台变得简洁。

2）简化电影编辑：把要多次使用的元素做成符号，当修改了符号以后，其所有实例都会随之更新。

3）缩减文件大小：应用元件可以使电影文件的尺寸大大缩减。这是由于影片中的实例是对元件的链接，并非复制。

4）功能间接实现：有些在主场中不能实现的功能，可以考虑先做成元件，然后再在主场中调用元件，间接实现相应的功能。

Flash 动画的制作过程，如图1-155所示。

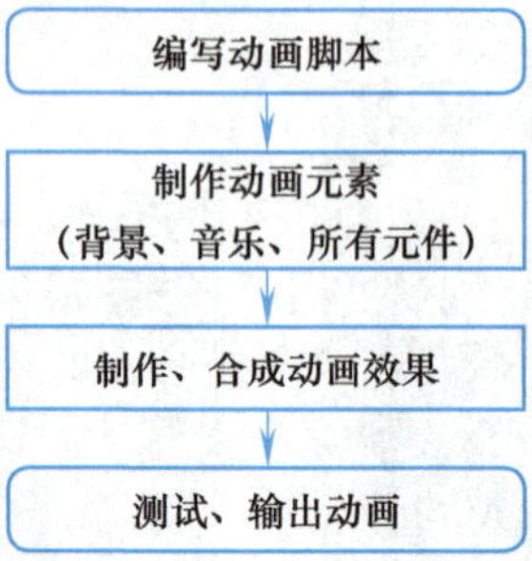


图1-155　Flash动画的制作过程

## 任务拓展

制作倒计时时钟效果，如图1-156所示。

操作提示：

1）在“文档属性”面板上设置文件大小为400px×330px。

2）在“背景”图层绘制表盘，如图1-157所示。

3）在“文字”图层制作文字动画，各关键帧上的文字分别为9、8、7、6、5、4、3、2、1、0。

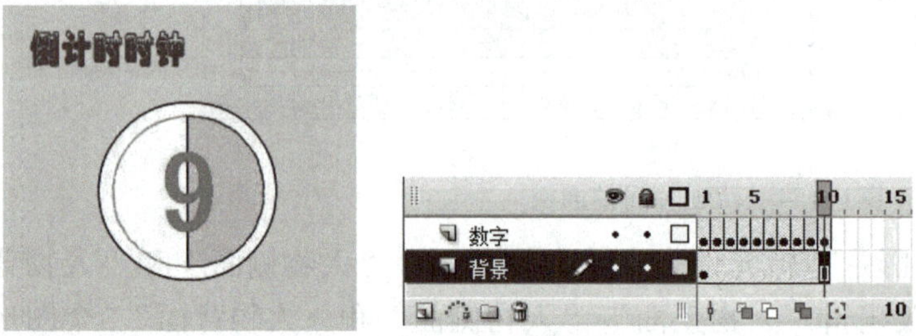


图1-156　倒计时时钟

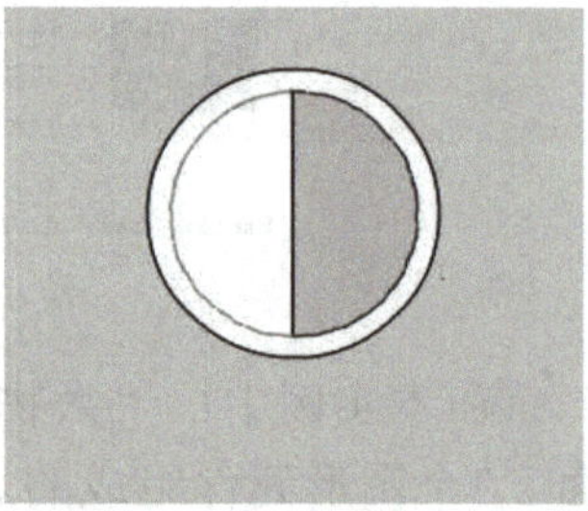

图1-157　表盘

## 拓展阅读

### 一、Flash中的音频

在Flash动画设计中，声音的使用是不可缺少的，如按钮音效和背景音效等。

#### 1．声音的获取

Flash编辑声音的功能较弱，不能录音。在实际应用中，通常使用其他软件获得和编辑声音，然后再导入到Flash中为动画配音。

1）Windows附带的录音机：可实现用计算机的声卡录音和对声音进行简单编辑。

2）共享软件GoldWave：可实现用计算机的声卡录音，截取VCD、CD光碟中的声音、声音剪辑，制作各种特效音等。

### 2. 声音的格式

Flash可以处理多种格式的声音文件，如MP3、WAV、AU、MOV和AIFF/AIF等（前3种可以在Flash中直接进行处理，后几种需要有QuickTime 4或更新版本的支持）。

### 3. 声音的属性

双击“库”面板中的某个声音文件，打开“声音属性”对话框，如图1-158所示。

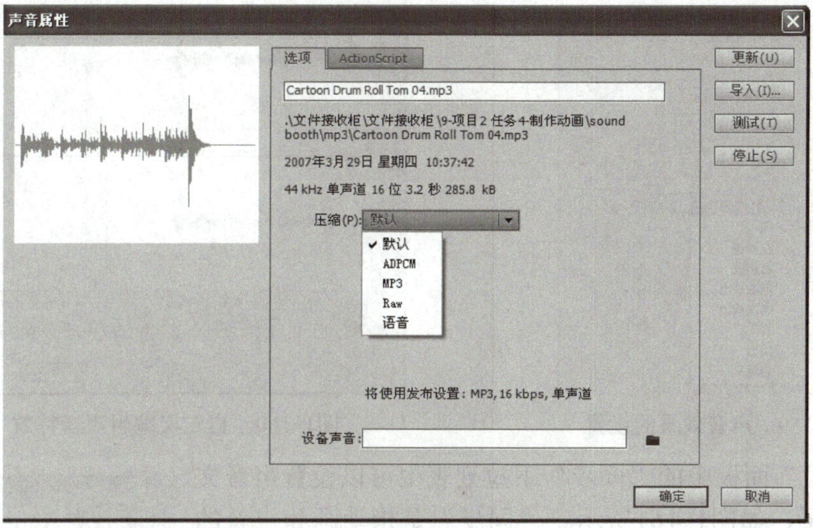


图1-158 “声音属性”对话框

在“声音属性”对话框中，分别显示了声音文件的文件名、路径、创建时间和声音的长度。除此之外，还有以下几个功能按钮，其作用如下。

1）更新：如果导入的声音文件在外部进行了编辑，则可以通过该按钮更新文件的属性。

2）导入：打开“导入声音”对话框，更换声音文件。

3）测试：按照新的属性设置播放声音。

4）停止：停止声音的播放。

5）压缩：选择声音的压缩格式，对声音进行压缩。

对声音的压缩可以减小动画的大小，随着对声音采样比特率和压缩程度的不同，声音的质量和大小也有所不同。声音的压缩倍数越大，采样比特率越低，声音文件越小，声音的质量也越差。因为声音要占用大量的磁盘空间和内存，通常情况下，建议使用22kHz和16bit的单声道声音。如果使用立体声，它的数据量将是单声道声音的2倍。

### 4. 音效的设置

在“属性”面板中的“效果”下拉列表中，可以设置声音文件的播放效果，如图1-159所示。

1）无：不对声音设置特效。

2）左声道/右声道：只在左声道或右声道中播放声音。

3）向右淡出/向左淡出：将声音从一个声道切换到另一个声道。

4）淡入：在声音的持续时间内逐渐增加其幅度。

5）淡出：在声音的持续时间内逐渐减少其幅度。

6）自定义：可以通过“编辑封套”对话框自行编辑特效，如图1-160所示。

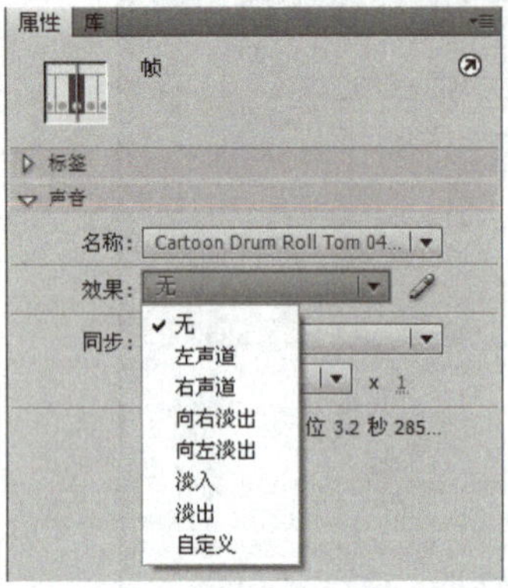


图1-159　声音效果的设置

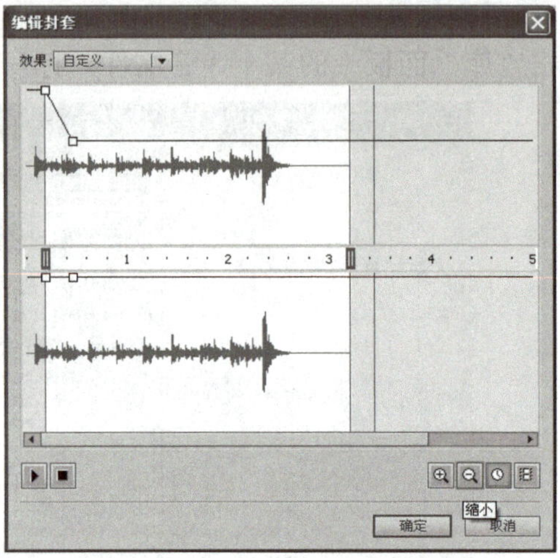


图1-160　自定义编辑声音特效

在“属性”面板中的“同步”下拉列表中可以设置声音文件的同步效果，如图1-161所示。“同步”是指动画和声音的配合方式，可以决定声音与动画是否同步或自行播放。

图1-161　声音同步的设置

1）事件：默认模式，该模式以声音为主，动画会等声音下载完毕才开始播放。如果声音已经下载完毕，而影片内容还在下载，则会先播放声音。另外，这个模式不仅不会等到动画已经下载完，而且就算动画已经播放完毕，如果声音还在播放，则它也会一直把整段声音播放完成才结束。

2）开始：在播放前先检测是否正在播放同一个声音，如果有则放弃这次播放，如果没有则进行播放。

3）停止：用来使特定的声音停止。

4）数据流：用于在互联网上同步播放声音。最大的好处在于不用等待全部的声音下载完毕再播放，而是下载了多少就播放多少。但是也有一个弊端，如果动画下载进度超前于声音，则没有播放到的声音部分就直接跳过，而接着播放当前帧分配到的声音部分。

## 二、逐帧动画中的帧操作

逐帧动画是一种常见的动画形式，其原理是在时间轴连贯的关键帧中绘制或编辑同一对象的不同形态（或不同的对象），使其连续播放而成动画。

因为逐帧动画的每帧内容不一样，给动画制作增加了负担而且最终输出的文件量也很大。但它的优势也很明显：逐帧动画具有非常大的灵活性，几乎可以表现任何想表现的内容，它类似于电影的播放模式，很适合表演细腻的动画。例如，人物或动物急剧转身、头发及衣服的飘动、走路、说话等效果。

编辑帧的操作是制作动画时使用频率最高、最基本的操作，主要包括插入帧、删除帧等，这些操作都可以通过帧的快捷菜单来实现，调出快捷菜单的具体操作步骤如下：选中需要编辑的帧，然后单击鼠标右键，在弹出的快捷菜单中选择相关命令即可。

编辑关键帧除了快捷菜单外，在实际工作中还经常使用快捷键，下面是常用的编辑帧的快捷键：

1）“插入帧”的快捷键是<F5>。

2）“删除帧”的快捷键是<Shift+F5>。

3）“插入关键帧”的快捷键是<F6>。

4）“插入空白关键帧”的快捷键是<F7>。

5）“清除关键帧”的快捷键是<Shift+F6>。

## 项目学习作品评价表

| 评价标准 | 个人评价 | 小组评价 | 教师评价 |
|---|---|---|---|
| 1. 能明确元件的含义 | | | |
| 2. 能明确元件与实例的关系 | | | |
| 3. 能明确元件的种类 | | | |
| 4. 能明确图形元件与影片剪辑元件的区别 | | | |
| 5. 能制作图形元件 | | | |
| 6. 能制作影片剪辑元件 | | | |
| 7. 能分图层管理动画元素 | | | |
| 8. 能对位图图像进行编辑 | | | |
| 9. 能制作多图层动画 | | | |

注：A 全部准确理解，B 大部分准确理解，C部分准确理解，D 基本做不到。

## 项目总结

通过项目2完整项目作品的制作，可以明确动画中各类角色元件在动画制作过程中的作用，并初步了解动画中逐帧动画的制作原理，并进一步熟练掌握基本工具的使用方法。

角色元件是Flash动画中最基本的元素，是Flash动画中的主体因素。角色元件一般可以分为静态的图形元件和动态的影片剪辑元件。一部精彩的动画作品是由若干个角色元件实例的组合和变化而形成的。

## 单元知识总结与提炼

本学习单元主要介绍了Flash动画的基础知识、基本构成要素。在Flash中采用了“时间轴”与“帧”的设计方式来进行动画的制作。简单地说，时间轴就是一个以时间为基础的线性进度安排表，让设计者很方便地以时间的进行为基础，一步一步地安排每一个动作。帧是组成Flash动画的最基本元素，包含动画对象的帧被称为关键帧。

新创建的影片只有一个图层，可以增加多个图层，利用图层来组织和安排影片中的文字、图像和动画。因为图层犹如透明的胶片，所以所有的图层叠合在一起，就组成了一幅完整的画面。图层中除了文字、图像外，其他的区域都是透明的；各个图层之间又是相对对立的，修改其中一个图层不会影响到其他图层。为了更方便地管理多层动画，可以重命名图层以更好地反映它们的内容。

根据Flash动画作品的制作需要，可以创建各种类型的角色元件，以方便重复使用或者再次编辑修改。也可以把元件理解为原始的素材，影片的各种资源都存储在Flash文档的库中。元件必须在Flash 中才能创建或转换生成，它有3种形式，即影片剪辑、图形、按钮。元件只需创建一次，即可在整个文档或其他文档中重复使用。当角色元件放在舞台上时，就会创建所选角色元件的一个实例。删除或更改实例属性，都不会影响库中的角色。

改变动画影片播放的速度有两种方法：一种是在文档属性中改变每秒的帧数（帧频），另一种是在制作动画的过程中增加延时帧。

在制作Flash 动画影片时，需要养成以下习惯：

1）给每个元件起一个便于记忆、能表述元件内容的文件名。

2）不同的动画元素放在不同的图层，每增加一个图层，给新图层命名一个便于记忆、能表述图层基本内容的图层名。

3）每增加一个元件把它放到一个新图层上，不进行深加工时要锁定图层。

4）及时清理库面板中的各种元件，没有使用的元件一定要删除。

5）声音文件在使用时单独放在一个图层上。

6）在开始做动画之前，先设计好工作区的大小和背景颜色。

7）场景中的图案尽可能都转换成元件，以便重复使用，同时也方便修改。

# 学习单元2 制作表情动画

做出生动的表情动画是角色动画中重要的环节。本单元将介绍喜怒哀乐等常见表情的动画制作。

## 单元情境

动画里进行心理描写的重要手段之一是对角色表情的刻画，表情动画可以深刻地反映角色的情绪和内心变化，给动画增色不少。本单元将认识一个叫“小Q”的女孩，听一听发生在她身上的故事，为她制作一系列的表情动画。

## 单元概要

本单元由3个项目构成，分别介绍了“小Q”喜怒哀乐常见表情的动画的制作方法。通过本单元的学习，将学会使用逐帧动画技术，并熟练掌握绘图工具、使用影片剪辑元件等Flash的操作。

## 单元学习目标

1）掌握基本绘图工具的使用方法。

2）掌握表情变化的特点。

3）掌握逐帧动画的制作方法。

4）掌握表情动画制作的基本方法。

5）掌握影片剪辑元件的制作。

## 单元知识准备

### 1. 面部表情的基本特征

面部表情是人类情感和情绪的外在表现。每一种面部表情都有一系列的肌肉活动，一般来说，眼睛和口腔附近的肌肉群是面部表情最丰富的部分。面部表情有高兴、惊讶、伤心、恐惧、厌恶、愤怒等，如图2-1所示。

高兴：在面部表情上有一个明显的表现特征——笑。面部动作包括嘴角翘起，眼睑收缩，眼睛尾部会形成“鱼尾纹”。

愤怒：特征是紧咬牙根，眉毛下垂，前额紧皱，眼睑和嘴唇紧张。

伤心：典型表现形式是哭。面部特征包括眯眼，眉毛收紧，嘴角下拉，下巴抬起或收紧。

惊讶：下颚下垂，嘴唇和嘴巴放松，眼睛张大，眼睑和眉毛微抬。

恐惧：嘴巴和眼睛张开，眉毛上扬，鼻孔张大。

厌恶：厌恶的表情包括嗤鼻，上嘴唇上抬，眉毛下垂，眯眼。

图2-1　面部表情特征

### 2. 表情的概括和夸张

抓住表情的特征，角色表情可以抽象地概括为简笔符号，如图2-2所示：

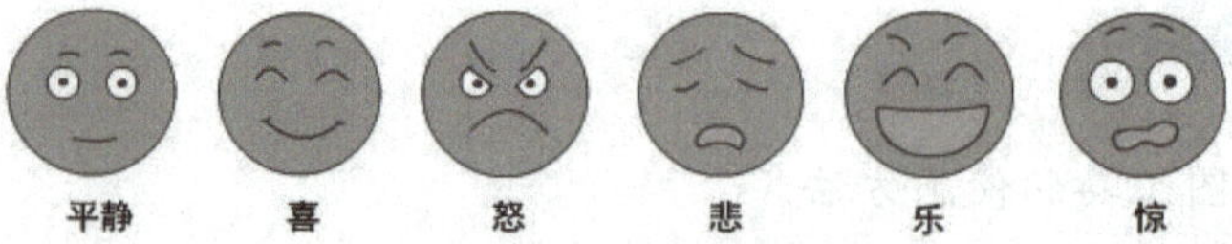


图2-2　表情的概括

在动画中，人物的表情根据剧情的需要进行夸张处理，以此来增加动画人物的趣味性和观赏性，如图2-3所示。

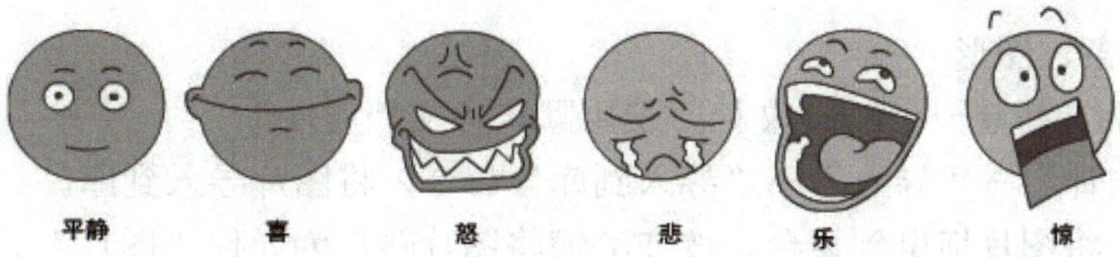


图2-3　表情的夸张

### 3. 动画角色表情图例

动画中的角色处于运动的状态，制作动画一般需要绘制出角色不同角度的各种表情图。如图2-4所示为动画中的角色表情图。

图2-4　角色表情图

### 4. Flash CS5中的基本绘图工具

Flash中线条与图形的绘制主要通过工具箱中的各种绘图工具完成，如图2-5所示。

操作实例：通过绘制“小白鼠”卡通形象（见图2-6），介绍绘图工具的使用方法。

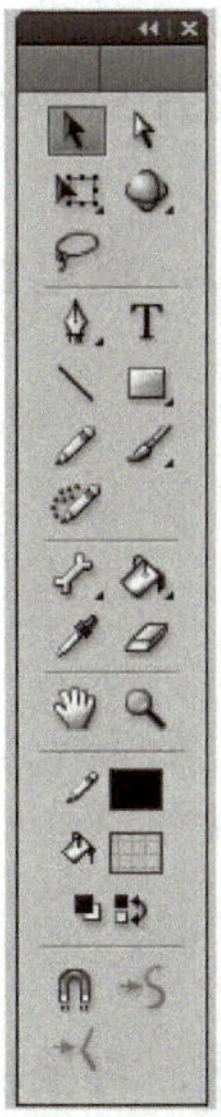

图2-5　工具箱

图2-6　小白鼠

（1）绘制线条、图形

1）启动Flash，新建一个Flash文档，使用默认“文档属性”。

2）执行“文件”→“导入”→“导入到库”命令，将图片导入到库。

3）打开库，将图片拖曳到舞台。按<F8>键将图片转换为元件“图片”。

4）在舞台上单击图片，选中图片，打开“属性”面板，在“色彩效果”中的“样式”下拉列表框中选择“Alpha”选项，将透明度更改为50%，如图2-7所示。

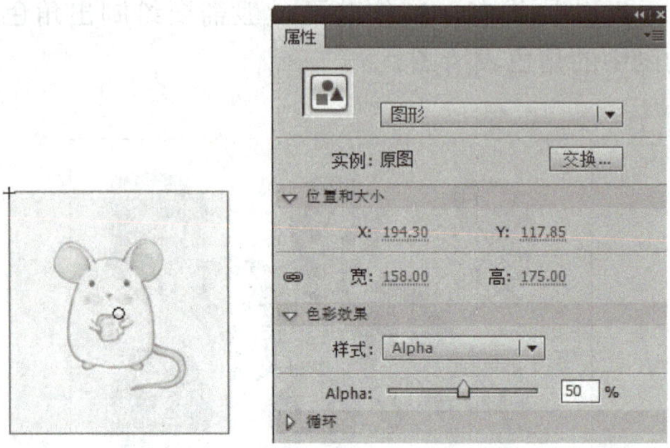


图2-7　改变图片的透明度

**温馨提示**

扫描或从网络上获得的图片需要在Flash中使用绘图工具誊清线稿并填色，制作成矢量图形。为了在誊清过程中能看得更清晰，可以将素材图先转换为元件，降低其透明度。

5）新建图层，命名为“线”。将图层1锁定。

6）选中工具箱中的“缩放工具”在舞台上单击，放大舞台，使图片显示到合适大小（按<Alt>键，结合“缩放工具”可缩小舞台）。

7）选中工具箱中的“椭圆工具”，在颜色设置区选中“笔触颜色”，将笔触色设置为黑色，将“填充颜色”的颜色设置区设置为禁用，如图2-8所示。

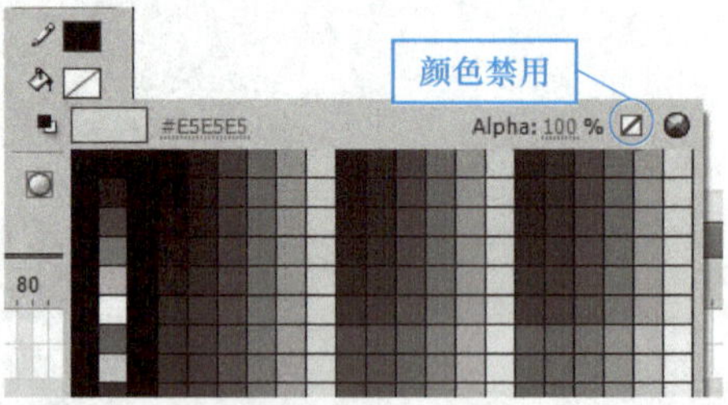


图2-8　颜色设置区

8）在舞台上参照小白鼠的身体绘制一个椭圆。选中“选择工具”，将鼠标指针靠近所绘制的椭圆边线，当鼠标指针下出现一条小弧线时，按下鼠标左键拖曳，改变线的角度、形状，使之与原图贴合，如图2-9所示。

9）选中“直线工具”，沿耳朵形状绘制直线，然后选中“选择工具”，用步骤8）中的方法改变线的角度、形状，使之与原图贴合，如图2-10所示。

图2-9　绘制身体

图2-10　绘制耳朵

10）单击小白鼠手中奶酪外侧的线，在“属性”面板中设置线的样式为“锯齿线”、笔触为0.5，如图2-11所示。

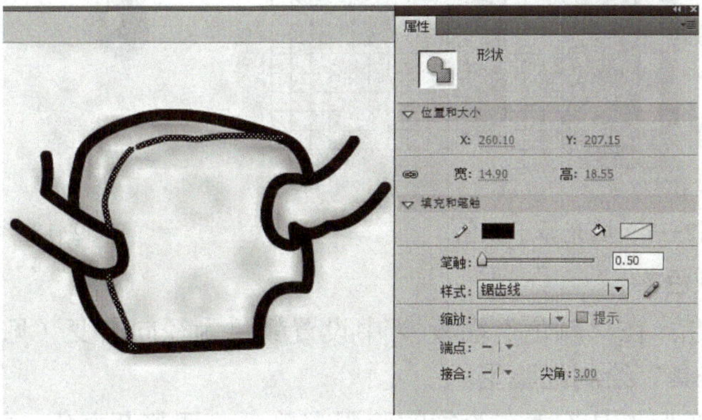


图2-11　设置线条样式

11）绘制眼睛：选中工具箱中的“椭圆工具”。在颜色设置区将“笔触颜色”禁用，将填充颜色设置为黑色。在眼睛位置绘制黑色椭圆（见图2-12），再将“填充颜色”更改设置为白色，绘制高光点（见图2-13）。

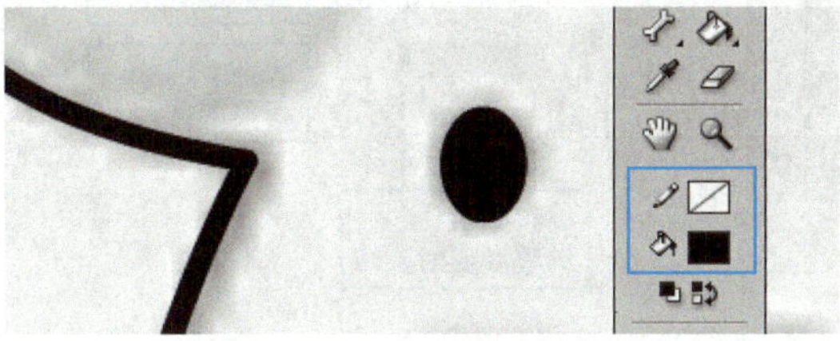

图2-12　绘制黑色椭圆

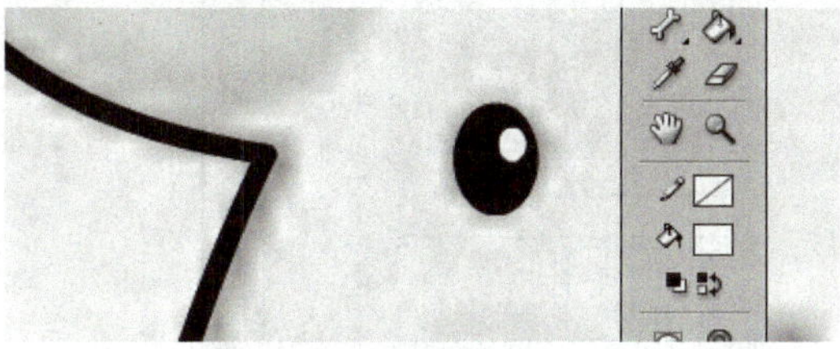

图2-13　绘制白色高光

12）复制出另一侧的眼睛。选中“选择工具”，框选上一步绘制的图形，单击鼠标右键，在弹出的快捷菜单中选择“复制”命令，在舞台上单击鼠标右键，在弹出的快捷菜单中选择“粘贴”命令，复制出另一只眼睛，调整到合适的位置，如图2-14所示。

13）绘制鼻子。选中“直线工具”，绘制如图2-15所示的直线形状，使用“选择工具”，调整鼻子的线条形状，如图2-16所示。

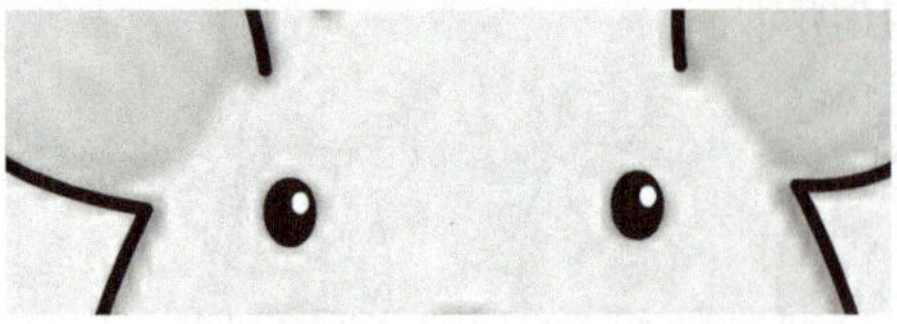

图2-14　复制并调整眼睛位置

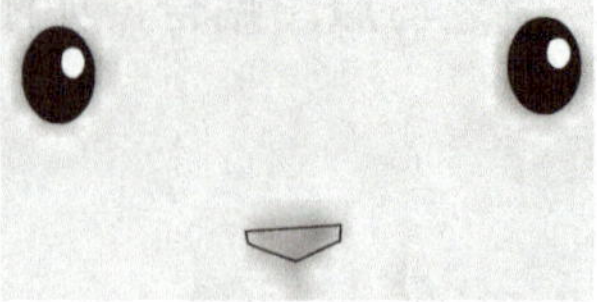

图2-15　绘制鼻子直线形状

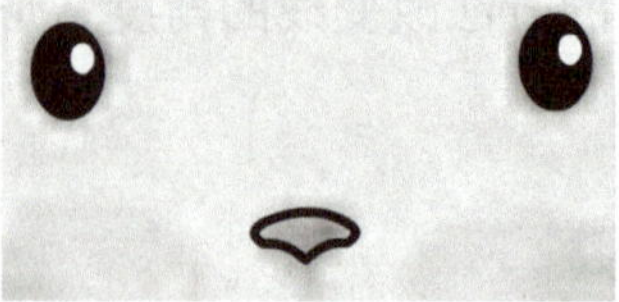

图2-16　调整鼻子形状

14）选中“颜料桶工具”，设置好填充色（#CC666），为鼻子填充颜色，如图2-17所示。

15）使用“选择工具”选中黑色边线，然后删除。在鼻子下方绘制一条与鼻头同色的线，完成鼻子的绘制，如图2-18所示。

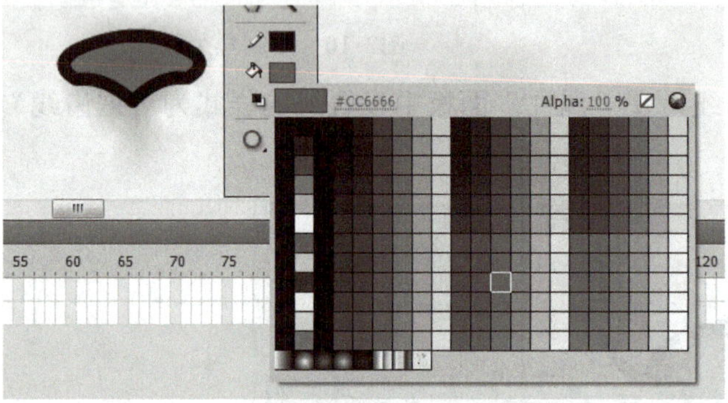


图2-17　填充鼻子颜色

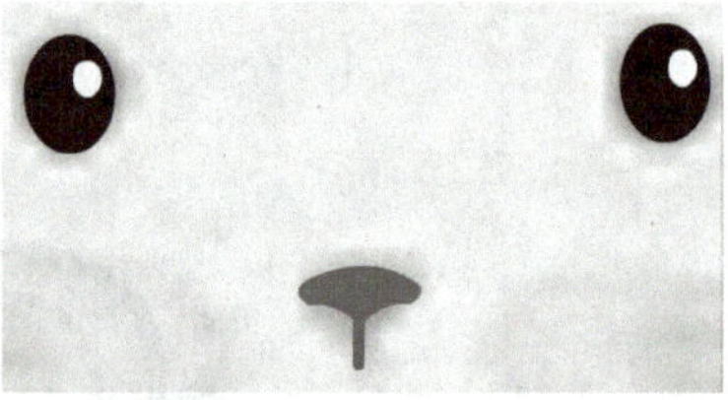

图2-18　绘制完成的鼻子

（2）填充图形颜色

1）绘制红脸蛋儿：在“颜色”面板中设置颜色为径向渐变（见图2-19），笔触颜色禁用。使用“椭圆工具”绘制红脸蛋。

2）使用“渐变变形工具”在绘制的脸蛋上单击，调整渐变色，如图2-20所示。

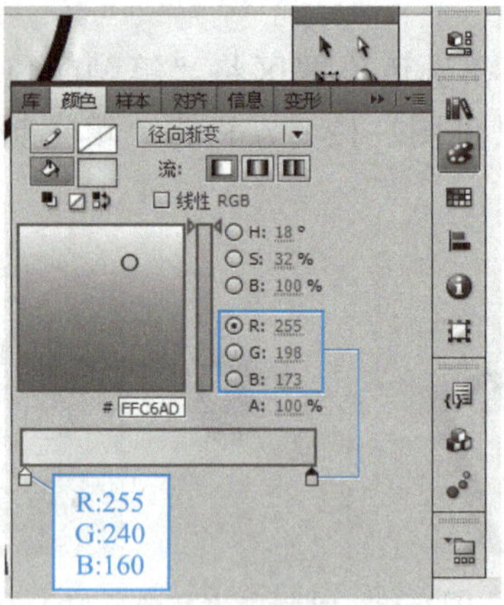


图2-19　绘制脸蛋

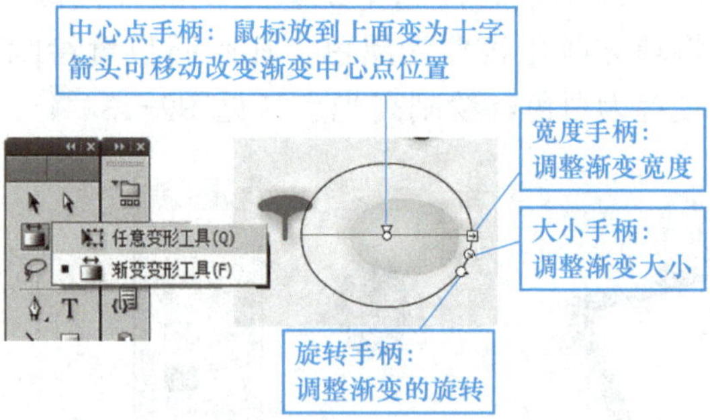


图2-20　“渐变变形工具”各手柄的作用

3）复制脸蛋图形，执行“修改”→“变形”→“水平翻转”命令，然后将其放置到另一侧的合适位置，如图2-21所示。

4）选中“直线工具”，在属性面板中将颜色设置为粉红色（#FF6666）、笔触设置为0.5，设置样式为实线，绘制胡须，如图2-22所示。

图2-21　脸蛋绘制完成

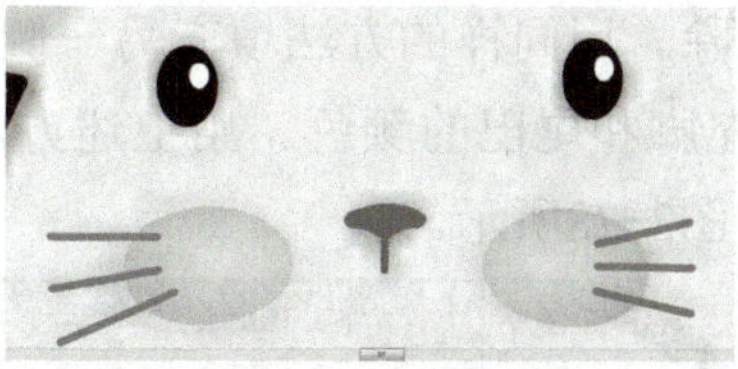

图2-22　绘制胡须

5）填充内耳颜色。打开“颜色”面板，设置填充颜色为“线性渐变”，笔触颜色禁用，如图2-23所示。选中“椭圆工具”，在内耳的位置绘制椭圆，使用“选择工具”调整形状，然后使用“渐变变形工具”调整渐变填充效果，如图2-24所示。

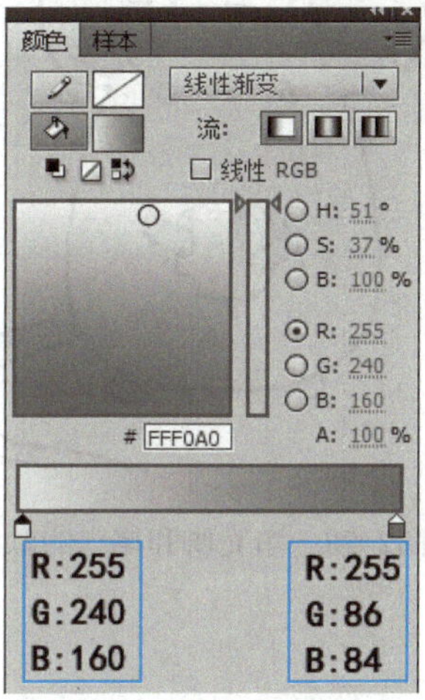


图2-23　编辑耳朵渐变色

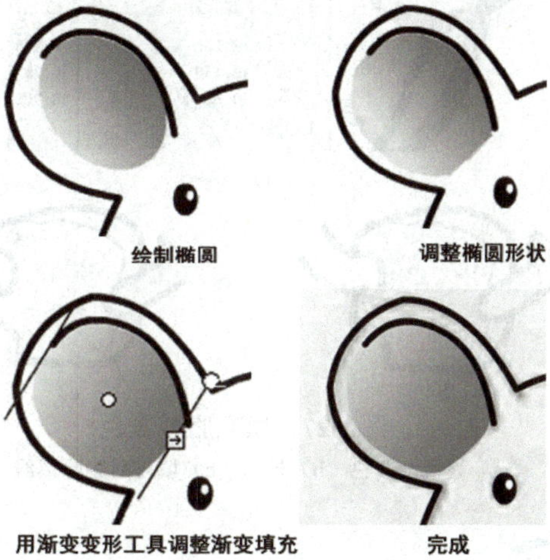


图2-24　绘制耳朵

6）复制内耳图形，执行“修改”→“变形”→“水平翻转”命令，然后将其放置到另一侧的合适位置，如图2-25所示。

7）填充奶酪颜色。使用“颜料桶工具”，将“空隙大小”设置为封闭大空隙、“填充色”设置为黄色，填充奶酪颜色，如图2-26所示。使用“椭圆工具”，打开属性面板，设置“笔触颜色”为橙色（RGB色值为255，102，0）、“填充色”禁用、笔触为0.5，按住<Shift>键，绘制大小不一的几个圆，作为奶酪的孔洞。

图2-25　复制出另一侧耳朵

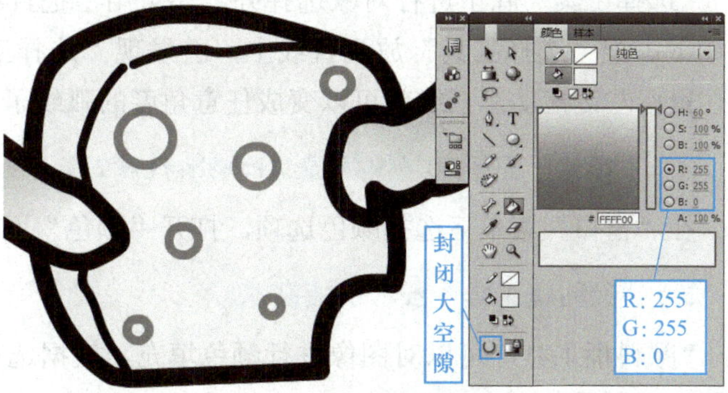


图2-26　填充奶酪颜色

8）填充胳膊。将胳膊末端用“直线工具”封口，调整形状，将“颜色”设置为“线性渐变”，使用“颜料桶工具”填充胳膊颜色，然后使用“渐变变形工具”调整填充。选中封口线，删除。用同样的方法填充另一侧胳膊颜色，如图2-27所示。

9）填充脚和尾巴的颜色。用上述方法完成脚和尾巴的填色。线性渐变的颜色设置与胳膊相同，如图2-28所示。

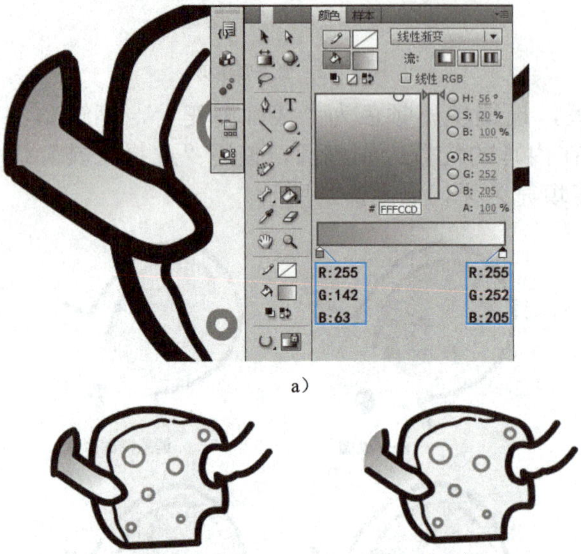


a） b） c）

图2-27 填充胳膊颜色

a）设置渐变色 b）封口 c）填充后删除黑线

图2-28 填充脚和尾巴的颜色

## 拓展阅读

### 1. “选择工具”（快捷键<V>）

“选择工具”用于选择对象。对任何对象进行处理时，首先要选中它，才能对其进行操作。要选中多个对象时，需在这些对象的外部单击后按住鼠标左键拖曳鼠标，框选需要选中的所有对象，然后松开鼠标。

“选择工具”除了进行对象选择外，还可用于把直线变形成弧线，调整线条的形状。方法如下：把“选择工具”放到直线上，会发现“选择工具”箭头下面出现一个圆弧，这时按住鼠标左键拖动，直线就可以变成任意角度的弧线了。

### 2. “颜色”面板（快捷键<Alt+Shift+F9>）

在“窗口”菜单下选择颜色选项，打开“颜色”面板，如图2-29所示。

### 3. “颜料桶工具”（快捷键<K>）

“颜料桶工具”可以对图像进行颜色填充，根据选项的不同可以进行多种方式的填充，如图2-30所示。

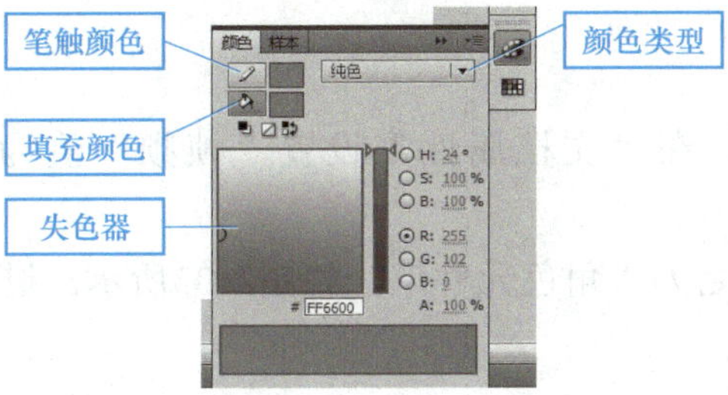

图2-29 “颜色”面板

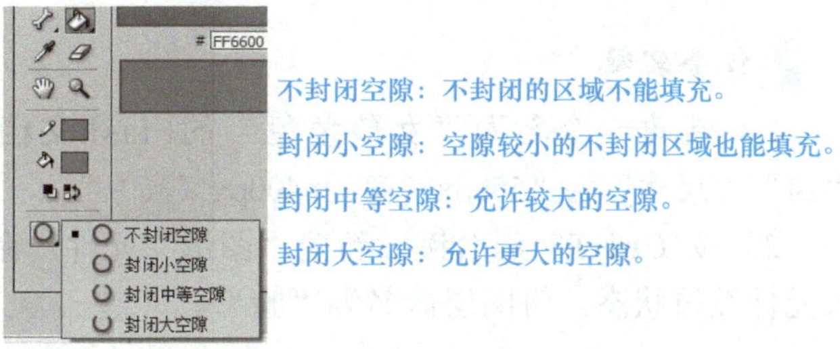

图2-30 “颜料桶工具”的选项

### 4. “渐变变形工具” （快捷键<F>）

“渐变变形工具”可以对填充的线性渐变或径向渐变颜色进行调整。选中该工具后，在填充好的渐变色上单击，出现控制手柄，可调整渐变填充的大小、角度宽度等，如图2-20所示。

## 项目1 制作高兴的表情动画

高兴是一种感受良好时的情绪反应，一种能表现出愉悦与幸福心理状态的情绪。高兴最常见的表达方式就是笑，如图2-31所示。

图2-31 高兴

### 任务1 绘制角色元件

#### 任务描述

本任务将完成一个名字为“小Q”的女孩角色的绘制（见图2-32），并将各部分转换为元件。

图2-32 小Q

#### 任务分析

一般情况下，绘制人物表情时面部和五官是分开绘制的，这样更容易发挥Flash元件的优势，通过替换和修改元件，可以达到丰富人物表情变化的效果。

## 任务实施

1）新建一个名为“女孩角色”的Flash文档，在“文档属性”设置“帧频”值为“24”“尺寸”为“550px（宽）×400px（高）”。

2）按<Ctrl+F8>组合键，新建“图形”元件，命名为“角色元件”，如图2-33所示。进入元件编辑状态，将图层命名为“脸”。

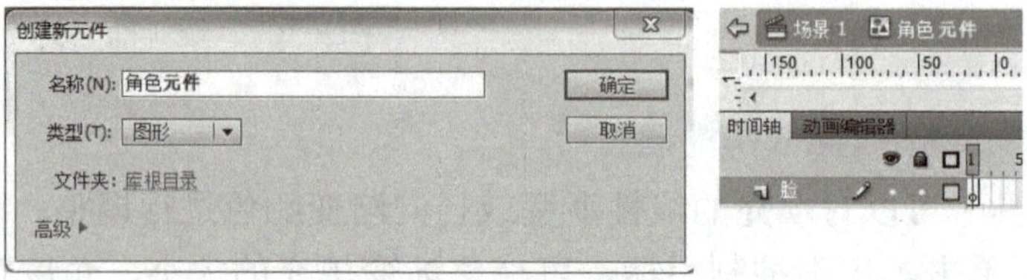


图2-33　角色元件

3）首先绘制人物面部，使用“椭圆工具”绘制人物脸部轮廓，使用“选择工具”和“直线工具”将脸部轮廓进行略微调整，给脸部添加阴影、红晕和鼻子。最后按<Ctrl+G>键将图像组合到一起，如图2-34所示。绘制完后，选中该关键帧，按<F8>键转换为“图形”元件，命名为“脸”，如图2-35所示。

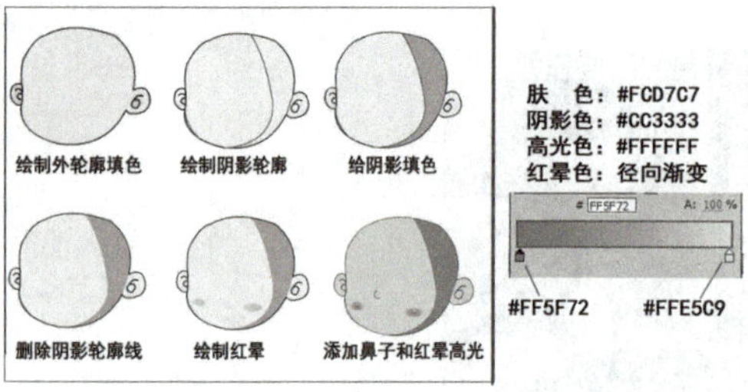


图2-34　绘制脸的过程

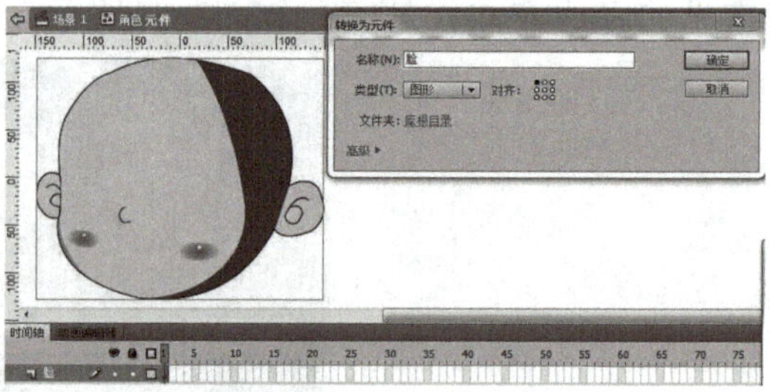

图2-35　脸元件

4）为人物添加前面的头发：返回“角色”元件，在脸部图层上新建“前面头发”图层，对照下面一层的脸部图形绘制头发，可以先将脸部图层锁定，如图2-36所示。绘制完成后的图层如图2-37所示。选中该关键帧，按<F8>键转换为“图形”元件，命名为“前发”。

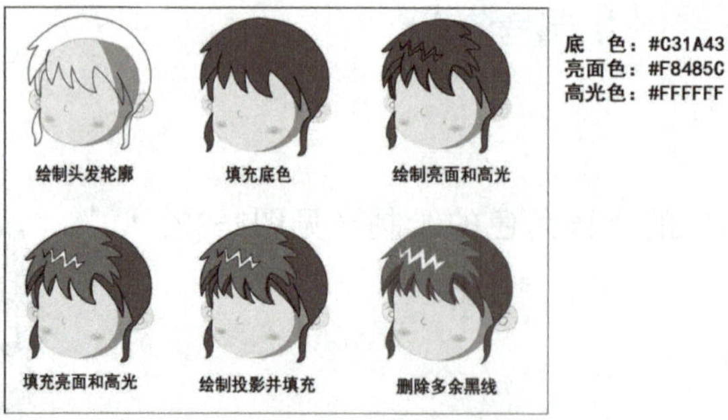


图2-36　面部表情特征

图2-37　绘制完成后的图层

5）为人物添加后面的头发：返回“角色”元件，在“前面头发”图层上新建“后面头发”图层，先使用“矩形工具”绘制一个矩形，然后使用“选择工具”将其调整成头部后面头发的形状，并添加头发的细节，颜色设置与前发相同，如图2-38所示。绘制完成后，选中该关键帧，按<F8>键转换为“图形”元件，命名为“后发”。

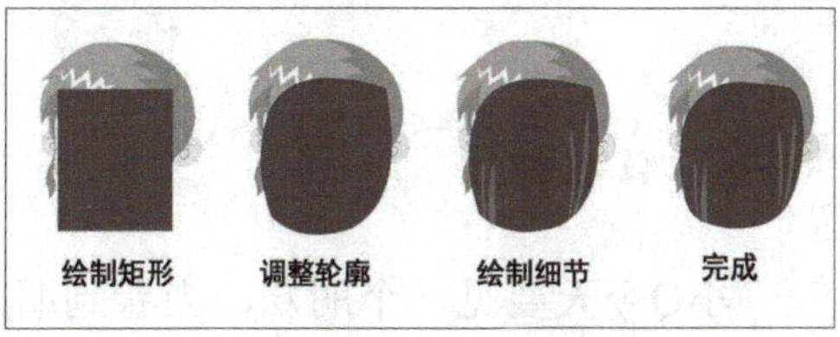

图2-38 后面头发绘制步骤

6）将“后面头发”图层拖动到所有图层的最下面，以衬托出人物的脸型，如图2-39所示。

7）为人物添加身体：在“后面头发”图层上新建“身体”图层，并将其他图层“锁定”，使用“直线工具”结合“选择工具”绘制身体的轮廓后将其填充颜色，如图2-40所示。绘制完后，按<F8>键转换为“图形”元件，命名为“身体”。

8）返回场景，将“图层1”更名为“角色”，按<Ctrl+L>键，打开“库”面板，将“角色”元件拖曳到舞台，如图2-41所示。保存文档，按<Ctrl+Enter>键，测试动画。

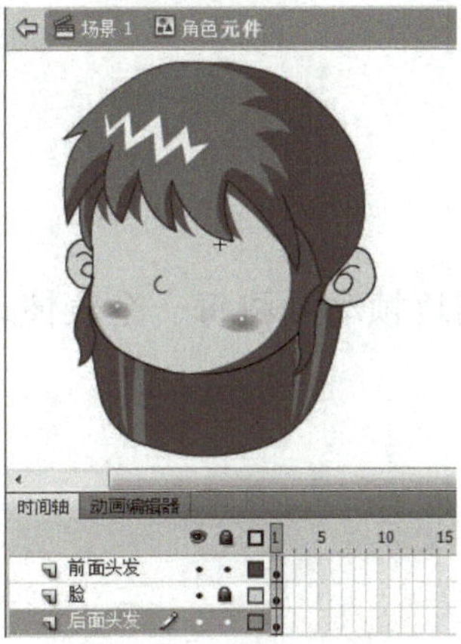

图2-39 后面头发图层

图2-40 绘制身体

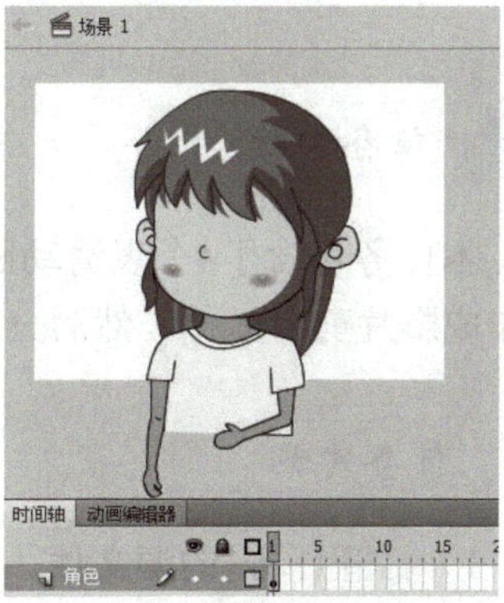

图2-41 将“角色”元件拖入舞台

## 任务总结

本任务在熟练运用绘图工具的基础上，学习了分图层绘制元件以及创建元件的基本方法。可以在“插入”菜单中选择“新建元件”创建形元件，快捷键为<Ctrl+F8>。还可以将绘制好的图形转换为元件，方法为选中图形，单击鼠标右键，在弹出的快捷菜单中选择“转换为元件”命令，快捷键为<F8>。

## 任务拓展

参考图2-42，任选一个角色，分图层绘制，颜色自定。

图2-42 角色图

## 任务2　制作高兴的动画表情

### 任务描述

小Q今天要见一个朋友，当看到朋友在远处出现时，她脸上露出了微笑，朋友走近时，她开心地笑了。朋友走到小Q的面前，从书包里拿出了一份礼物递给小Q，小Q万分感动。本任务将制作完成“小Q”的这一系列表情变化：由平静到微笑，到开心地笑，感动地笑的动画效果，如图2-43所示。

图2-43　小Q的高兴表情

### 任务分析

本任务包含了4个表情动画：平静、微笑、开心、感动。用逐帧动画将每一个表情动画制作成影片剪辑元件，然后分图层放在舞台上。

### 任务实施

1）打开任务1的源文件。

2）新建“平静表情”图层。绘制安静状态的表情：先绘制出一边的眼睛和眉毛，再复制出另一边。按<F8>键转换为“影片剪辑”元件，命名为“眼睛”，如图2-44所示。

3）双击进入“眼睛”元件编辑模式。在第3帧添加关键帧并延长到第4帧，分别选中第3帧的左右眼球，略微旋转，如图2-45所示。

图2-44　绘制眼睛

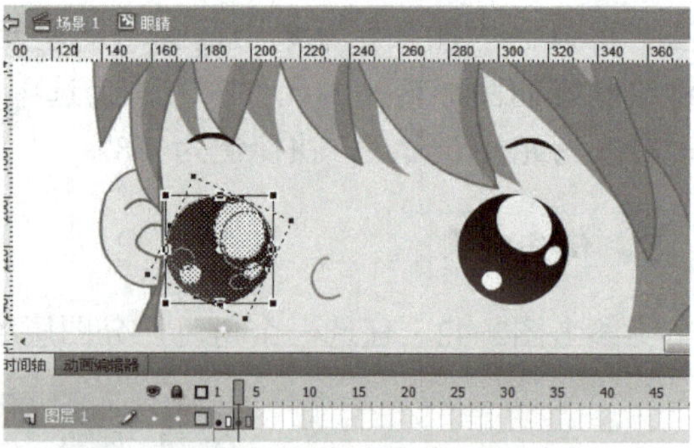


图2-45　眼睛影片剪辑元件

4）返回场景，在“平静表情”图层绘制嘴。使用“选择工具”和“直线工具”，绘制出嘴，延长帧到第15帧，如图2-46所示。

5）新建“微笑表情”图层，用来绘制微笑的表情，在第16帧添加空白关键帧，和“平静表情”的帧错开。将“眼睛”元件拖曳到舞台的合适位置，延长帧到第30帧，如图2-47所示。

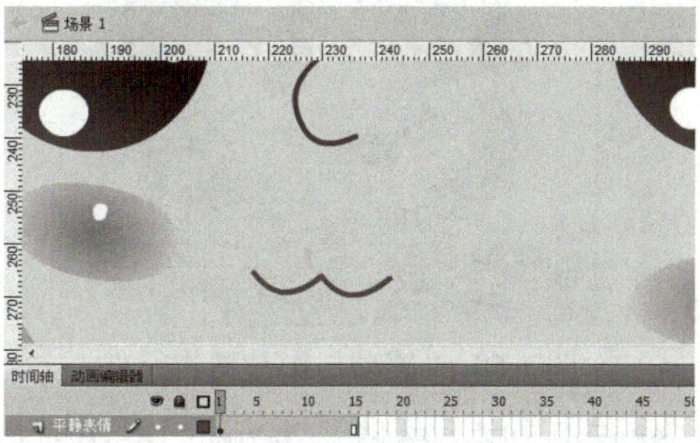

图2-46 绘制嘴

图2-47 “微笑表情”图层

6）将在“平静表情”图层绘制的嘴复制到“微笑表情”图层，调整到合适位置，选中嘴图形，按<F8>键，转换为“影片剪辑”元件，命名为“嘴”。

7）双击进入“嘴”元件编辑模式。使用“任意变形工具”将嘴略微旋转，使用“选择工具”将嘴的两端略微拉长；在第3帧添加关键帧，选中第3帧，修改绘制为开心大笑的嘴，并延长到第15帧，（单击“绘图纸外观”按钮，有利于图形位置调整），如图2-48所示。

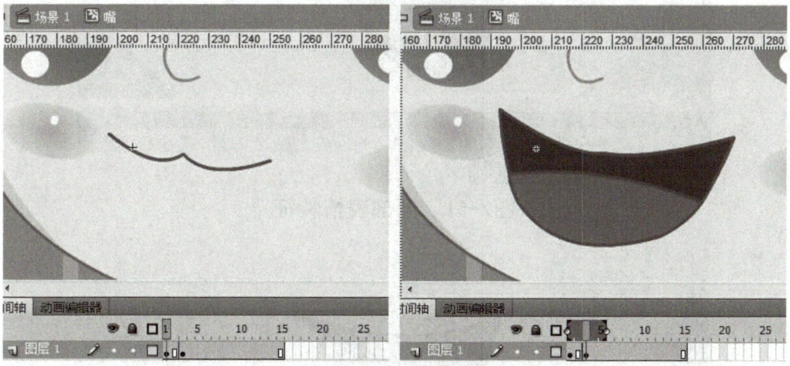

图2-48 “嘴”影片剪辑元件

**操作技巧**

单击“绘图纸外观”按钮，可以在舞台中一次查看多个帧，其使用方法详见本任务“任务总结”部分。

8）新建“激动表情”图层，用来绘制激动的表情，在第31帧添加空白关键帧，和“微笑表情”的帧错开。将“眼睛”元件拖曳到舞台合适位置，延长帧到第45帧。

9）使用“直线工具”和“选择工具”绘制出嘴，如图2-49所示。框选所绘制的嘴，按<F8>键转换为“影片剪辑”元件，命名为“感动”。

10）双击进入“感动”元件编辑模式，延长帧到第15帧，如图2-50所示。

图2-49　绘制嘴

图2-50　“感动”影片剪辑元件

11）在图层1绘制嘴里的心形和脸上的红晕线，然后分别在第5帧、第7帧、第10帧和第13帧插入关键帧，再分别微调各个帧上图形的位置和形状，如图2-51所示。

微调时可以单击“绘图纸外观”按钮。对比第5帧和第7帧图形，红晕线和心形做了微调整，如图2-52所示。

12）返回场景，按<Ctrl+Enter>组合键预览影片。按<Ctrl+S>组合键保存文档，命名为“高兴.fla”。

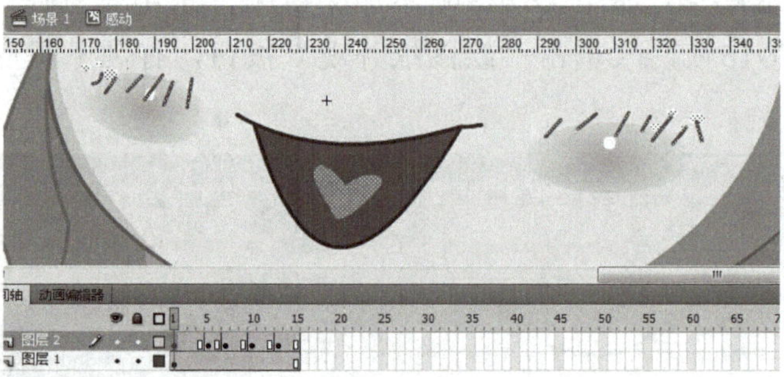

图2-51　面部表情特征

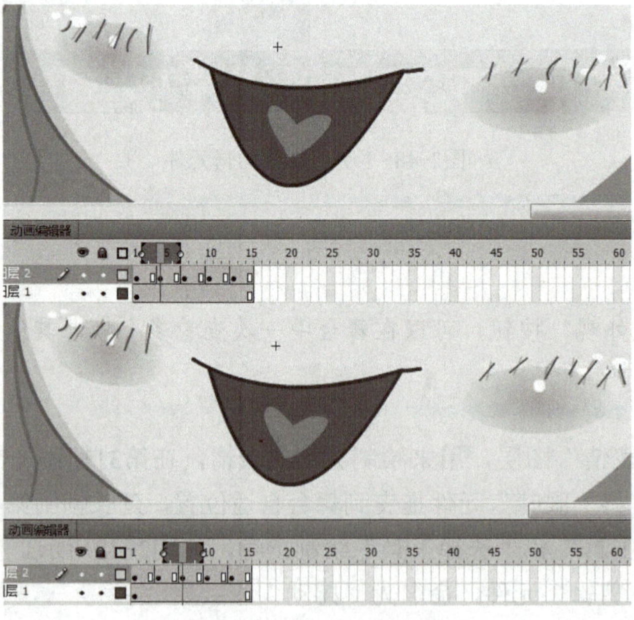

图2-52　微调图形位置

## 任务总结

### 1．影片剪辑元件

影片剪辑是包含在Flash影片中的影片片段，有自己的时间轴和属性，具有交互性，是用途最广、功能最多的部分。可以包含交互控制、声音以及其他影片剪辑的实例，也可以将其放置在按钮元件的时间轴中制件动画按钮。

### 2．逐帧动画

在时间帧上逐帧绘制帧内容称为逐帧动画。由于是一帧一帧地画，所以逐帧动画具有非常大的灵活性，几乎可以表现任何想表现的内容。

创建逐帧动画有以下几种方法：

（1）用导入的静态图片建立逐帧动画

用JPG、PNG等格式的静态图片连续导入Flash中，就会建立一段逐帧动画。

（2）绘制矢量逐帧动画

用鼠标或压感笔在场景中一帧一帧地画出帧内容。

（3）文字逐帧动画

用文字作帧中的元件，实现文字跳跃、旋转等特效。

（4）导入序列图像

可以导入gif序列图像、swf动画文件，或者利用第3方软件（如swish、swift 3D等）产生的动画序列。

### 3．绘图纸功能

通常情况下，Flash在舞台中一次显示动画的一个帧。为了帮助定位和编辑逐帧动画，用绘图纸功能（见图2-53）可以在舞台中一次查看两个或多个帧，并编辑多个帧的内容。启用绘图纸功能后，播放头下面的帧用全彩显示，其余的帧是暗淡的，看起来就好像每个帧都是画在一张透明的绘图纸上，而这些绘图纸相互层叠在一起。

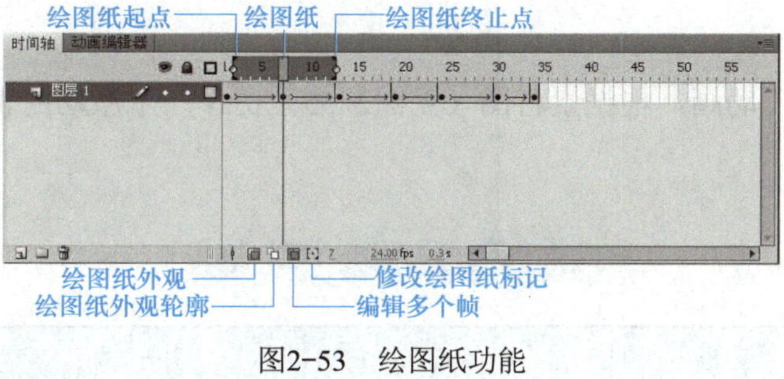


图2-53　绘图纸功能

各按钮的使用方法如下。

1）绘图纸外观：单击该按钮，将在时间轴标题上出现一个范围，并在舞台上出现该范围内元件的半透明移动轨迹。如果想增加、减少或更改绘图纸标记所包含的帧的数量，可以选中并拖动绘图纸标记两侧的起始点手柄和终止点手柄。

当应用绘图纸功能时，位于绘图纸标记内的帧的内容将由深入浅显示出来，当前帧的内容将正常显示，颜色最深。在这些轨迹中，除当前播放头所在关键帧内的元素是可以移动和编辑的以外，其他轨迹图像都不可编辑。

2）绘图纸外观轮廓：类似于绘图纸外观，单击该按钮后，可以显示多个帧的轮廓，而不是直接显示透明的移动轨迹。当元素形状较为复杂或帧与帧之间的位移不明显时，使用这个按钮能更加清晰地显示元件的运动轨迹。每个图层的轮廓颜色决定了绘图纸轮廓的颜色。

除当前播放头所在关键帧内实体显示的元素可以编辑外，其他轮廓都不可编辑。

3）编辑多个帧：类似于绘图纸外观，单击该按钮后，在舞台上会显示包含在绘图纸标记内的关键帧，与使用“绘图纸外观”功能不同，“编辑多个帧”功能在舞台上显示的多个关键帧都可以选择和编辑，而不论哪一个是当前帧。

**注意**

当“绘图纸外观”打开时，锁定图层不会显示。为了避免弄乱多数图像，可以锁定或隐藏不想使用绘图纸外观的图层。

4）修改绘图纸标记：主要用于修改当前绘图纸的标记。通常情况下，移动播放头的位置，绘图纸的位置也会随之发生相应的变化。单击该按钮，从弹出的下拉菜单中选择一个项目，如图2-54所示。

图2-54　绘图纸功能修改绘图纸标记

① 始终显示标记：选择该选项后，无论用户是否启用了绘图纸功能，都会在时间轴头部显示绘图纸标记范围。

② 锚记绘图纸：选中该选项后，可以将时间轴上的绘图纸标记锁定在当前位置，不再跟随播放头的移动而发生位置上的改变。

③ 绘图纸2：选择该选项后，在当前选定帧的两边只显示两个帧。

④ 绘图纸5：选择该选项后，在当前选定帧的两边显示5个帧。

⑤ 所有绘图纸：选择该选项后，会自动将时间轴标题上的标记范围扩大到包括整个时间轴上所有的帧。

## 任务拓展

观察“激动.gif”动画，根据素材图（见图2-55）仿作一个激动的表情动画。

图2-55　激动素材图

## 项目学习作品评价表

| 评价标准 | 个人评价 | 小组评价 | 教师评价 |
|---|---|---|---|
| 1. 能使用绘图工具绘制图形 | | | |
| 2. 能正确表现角色造型 | | | |
| 3. 能制作动画元件 | | | |
| 4. 能制作较流畅的表情动画 | | | |

注：A全部准确理解，B大部分准确理解，C部分准确理解，D基本做不到。

## 项目总结

通过本项目的学习，能够熟练运用绘图工具绘制角色，并且掌握动画制作的基本技能，即创建图形元件的方法、创建影片剪辑元件的方法；了解并应用逐帧动画技术制作简单的表情变化，在制作动画的过程中善于利用“绘图纸”功能以提高制作效率。

# 项目2 制作委屈、大哭的动画表情

## 任务1 制作委屈的动画表情

### 任务描述

小Q在上学路上遇到了一位迷路的老人，在小Q的帮助下，老人安全回家了，但小Q上学迟到了，正在上课的老师不问青红皂白把小Q批评了一顿，小Q感到委屈极了。

当受到不应该的指责或待遇时，人们的心里都会难过，感到委屈。委屈时的面部，如图2-56所示。

图2-56 委屈时的面部表情

### 任务分析

委屈是一种悲的表情，五官的状态以下垂为主。制作动画时，先制作感到委屈，这时会有皱眉、眼下垂、撅嘴等五官动作；然后越想越委屈，难受得要流泪了，眼泪会在眼眶里含着；最后终于爆发，嚎啕大哭。因此，本项目由3个影片剪辑构成：委屈、流泪、大哭。

### 任务实施

1）新建一个名为“委屈”的Flash文档，帧频为24，尺寸为550px（宽）×400px（高）。

2）执行“文件”→“打开”命令，打开“高兴.fla”文件，按<Ctrl+L>组合键打开“库”面板，双击打开“角色元件”，选中所有帧，单击鼠标右键，在弹出的快捷菜单中选择“复制帧”命令，如图2-57所示。关闭“高兴.fla”文件。

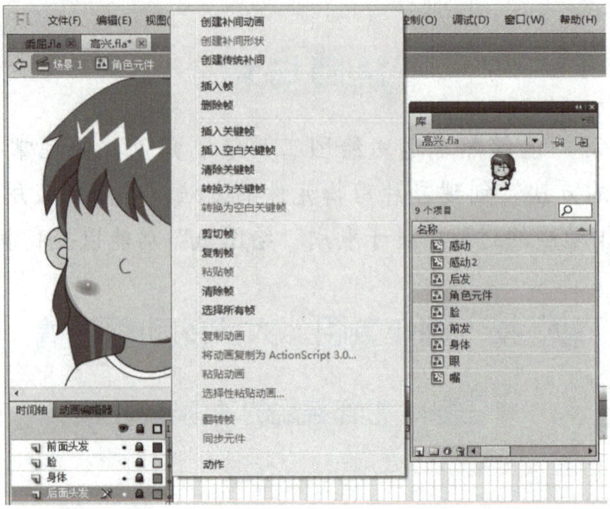

图2-57　复制帧

3）返回“委屈.fla”文档，按<Ctrl+F8>组合键创建新图形元件，命名为“角色”。选中图层1的空白关键帧，单击鼠标右键，在弹出的快捷菜单中单击“粘贴帧”命令，如图2-58所示。

4）返回场景，将“角色”元件拖入舞台，双击图层名称，改为“角色”图层。

5）新建“委屈表情”图层，绘制委屈状态的眼睛和嘴，如图2-59所示。

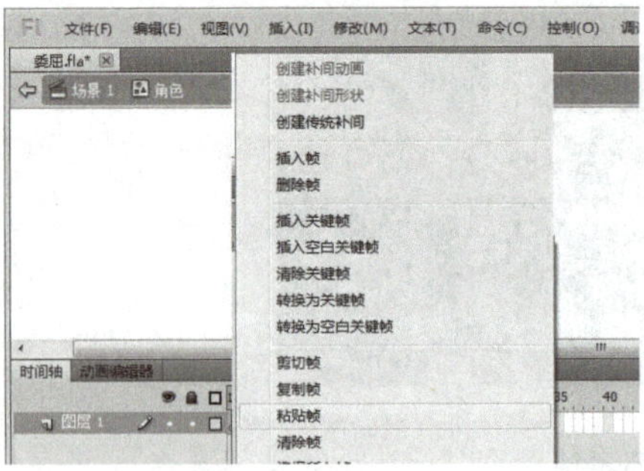

图2-58　粘贴帧

图2-59　绘制委屈状态的眼睛和嘴

6）选中绘制的图形，按<F8>键转换为“影片剪辑”元件，命名为“委屈眼睛”，如图2-60所示。

7）双击进入“委屈眼睛”元件编辑模式。新建图层2，绘制眼睛高光和眉毛，如图2-61所示。

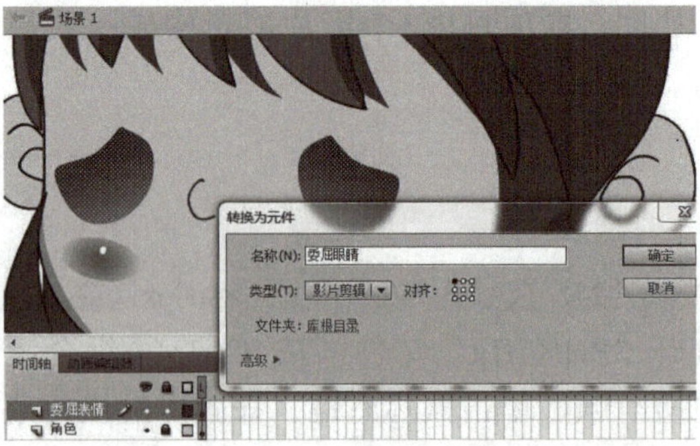

图2-60　转换为元件

图2-61　绘制眼睛高光和眉毛

8）在第5帧插入关键帧。微调每个高光点的大小和位置，制作出泪光闪动效果，并且微调眉毛的位置，延长帧到第10帧，如图2-62所示。

9）返回场景，新建“流泪表情”图层，在第20帧添加空白关键帧，和“委屈表情”的帧错开。将“委屈眼睛”元件拖曳到舞台的合适位置，延长到第40帧，如图2-63所示。

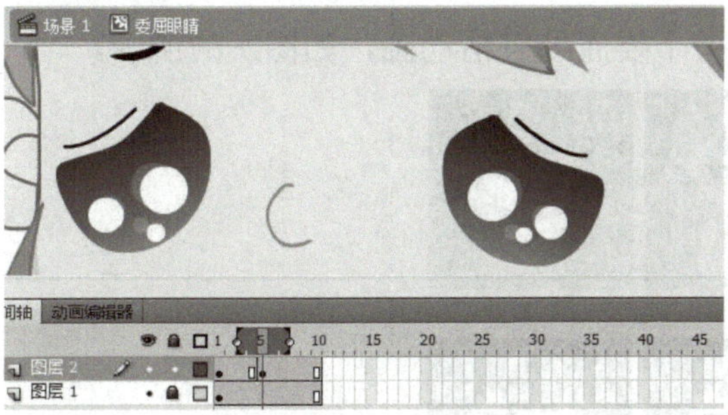


图2-62 制作泪光闪动

图2-63 “流泪表情”图层

10）使用“铅笔工具”，将铅笔模式设置为“平滑”，绘制出泪水。先绘制一侧眼里的泪水，结合“选择工具”调整所绘制泪水的形状，如图2-64所示。选中所绘制图形，按<F8>键转换为“影片剪辑”元件，命名为“泪水”。

图2-64 绘制泪水

11）双击进入“泪水”元件编辑模式。复制出另一侧的泪水，执行“修改”→“变形”→“水平翻转”命令，最后将其调整到合适位置，如图2-65所示。

12）在第5帧插入关键帧，使用“选择工具”调整泪水的形状，打开“绘图纸外观轮廓”可以对比这2帧上图形的变化，延长帧到第10帧，如图2-66所示。

图2-65 泪水绘制完成

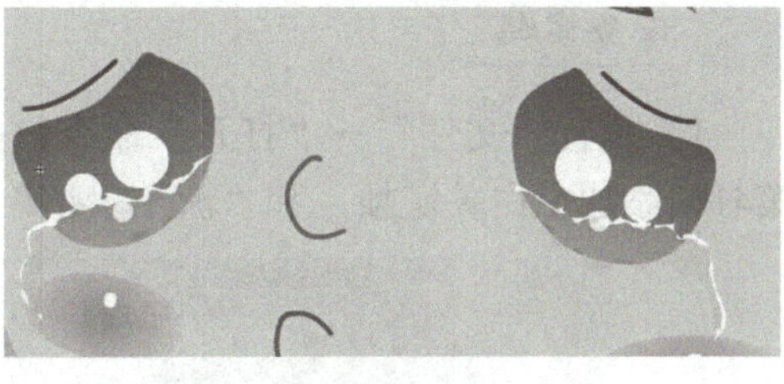

图2-66 调整第5帧泪水形状

13）返回场景，按<Ctrl+Enter>组合键预览影片。按<Ctrl+S>组合键保存文档。

## 任务总结

本任务将闪动的泪光、流动的眼泪等做成影片剪辑元件动画，然后放入场景图层。在泪水绘制时，使用“铅笔工具”的平滑模式，绘制起来更加流畅自然。

## 任务拓展

观察“委屈.gif”动画，根据素材图，仿作一个委屈的表情动画，如图2-67所示。

图2-67　委屈素材图

# 任务2　制作大哭的动画表情

## 任务描述

被老师在全班同学面前批评一顿后，小Q越想越委屈，终于忍不住大哭起来。本任务将完成一个大哭的动画制作。

## 任务分析

大哭时会张开嘴，闭上眼睛，五官比较集中，为了加强哭的表情，本任务对眼泪做了夸张的处理。本任务将接着上一任务完成，把大哭时的五官做成一个影片剪辑元件，然后放入舞台中“大哭表情”所在的图层。

## 任务实施

1）执行“文件”→“打开”命令，打开“委屈.fla”文件。新建“大哭表情”图层，在第41帧添加空白关键帧，和“流泪表情”的帧错开，延长到第60帧，如图2-68所示。

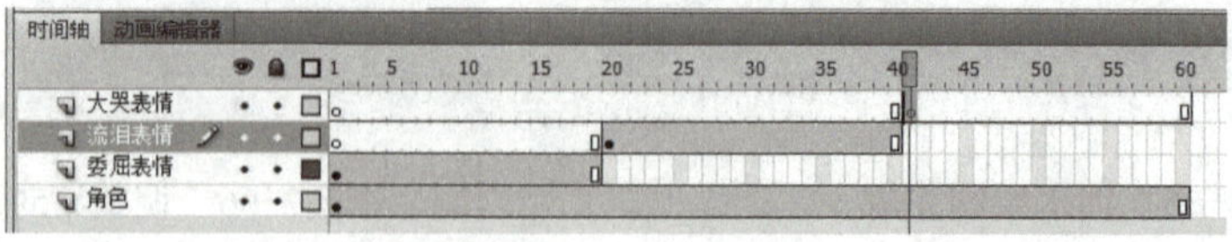

图2-68　新建“大哭表情”图层

2）使用“直线工具”和“选择工具”，绘制出大哭时的眼睛，先绘制一侧的眼睛，选中所绘制图形，按<F8>键转换为“影片剪辑”元件，命名为“大哭”，如图2-69所示。

3）双击进入“大哭”元件编辑模式。将图层1命名为“五官”，复制出另一侧的眼睛，执行“修改”→“变形”→“水平翻转”命令，将其调整到合适位置，然后分别绘制出眉毛和嘴，如图2-70所示。

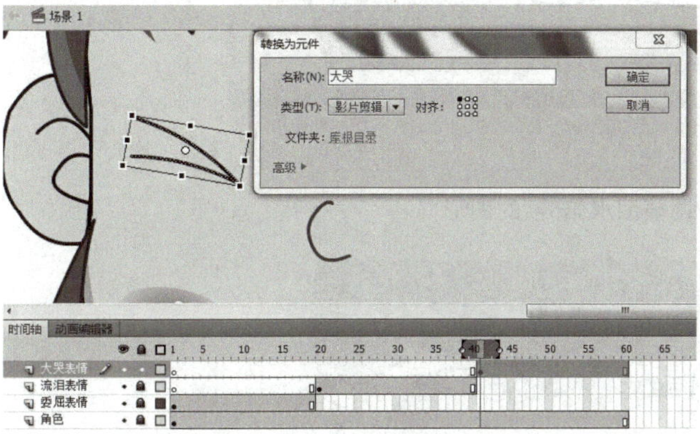


图2-69　转换为“大哭”元件

图2-70　绘制五官

4）新建图层，命名为“奔涌的泪”，绘制夸张的泪水，先绘制一侧的泪水，再复制并水平翻转，制作出另一侧的泪水，调整到合适的位置，如图2-71所示。

图2-71　绘制泪水

5）分别在“五官”图层和“奔涌的泪”图层的第5帧插入关键帧。选中“奔涌的泪”图层的第5帧，使用“选择工具”分别调整左右两侧泪水的图形形状（单击“绘图纸外观”按钮，对照前一帧的图形绘制），如图2-72所示。

6）选中五官图层的第5帧，使用“任意变形工具”分别调整嘴、眼睛、眉毛的大小和位置，如图2-73所示。单击“绘图纸外观”按钮观察，虚线图形为第5帧的图形。

7）返回场景，按<Ctrl+Enter>组合键预览影片。按<Ctrl+S>组合键保存文档。

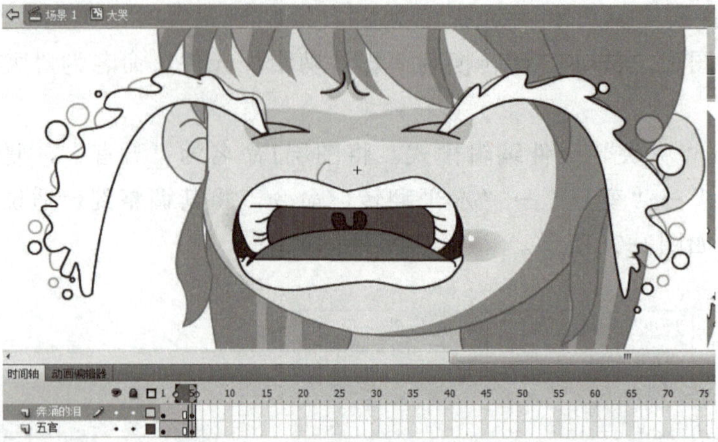


图2-72　调整泪水第5帧的图形

图2-73　调整五官的第5帧

## 任务总结

本任务的大哭动画包括五官动画和眼泪动画，将五官和奔涌的眼泪分图层制作，条理更清晰。在绘制泪水时，泪水上部的波线使用“铅笔工具”的平滑模式绘制，绘制起来更加流畅自然。

## 任务拓展

观察“伤心.gif”动画，根据提供的素材图片，仿作一个伤心的表情动画，如图2-74所示。

图2-74　伤心素材图

## 项目学习作品评价表

| 评价标准 | 个人评价 | 小组评价 | 教师评价 |
|---|---|---|---|
| 1. 能使用绘图工具绘制图形 | | | |
| 2. 能正确表现角色造型 | | | |
| 3. 能制作动画元件 | | | |
| 4. 能制作较流畅的表情动画 | | | |

注：A全部准确理解，B大部分准确理解，C部分准确理解，D基本做不到。

## 项目总结

通过本项目中泪光闪动、流泪、泪水奔涌而出这一系列连贯表情变化的动画制作，大家应该能够理解表情变化的规律，掌握动画制作的方法，同时能强化对绘图工具的使用，更加深入地学习逐帧动画、影片剪辑元件等动画技术。

# 项目3　制作受惊吓和愤怒的表情动画

## 任务1　制作受惊吓的动画表情

### 任务描述

一天，小Q过马路，突然看到一辆汽车加速开向自己，她吓坏了，幸好司机及时踩了制动才没出事故。

根据这个情景，做一段受惊吓的表情动画。通常，惊吓是因为受到了外界突然的刺激产生的表情，如图2-75所示。

图2-75　受惊吓的表情

### 任务分析

吃惊时，眼睛和嘴都会张大，这是吃惊表情的主要面部特征。制作动画时，除了表情特征外，还可以通过添加表情符号增强表情效果。

本任务将角色的各个组成部分分散到图层，便于添加表情符号的效果动画。本任务由两个影片剪辑构成：惊奇、惊吓。

### 任务实施

1）启动Flash，新建一个名为“惊吓.fla”的Flash文档，设置帧频值为24，尺寸为550px（宽）×400px（高）。

2）打开项目1中的“高兴.fla”文档，按<Ctrl+L>组合键打开“库”面板，双击打开“角色元件”，选中所有帧，单击鼠标右键，在弹出的快捷菜单中选择“复制帧”命令，关闭“高兴.fla”文档。

3）在“惊吓.fla”文档，选中第1帧（空白关键帧），单击鼠标右键，在弹出的快捷菜单中选择“粘贴帧”命令，如图2-76所示。

4）新建“惊奇表情”图层，使用绘图工具绘制五官，如图2-77所示。选中该图层的图形，按<F8>键转换为“影片剪辑”元件，命名为“惊奇”。

图2-76　场景中图层的排列

图2-77　绘制吃惊表情的五官

5）双击进入“惊奇”元件编辑模式，在第5帧和第8帧插入关键帧，使用“选择工具”和“任意变形工具”调整第5帧和第8帧图形的大小和位置，延长到第15帧，如图2-78所示。

图2-78　调整帧图形

6）返回场景，将所有图层的帧延长到第15帧，如图2-79所示。按<Ctrl+Enter>组合键预览影片，可以看到角色已经有了由吃惊到惊吓的表情变化，但想要进一步强化受惊吓的表情，可以继续添加表情符号，如“脸都吓绿了”。下面给角色添加一个绿脸的动画。

7）打开库，进入“惊奇”元件的编辑模式，选中第8帧（最后一个关键帧）上的图形，单击鼠标右键，在弹出的快捷菜单中选择“复制”命令。

8）返回场景，将所有图层的帧延长到40帧。在“惊奇表

图2-79　时间轴

情”图层的第16帧处插入空白关键帧，如图2-80所示。在舞台中单击鼠标右键，在弹出的快捷菜单中选择“粘贴”命令，将上一步复制出的图形调整到合适位置，和上一帧的图形重合，如图2-81所示。

图2-80　插入空白关键帧

图2-81　粘贴图形

9）在“脸”图层上新建图层，命名为“惊吓青”。在第10帧插入空白关键帧，使用“矩形工具”绘制矩形，调整矩形形状，然后填充线性渐变（为了便于观察绘制效果，可以先将“前发”图层隐藏），将帧延长到40帧，如图2-82所示。渐变色编辑如图2-83所示。

图2-82　绘制青色块

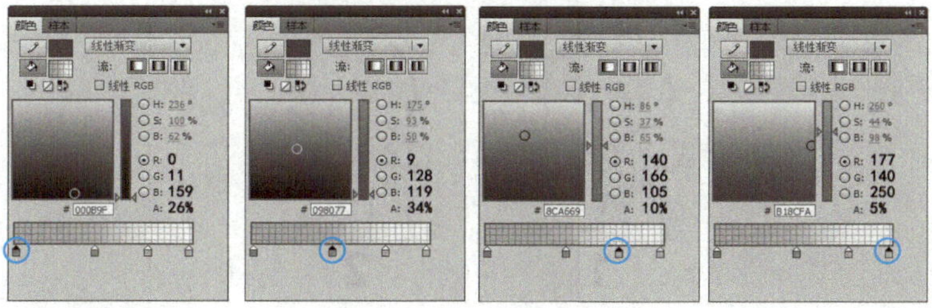


图2-83　渐变色编辑

10）在第25帧插入关键帧。使用“任意变形工具”，调整放大矩形形状，在第10帧和第25帧之间单击鼠标右键，在弹出的快捷菜单中选择“创建补间形状”命令，如图2-84所示。

图2-84　形状补间

11）返回场景，按<Ctrl+Enter>组合键预览影片。按<Ctrl+S>组合键保存文档。

## 任务总结

本任务中受惊吓动画制作时需注意图层的顺序以及脸色慢慢变青时对时间的控制。

本任务在制作脸色变青时用到了形状补间动画。形状补间动画的制作方法是在Flash的时间帧面板上，在第一个关键帧上绘制一个形状，然后在另一个关键帧上更改该形状或绘制另一个形状，Flash将自动根据二者之间的帧的值或形状来创建动画，它可以实现两个图形之间颜色、形状、大小、位置的相互变化。形状补间动画建立后，时间帧面板的背景色变为淡绿色，在起始帧和结束帧之间有一个长箭头。构成形状补间动画的元素多为用鼠标或压感笔绘制出的形状，即矢量图形，而不能是图形元件、按钮、文字等。如果要使用图形元件、按钮、文字，则必须按<Ctrl+B>组合键后，才可以做形状补间动画。

## 任务拓展

观察“惊吓.gif”动画，根据提供的素材图片，仿作一个受到惊吓的动画，如图2-85所示。

图2-85　惊吓素材图

## 任务2　制作从生气到愤怒的动画表情

### 任务描述

小Q过马路差点被撞，就在她惊魂未定时，没想到闯红灯在先的司机反而粗暴地训斥小Q，这让小Q万分气恼。本任务，将完成小Q由生气到愤怒的表情变化过程。

### 任务分析

愤怒是一种消极的感觉状态，人们通常会因为另一人对自己有不敬、贬低、威胁或疏忽等行为而感到生气、愤怒。生气、愤怒的表情，如图2-86所示。

图2-86　生气、愤怒的表情

愤怒时的面部表情会有瞪眼睛、咬牙、皱眉等变化，另外还会脸色发红、流汗、呼吸变快、心跳加速、头涨头痛，眼白变红等。制作动画时，可以根据身体的反应状态，添加表情符号增强表情效果。

本任务将角色的各个组成部分分散到图层，便于添加表情符号的效果动画。本项目由生气、愤怒两个影片剪辑构成。情绪变化由弱到强。

### 任务实施

1）新建“生气表情”图层，在第41帧插入空白关键帧，延长“脸”“前发”“身体”“后发”图层的帧到第80帧，如图2-87所示。

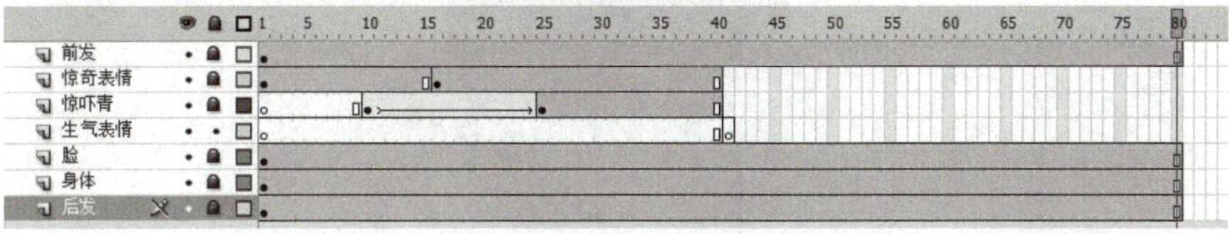


图2-87　新建“生气表情”图层

2）在“生气表情”图层的第41帧绘制生气状态的五官，如图2-88所示。选中所绘制的图形，按<F8>键转换为“影片剪辑”元件，命名为“生气”。

3）双击进入“生气”元件编辑模式。在第5帧、第10帧和第15帧插入关键帧，延长到第20帧。

4）选择第5帧上嘴的图形，使用“任意变形工具”微调其大小，然后分别选中眉毛图形、眼睛图形，微调其位置，如图

图2-88　绘制生气表情

2-89所示。

5）用同样的方法，分别调整第10帧、第15帧上五官图形的大小和位置。打开“绘图纸外观”可以看到图形大小位置的微调效果，如图2-90所示。实线为第10帧图形，虚线为第5帧图形。

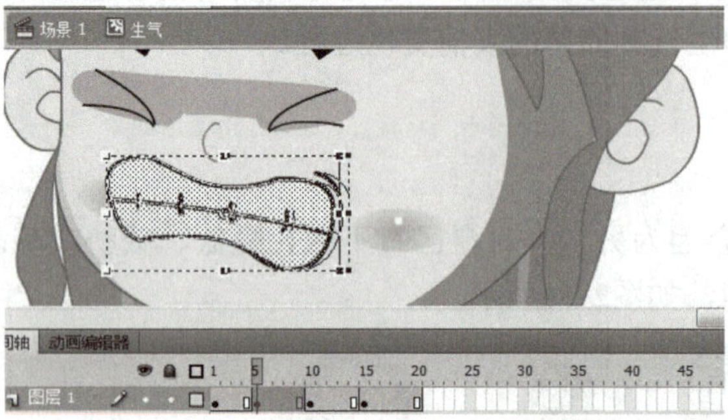


图2-89　调整图形的大小、位置

图2-90　第5帧和第10帧图形的大小、位置对比

6）返回场景，将“生气表情”图层帧延长到第60帧，如图2-91所示。

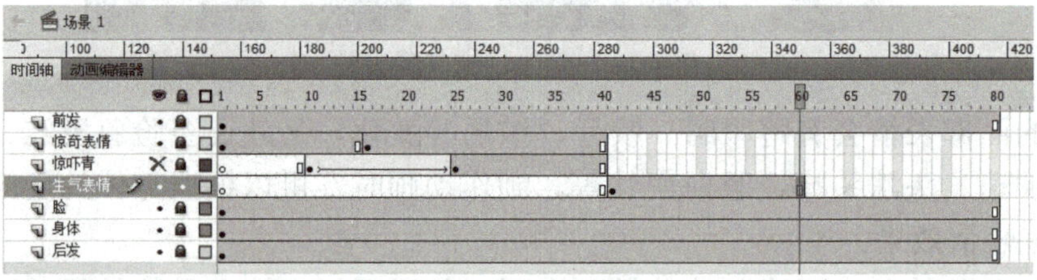


图2-91　延长帧

7）在“脸”图层上新建图层，命名为“生气红”。在第50帧插入空白关键帧，使用“矩形工具”绘制矩形，调整矩形形状，然后填充线性渐变，如图2-92所示。为了便于观察绘制效果，可以先将“前发”图层隐藏。

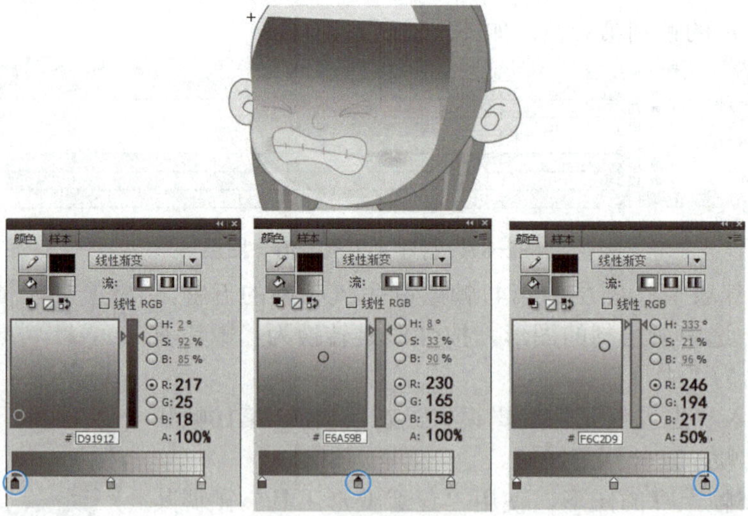


图2-92　编辑渐变填充色

8）选中所绘制的图形，按<F8>键转换为图形元件，命名为“红色块”。

9）将“生气红”图层的帧延长到第80帧，在第75帧插入关键帧，如图2-93所示。

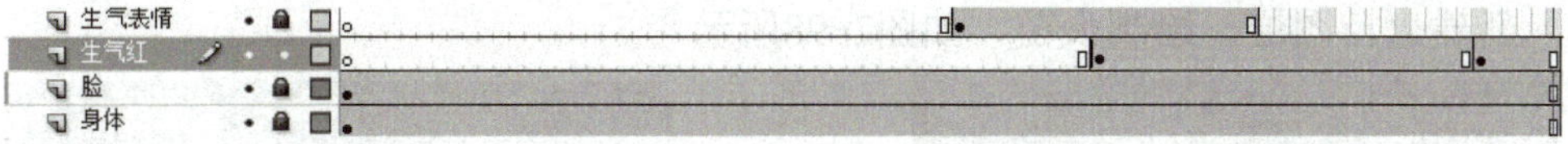


图2-93　时间轴

10）选中第50帧，在舞台上单击“生气红”元件，打开属性面板，设置元件的透明度（Alpha）为10，如图2-94所示。

图2-94　设置元件透明度

11）选中第85帧，在舞台上单击“生气红”元件，打开属性面板，设置元件的透明度（Alpha）为100。

12）在“生气红”图层，将鼠标放在第50～75帧之间，单击鼠标右键，在弹出的快捷菜单中选择“创建传统补间”命令，如图2-95所示。

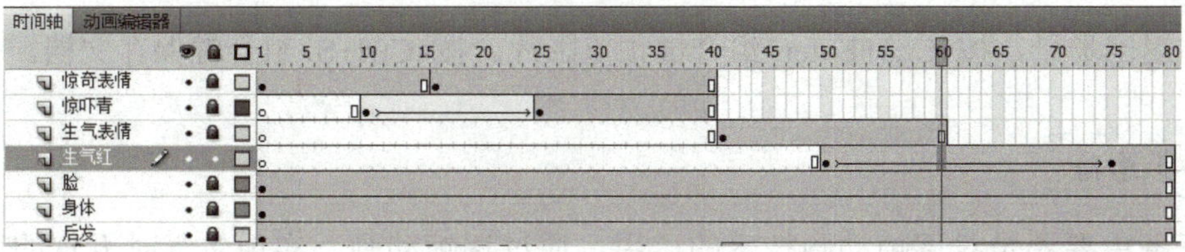


图2-95　创建传统补间

13）在“生气红”图层上，新建“愤怒表情”图层，在第61帧处插入空白关键帧，绘制愤怒的眼睛和眉毛，如图2-96所示。

14）选中绘制的图形，按<F8>键转换为“影片剪辑”元件，命名为“愤怒”。

15）双击进入“愤怒”元件编辑模式，将图层1更名为“眉眼”，将帧延长到第20帧。新建图层，命名为“嘴和筋”，绘制嘴和青筋，如图2-97所示。

16）在“嘴和筋”图层的第5帧，分别选中嘴和青筋，

图2-96　绘制愤怒的眼睛和眉毛

使用“任意变形工具”调整图形的大小和位置。

17）用同样的方法，调整第10帧、第15帧图形的大小和位置，将帧延长到第20帧。

18）新建火苗图层，绘制火苗，如图2-98所示。

图2-97　绘制嘴和青筋

图2-98　绘制火苗

19）在火苗层的第5帧、第10帧、第15帧插入关键帧，分别修改调整每个关键帧上的图形，如图2-99所示。

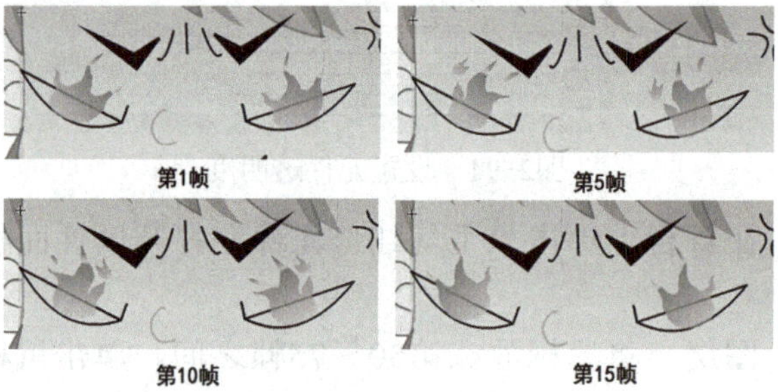


图2-99　火苗的变化

20）返回场景，按<Ctrl+Enter>组合键预览影片。按<Ctrl+S>组合键保存文档。

## 任务总结

本任务主要还是对逐帧动画技术的运用，通过逐帧动画，实现生气时五官的微微抖动效果。

在制作脸色变红时用到了传统补间动画。传统补间动画的顺序是，先在时间轴上的不同时间点定好关键帧（每个关键帧都必须是同一个元件），然后在关键帧之间选择传统补间，动画就形成了。这个动画是最简单的点对点平移，就是一个元件从一个点匀速移动到另外一个点。没有速度变化，没有路径偏移。

## 任务拓展

观察“生气.gif”动画，根据提供的素材图片，仿作一个生气的动画，如图2-100所示。

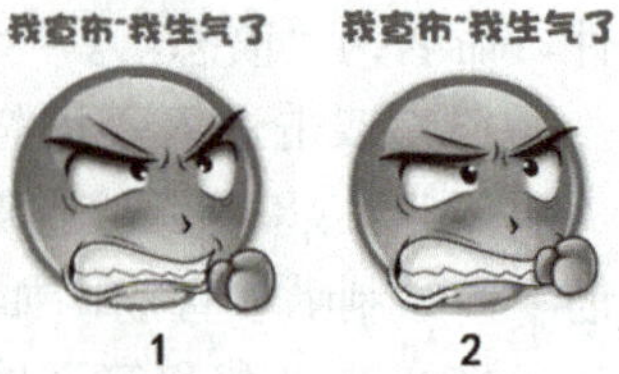


图2-100　生气素材图

## 项目学习作品评价表

| 评价标准 | 个人评价 | 小组评价 | 教师评价 |
|---|---|---|---|
| 1. 能使用绘图工具绘制图形 | | | |
| 2. 能正确表现造型 | | | |
| 3. 能制作动画元件 | | | |
| 4. 能制作较流畅的表情动画 | | | |

注：A全部准确理解，B大部分准确理解，C部分准确理解，D基本做不到。

## 项目总结

通过本项目由受惊吓到愤怒的表情变化的动画制作，使大家能够更加熟练地使用逐帧动画、影片剪辑等制作技术。同时通过夸张的表情符号强化表情效果的方法，了解并掌握了形状补间动画和传统补间动画的制作方法。

在Flash中，形状补间动画只能针对矢量图形进行。也就是说，进行变形动画的首、尾关键帧上的图形应该都是矢量图形。矢量图形的特征：在图形对象被选定时，对象上面会出现白色均匀的小点。利用工具箱中的直线、椭圆、矩形、刷子、铅笔等工具绘制的图形都是矢量图形。

在Flash中，传统补间动画只能针对非矢量图形进行。也就是说，进行运动动画的首、尾关键帧上的图形都不能是矢量图形，它们可以是组合图形、文字对象、元件的实例、被转换为“元件”的外界导入图片等。非矢量图形的特征：在图形对象被选定时，对象四周会出现蓝色或灰色的外框。利用工具箱中的“文字工具”建立的文字对象就不是矢量图形，将矢量图形组合起来后，可得到组合图形，将库中的元件拖曳到舞台上，可得到该元件的实例。

## 单元知识总结与提炼

1）绘制人物表情时，面部和五官是分开绘制的，有利于发挥Flash元件的优势。

2）主要的绘图工具有“直线工具”“椭圆工具”“矩形工具”“铅笔工具”“油漆桶工具”“渐变填充工具”“任意变形工具”和“选择工具”。

3）逐帧动画具有非常大的灵活性，几乎可以表现任何想表现的内容，类似于电影的播放模式，很适合于表现细腻的动画。例如，人物或动物急剧转身、头发及衣服的飘动、走路、说话等动作。逐帧动画的帧序列内容不一样，不但给制作增加了负担而且最终输出的文件量也很大，但它的优势也很明显。

4）“绘图纸”功能在制作逐帧动画时非常有用，其作用类似于传统动画制作中的拷贝台。

5）形状补间动画可以实现两个图形之间颜色、形状、大小、位置的相互变化。构成形状补间动画的元素为矢量图形，而不能是图形元件、按钮、文字等，如果要使用图形元件、按钮、文字，则必须按<Ctrl+B>组合键后，才可以做形状补间动画。

6）传统补间动画每个关键帧都必须是同一个元件。

# 学习单元3 制作贺卡动画

本单元是将多种动画形式进行整合运用的综合实例，学习内容涉及工具箱中部分工具的使用、元件的制作、多种动画的制作、音频的导入及调整、动作控制等多个知识点。要求制作者具有创意设计、绘制图形、动画制作和知识整合的综合运用能力。

本单元将向读者充分呈现电子贺卡（见图3-1）的魅力，并根据学习任务的需要，设置拓展练习。通过学习，读者能够初步掌握制作Flash电子贺卡的相关知识，可以运用所学的动画知识，发挥自己的设计才能和创意，独立完成动画作品，从而锻炼读者的想象力和综合操作能力，并激发读者的学习兴趣和创作热情。

图3-1 电子贺卡作品

## 单元情境

逢年过节可以给亲朋好友送去祝福，如果能送上自己亲手制作的、带有精彩动画和音乐的电子贺卡，那么将更能表达一份美好的祝愿。Flash电子贺卡是由动画、图形、文字和音乐等元素组合而成的特殊艺术品，是目前网络中比较流行的一种祝福方式。电子贺卡的种类很多，有新年卡、圣诞卡、元宵卡、中秋卡、生日卡等。下面以《秋日的祝福》为例，介绍Flash电子贺卡的制作过程。

## 单元概要

贺卡《秋日的祝福》展示了5幅画面，通过网络资源和Flash工具获取、绘制背景图片。在贺卡的具体制作中，涉及了元件的制作及使用方法、传统补间动画、引导线动画和音频文件的导入及设置，包含了简单动作代码的设置。

## 单元学习目标

1）了解动画贺卡主题的呈现方式及组成要素。

2）利用网络获取与主题相关的素材，运用相关软件编辑素材。

3）使用Flash中的工具绘制素材。

4）掌握元件制作、使用的方法。

5）掌握传统补间动画、引导线动画的制作方法。

6）掌握“喷涂刷工具”和“Deco工具”的使用方法。

7）掌握音频文件的导入及设置。

8）了解动作控制代码的作用及简单代码的运用。

9）培养读者学习的能力和合作意识，提高审美能力。

## 单元知识准备

### 1. Flash的场景

场景就是专门用来容纳、包含图层各种对象的平台，场景中可以摆放与动画相关的各种对象或元件，同时也是动画播放的舞台。

默认的Flash场景只有一个，但是有时也会建立多个场景，其作用是方便管理。当一个动画过长、时间轴过多或者某个动画由多人合作完成时，可以分场景来做。

执行“窗口”→“其他面板”→“场景”命令，打开场景面板。通过场景面板，可对场景进行新建、删除、调整顺序和场景切换等操作，如图3-2所示。

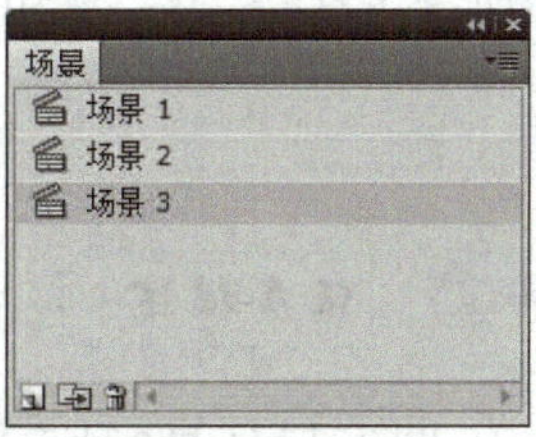

图3-2　场景面板

Flash会根据场景的先后顺序进行播放，从而构成一部连贯的动画作品。

### 2. 创建动画的方式

在Flash CS5中，有创建补间动画、创建补间形状、创建传统补间3种方式。

1）传统补间：定头、定尾、做动画（确定开始帧、结束帧，再创建动画动作）。只有两对点平移，没有速度变化，没有路径偏移，一般在普通的动画中，用传统补间的比较多。

2）补间动画：定头、做动画（确定开始帧，选中对应帧改变对象位置），有利于完成大批量或更为灵活的动画调整。用到3D功能时，使用这种补间动画。

### 3. 关于音频文件

在用Flash创作动画时，经常需要导入声音。Flash支持的声音文件主要包括WAV和MP3两种格式。

Flash支持的MP3的格式文件有波段深浅之分，要想顺利导入Flash中，需同时满足两个条件：一是频率必须是44 100Hz，二是比特率必须是几个特定的数值，如图3-3所示。

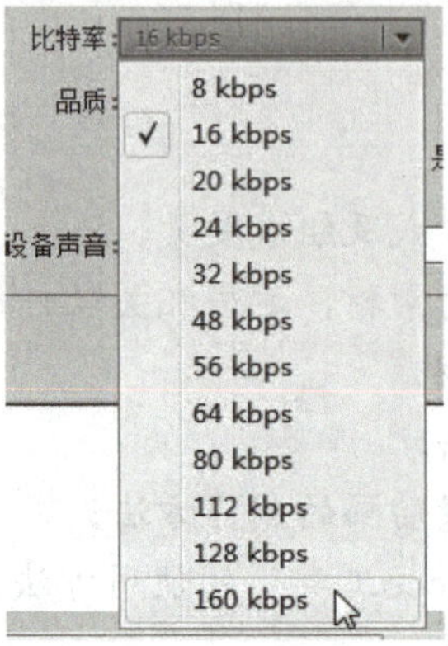


图3-3　比特率参考数值

在实际制作中，可以用格式转换软件对需要导入Flash的音频文件进行格式的转换，不推荐导入WAV格式的声音，这样会让Flash源文件的体积巨大。

## 项目1　制作动画元件

舞台表演离不开道具，动画制作离不开元件。在项目1中，完成贺卡场景中所要使用的图形、影片剪辑、按钮3种类型的元件。

### 任务1　制作图形元件

#### 任务描述

图形元件是3种元件中最普通的一种，可用不同的方式获取，所创建出来的为静态对象，如图3-4所示。

图3-4　图形元件

## 任务分析

1）使用“直线工具”获取枫叶图形，转换成图形元件。

2）使用“椭圆工具”绘制图形元件白云。

3）使用“Deco工具”制作野花图形元件。

## 任务目标

1）能够熟练使用工具箱中的工具进行图形的绘制。

2）了解“Deco工具”的作用，掌握其使用方法和“属性”面板选项的设置。

## 任务实施

### 1．枫叶图形元件

枫叶效果如图3-5所示。

图3-5　枫叶效果

1）新建一个名为“秋日的祝福.fla”的文档，保持默认设置。

2）执行“文件”→“导入”→“导入到舞台”命令，选择图片“秋日”，导入到舞台上，如图3-6所示。

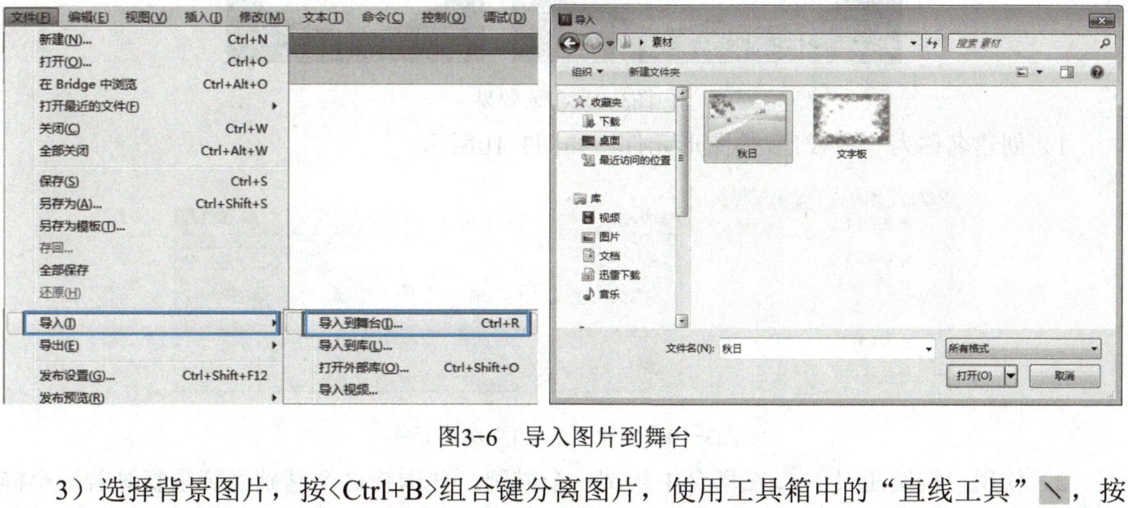


图3-6　导入图片到舞台

3）选择背景图片，按<Ctrl+B>组合键分离图片，使用工具箱中的“直线工具”，按着鼠标左键，沿着一片树叶的外轮廓勾画并调整，完成后删除树叶以外的图片和勾画的外轮廓线，如图3-7所示。

图3-7 勾画“枫叶”轮廓和完成后的效果图

4）选中舞台上的树叶，按<F8>键，打开“转换为元件”对话框，输入元件名称“枫叶”，选择元件类型为“图形”，单击“确定”按钮，如图3-8所示。

图3-8 “转换为元件”对话框

## 2. 白云1、白云2图形元件

白云效果如图3-9所示。

特别提示：为了能更方便地绘制白色图形，可暂时将舞台的背景颜色设置为“黑色”，在制作完成后，再将舞台的背景颜色改回“白色。

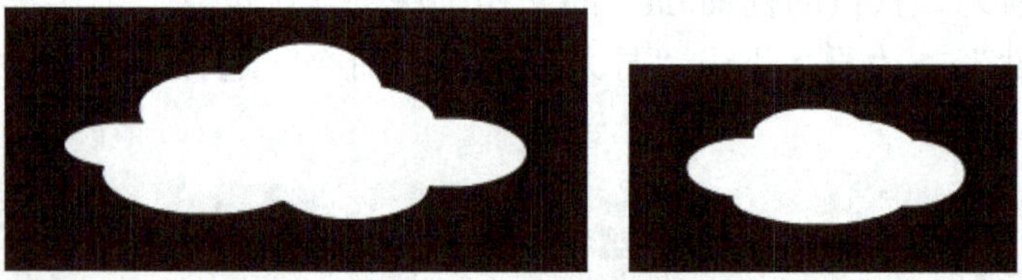

图3-9 白云效果

1）创建名称为“白云1”的图形元件，如图3-10所示。

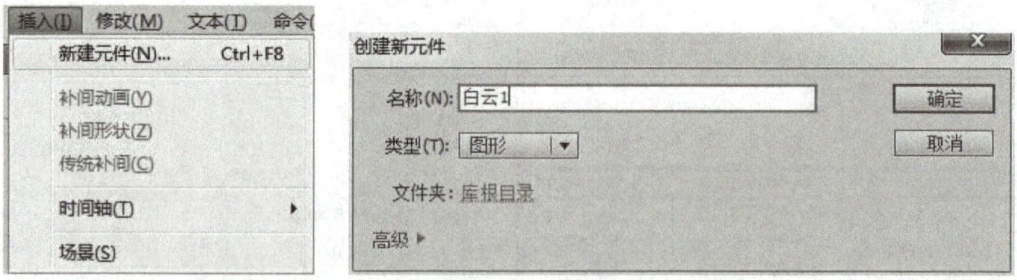


图3-10 创建“白云1”图形元件

2）使用“椭圆工具” 在舞台中绘制一个椭圆，并围绕这个基础椭圆重复画若干个椭圆，使椭圆边缘重叠，形成云朵，如图3-11所示。

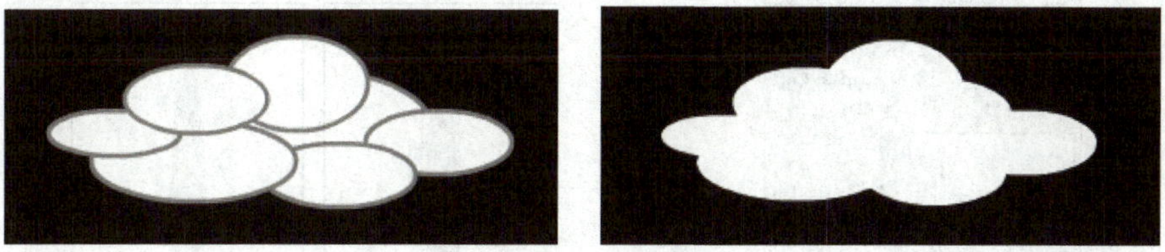

图3-11 “白云1”绘制过程及效果

3）选中图形，执行“窗口”→“对齐”命令，或按<Ctrl+K>组合键，打开“对齐”面板，将图形对齐到舞台中心，如图3-12所示。

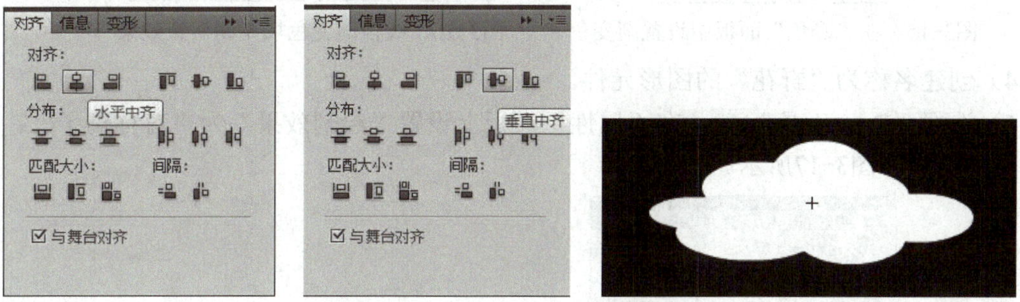


图3-12 对齐面板命令和“白云1”元件对齐到舞台中心效果

4）新建“白云2”元件，依照“白云1”制作方法绘制图形元件“白云2”，如图3-13所示。

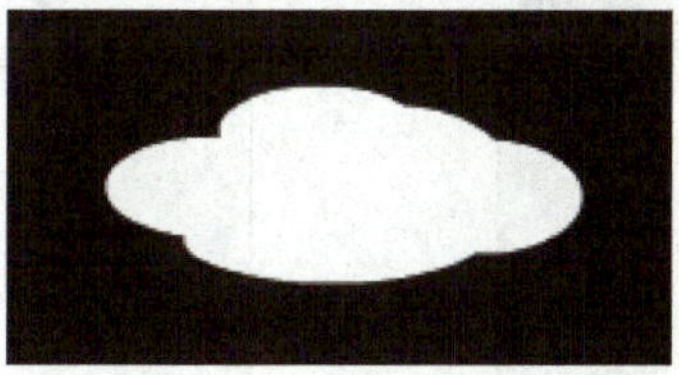

图3-13 “白云2”图形元件效果

### 3. 野花图形元件

“野花”图形元件效果如图3-14所示。

图3-14 “野花”图形元件效果

1）创建名称为“花瓣”的图形元件。

2）执行“窗口”→“颜色”命令，打开“颜色”面板，设置“填充颜色”从“#FF15A6”到“#FF2CF3”的线性渐变，如图3-15所示。

3）先使用“椭圆工具”在舞台中绘制一个椭圆，再使用“渐变变形工具”调整渐变色的方向，将图形对齐到舞台中心，返回场景，如图3-16所示。

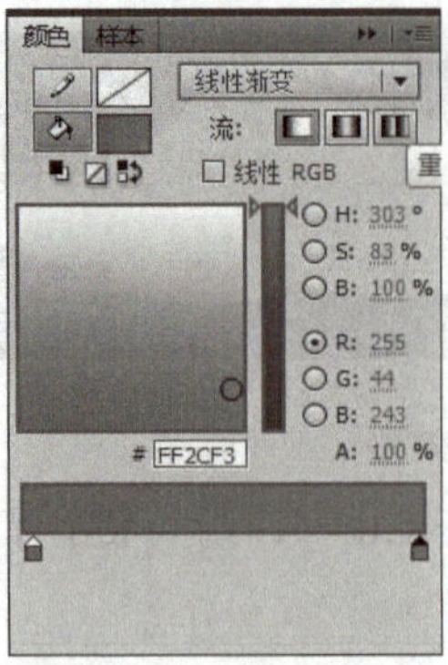


图3-15　在“颜色”面板中设置渐变色

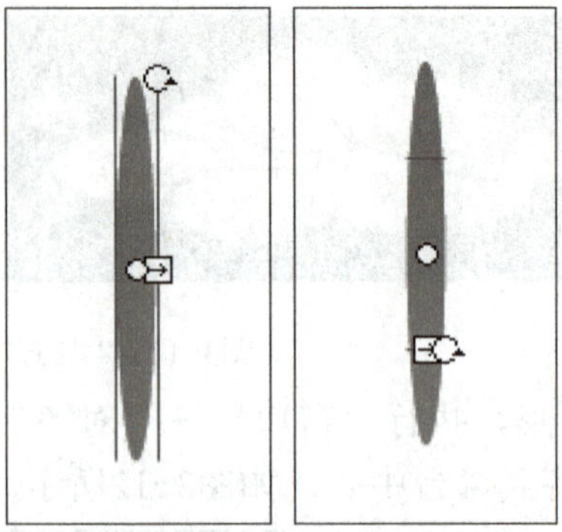

图3-16　线性渐变色填充和调整效果

4）创建名称为“野花”的图形元件。

5）选择“Deco工具”，在“属性”面板上设置“绘制效果”为“对称刷子”，舞台上出现的效果如图3-17所示。

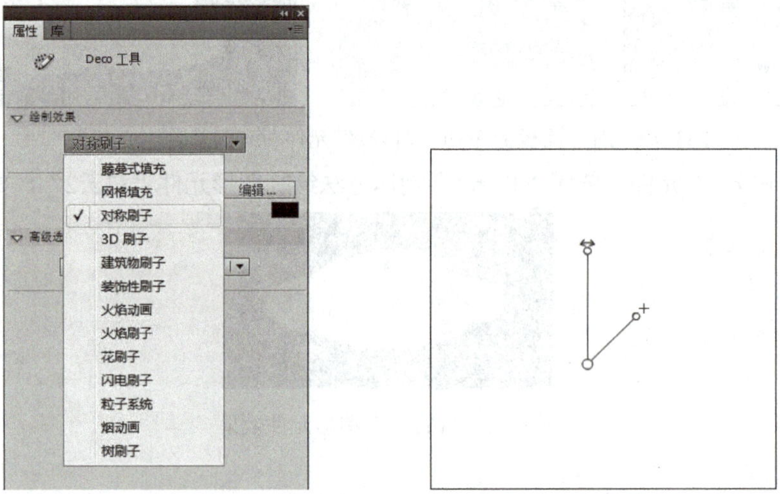


图3-17　选择“对称刷子”选项及舞台出现效果

6）单击“属性”面板上“编辑”按钮，弹出“选择元件”对话框，选择图形元件“花瓣”，如图3-18所示。

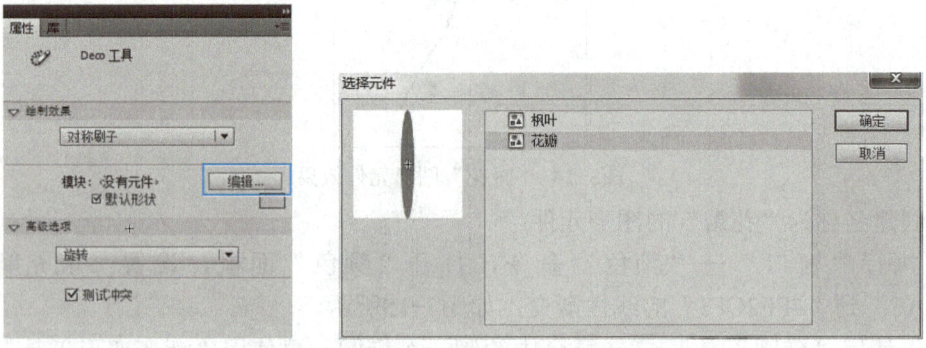


图3-18　在“属性”面板上单击“编辑”按钮

7）在“属性”面板上设置“高级选项”为“旋转”，取消选中“测试冲突”选项，如图3-19所示。

8）设置完成后，在舞台上单击且按住鼠标左键不放，左右旋转调整成如图3-20所示的效果。

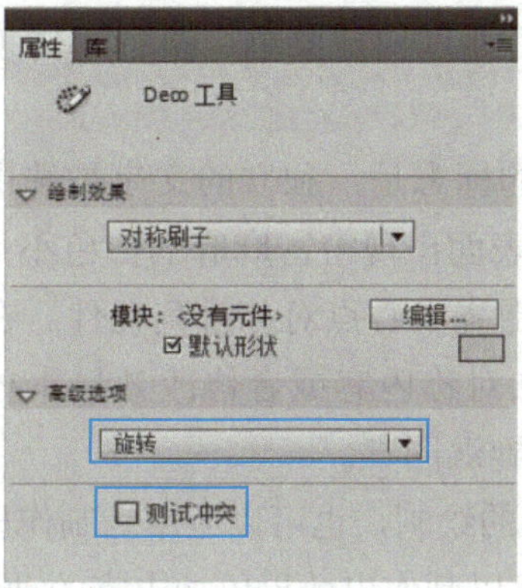


图3-19　在“属性”面板中进行选项设置

图3-20　使用“Deco工具”绘制效果

9）选择短调节杆，向左移动，调整成如图3-21所示的效果。

图3-21　使用“Deco工具”调整效果

10）使用“椭圆工具”绘制花蕊，设置“填充颜色”从“#FFFF33”到“#FFFFFF”的径向渐变，如图3-22所示。

11）使用“任意变形工具”调整野花的形状，使用“铅笔工具”绘制花柄，最终效果如图3-23所示，返回场景。

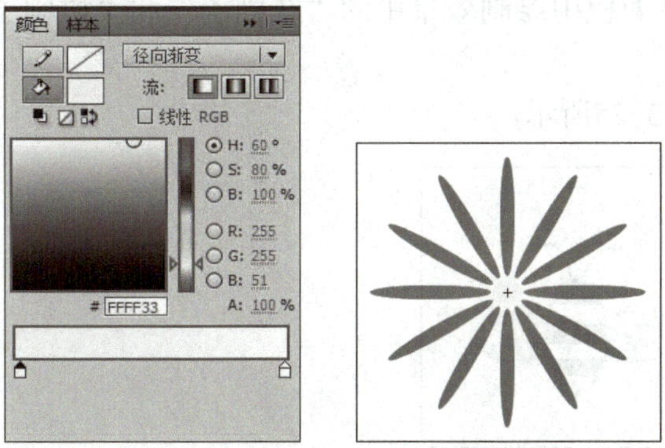


图3-22　在“颜色”面板中设置和绘制花蕊

图3-23　绘制、调整效果

## 任务总结

1）图形元件可以通过以下两种方式制作：一种是执行“插入”→“新建元件”命令或按<Ctrl+F8>组合键，另一种是在舞台上绘制好图形后通过快捷菜单，执行“转换为元件”命令。

2）特别提示：文字分离也叫文字打散，最明显的标志是，独立的文字被选中后周围有蓝色的边框，而分离或打散后的文字周围没有边框，表面出现密密麻麻的白色小点。

3）使用“Deco工具”中的对称刷子效果，可以围绕中心点对称排列元件。在舞台上绘制元件时，将显示手柄，使用手柄增加元件数、添加对称内容或者修改效果来控制对称效果。使用对称刷子效果可以创建图形用户界面元素和旋涡图案。

4）使用“Deco工具”可以快速完成大量相同元素的绘制，也可以应用它制作出很多复杂的动画效果。将其与图形元件和影片剪辑元件配合，可以制作出效果更加丰富的动画效果。

## 任务拓展

1）使用“Deco工具”中的对称刷子制作图形元件花朵，如图3-24所示（可参照所提供样图，也可自由创意设计）。

图3-24　图形元件“野花1～4”

2）探索尝试使用“Deco工具”属性面板中绘制效果中的“花刷子”和“树刷子”创建所需图形元件。

3）制作图形元件“小蜜蜂”，如图3-25所示。

图3-25　图形元件“小蜜蜂”

## 任务2　制作影片剪辑元件

### 任务描述

1）使用传统补间创建动画，制作星星忽明忽暗闪烁的效果，如图3-26所示。

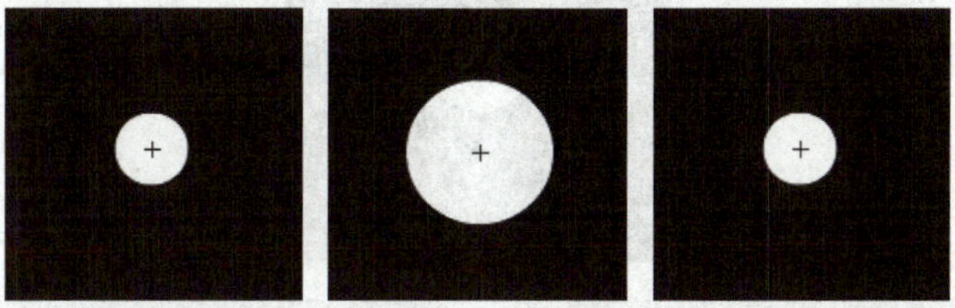

图3-26　“星星”元件中“关键帧”图片效果

2）使用传统补间创建动画，制作风车随风缓缓转动的效果，如图3-27所示。

图3-27　“风车”元件中“关键帧”图片效果

### 任务分析

1）确定3个关键帧创建正圆图形，运用传统补间动画实现正圆“小—大—小”的变化过程。

2）使用工具箱中的工具绘制风车，运用传统补间动画实现风车顺时针转动。

### 任务目标

1）了解影片剪辑元件的作用，掌握影片剪辑元件的制作方法。

2）掌握简单的“动作”命令的设置。

### 任务实施

#### 一、闪烁的星星

1）创建名称为“星星”的影片剪辑元件，如图3-28所示。

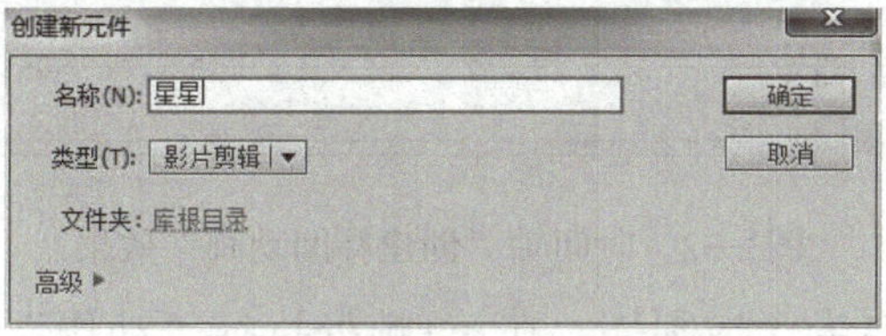


图3-28　“创建新元件”对话框

2）将图层1改名为“圆”，使用“椭圆工具”，同时按住<Shift+Alt>组合键在舞台中绘制正圆。使用对齐面板，将绘制的正圆对齐到舞台中心点，如图3-29所示。

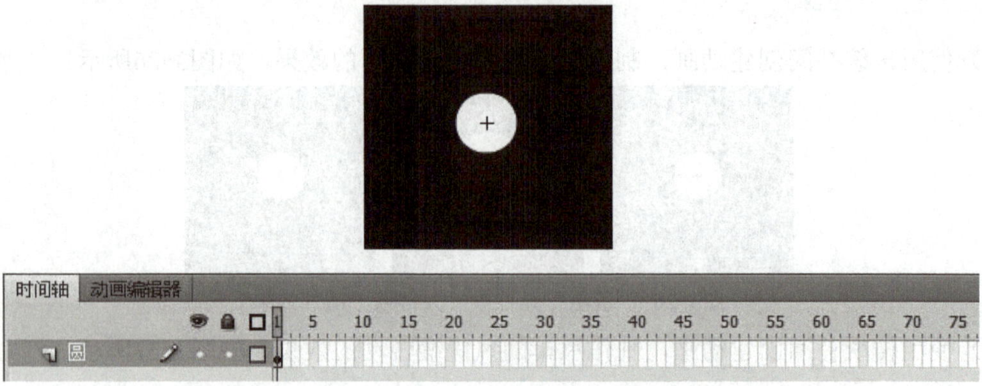


图3-29　时间轴“圆”图层第1帧上的图形效果

3）分别在第30帧和第60帧处，按<F6>键插入“关键帧”，如图3-30所示。

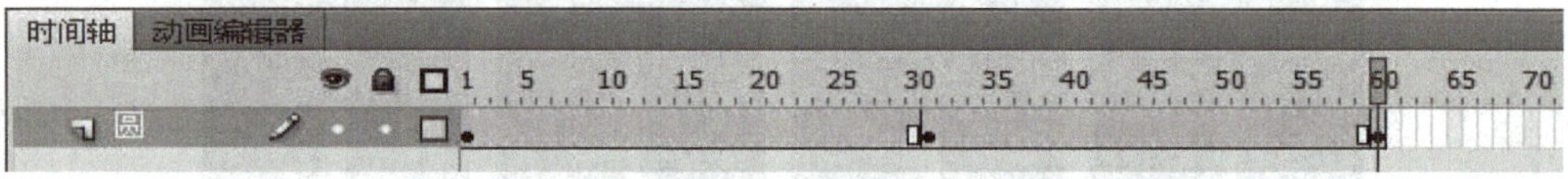


图3-30　时间轴上“圆”图层效果

4）在第30帧处使用“任意变形工具”，同时按住<Shift+Alt>键将正圆调整变大，如图3-31所示。

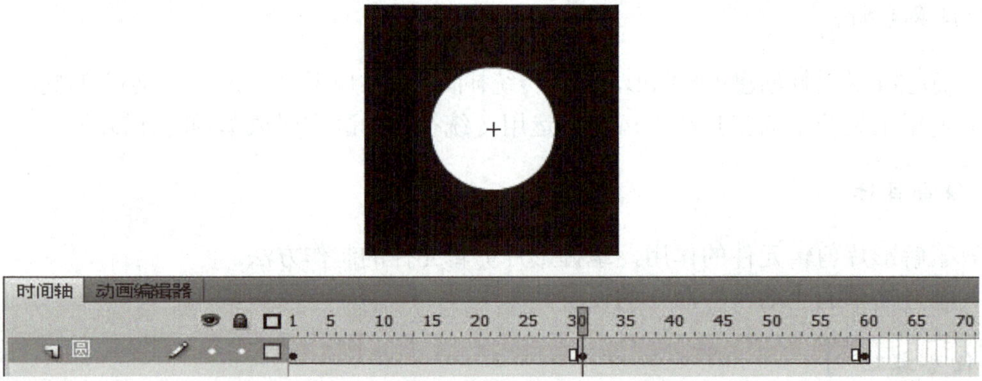


图3-31　时间轴“圆”图层第30帧上的图形效果

5）选中所有的帧，创建补间动画，如图3-32所示。

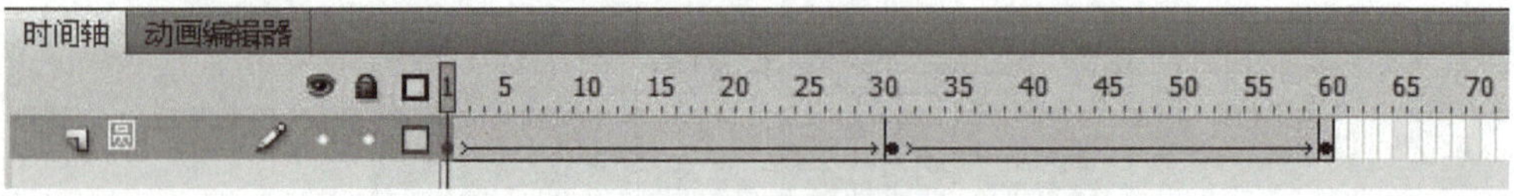


图3-32　时间轴“创建补间动画”效果

6）新建图层，重命名为“控制”，在第1帧处执行“动作”实现随机播放效果，如图3-33所示。

图3-33　时间轴“控制”层随机播放命令的设置

## 二、转动的风车

### 1．制作风车架

1）新建名为“风车”的影片剪辑元件。

2）将图层1改名为“风车架”，在“颜色”面板中设置“填充颜色”从“#FFFFFF”到“#767EB2”的线性渐变，如图3-34所示。

3）使用“矩形工具”绘制矩形，如图3-35所示。

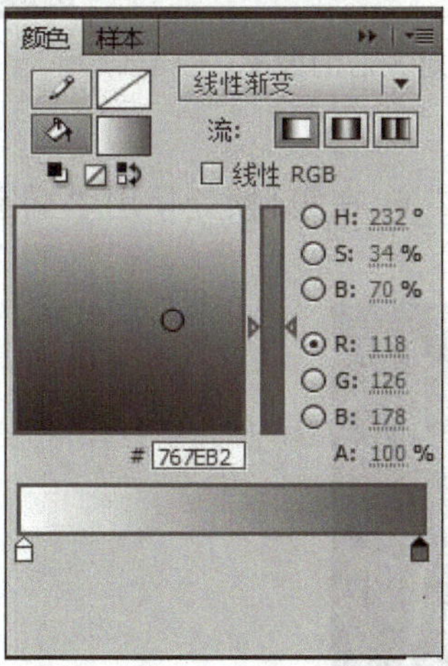


图3-34　在“颜色”面板中设置渐变色

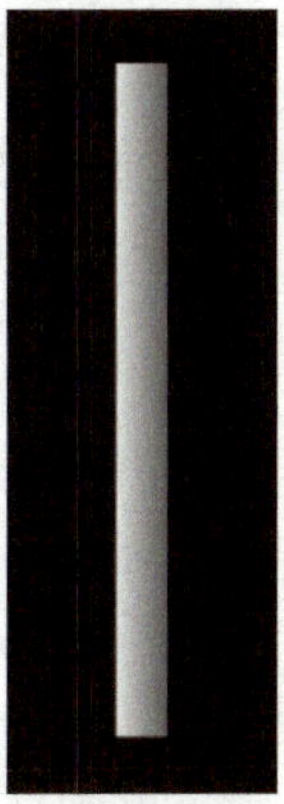

图3-35　绘制的矩形

4）使用“任意变形工具”选中图形，单击鼠标右键，在弹出的快捷菜单中选择“扭曲”命令，同时按着<Shift+Alt>键调整上端边缘调节点，使上端两侧向里收缩，效果如图3-36所示。

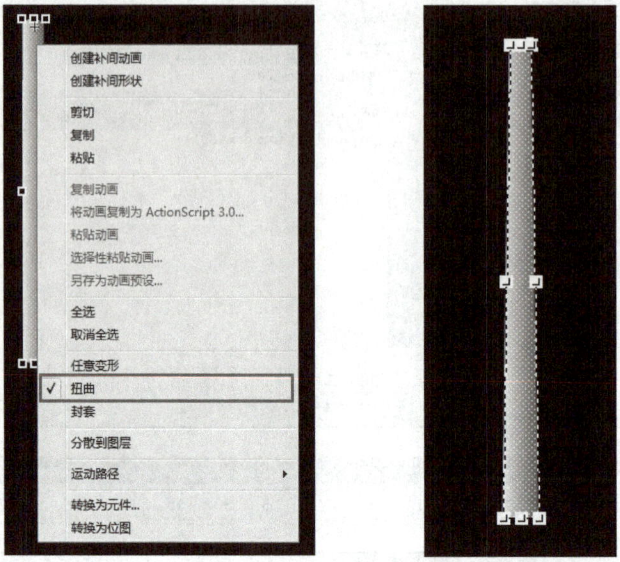


图3-36　选择“扭曲”命令将图形调整成梯形

5）使用“选择工具”将梯形上、下两端调整成弧形，并使用对齐面板中的选项将所绘图形顶端对齐到中心点，如图3-37所示。

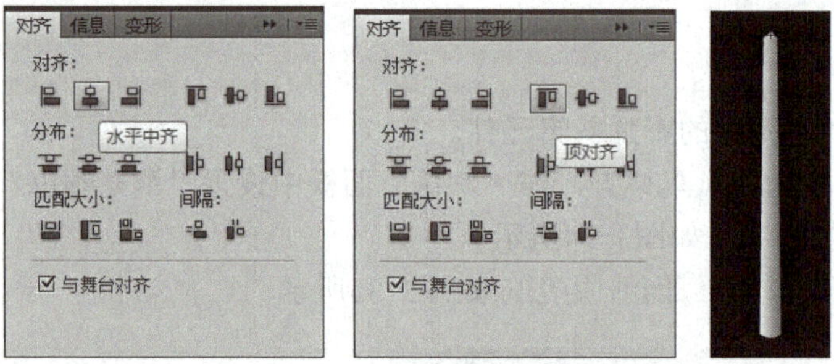


图3-37　对齐后的效果

## 2. 制作风车轮

1）新建“图层2”，重命名为“风车轮”，在第1帧处使用“椭圆工具”绘制图形，并对齐到舞台中心点，如图3-38所示。

图3-38　对齐舞台中心的椭圆图形

2）使用“选择工具”选中图形，按<Ctrl+C>组合键进行复制，按<Shift+Ctrl+V>组合键进行原位粘贴。执行“修改”→“变形”→“顺时针旋转90°”命令旋转图形，效果如图3-39所示。

3）选中图形，执行“修改”→“组合”命令，将图形组合，如图3-40所示。

4）将梯形的顶端与舞台中心点对齐，最终效果如图3-41所示。

图3-39　复制、旋转90°的效果

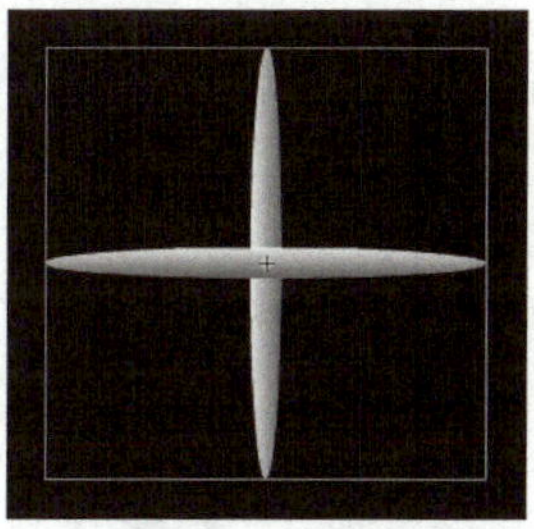

图3-40　组合后的图形效果

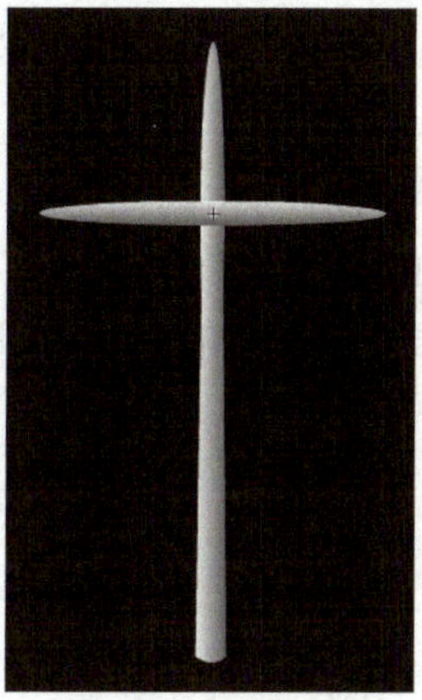

图3-41　绘制完成后的风车效果

5）在“风车架”的第100帧处按<F5>键插入“帧”。在“风车轮”的第100帧处按<F6>键插入“关键帧”，在“风车轮”图层执行“插入”→“传统补间”命令，创建传统补间动画，如图3-42所示。

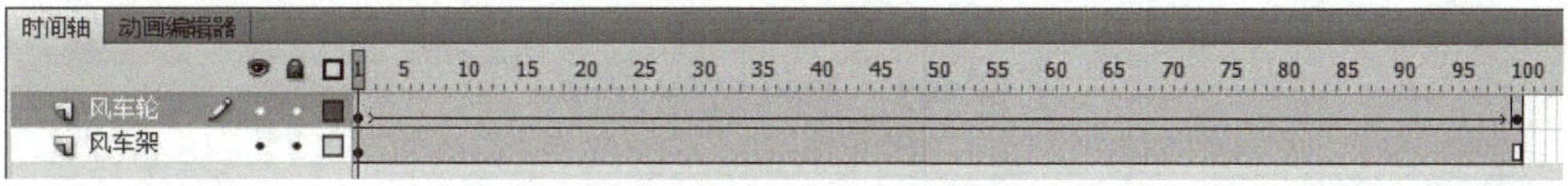


图3-42　时间轴设置效果图

6）选中“风车轮”图层的第1帧，在“属性”面板中设置“旋转”为“顺时针”“次数”为“2”，如图3-43所示。

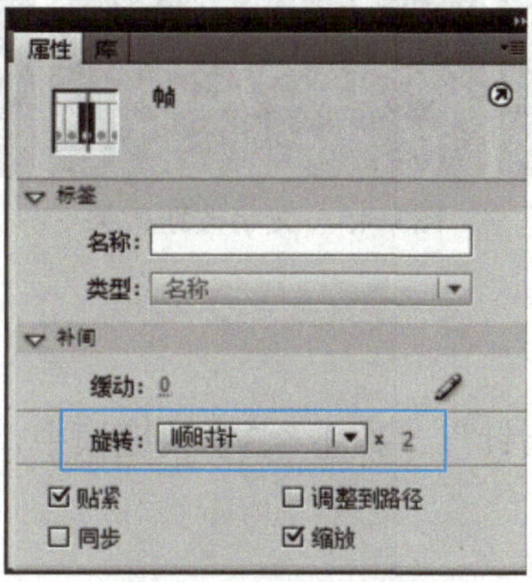


图3-43　在“属性”面板中进行“旋转”参数设置

7）单击左上角的“场景”按钮，返回场景。

### 任务总结

1）一个影片剪辑元件就是一个动画片段，这种制作方式可以减少场景中图层的复杂度。

2）在影片剪辑元件中可以使用多种动画形式，如逐帧动画、传统补间动画、引导线动画等。

### 任务拓展

利用所制作的图形元件，制作花朵上下左右摆动的影片剪辑元件，摆动幅度不易过大，如图3-44所示。

要点提示：在影片剪辑元件中嵌套其他元件实例。

图3-44　影片剪辑元件效果

## 任务3　制作按钮元件

### 任务描述

在移动鼠标的过程中，按钮元件分别显示出不同的颜色，效果如图3-45所示。

图3-45　文字按钮效果

### 任务分析

在按钮元件的"弹起""指针""按下"3个关键帧中，更改文字的颜色。

### 任务目标

1）了解4个关键帧的显示状态和作用。

2）掌握按钮元件的制作方法。

## 任务实施

1）新建名为“Replay”的按钮元件。

2）使用“文本工具”在“属性”面板中设置“系列”为“Verdana”、“大小”为“67”、“颜色”为“#99CC00”，如图3-46所示。

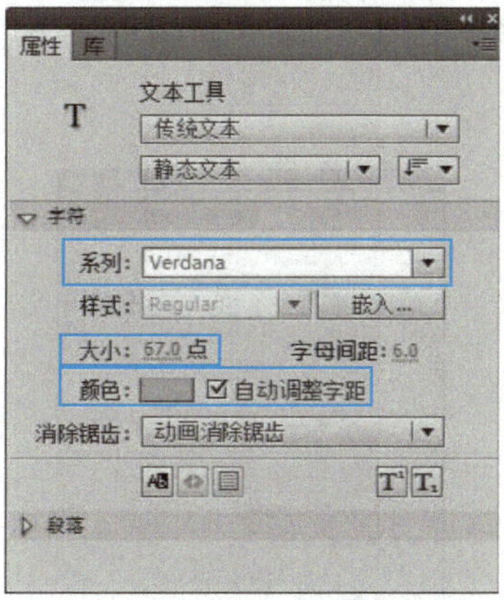


图3-46　在“属性”面板进行字体设置

3）在“弹起”帧，输入文字“Replay”，并将文字对齐到舞台中心，如图3-47所示。

4）在“指针”帧，按<F6>键插入“关键帧”，在“属性”面板中更改文字的“颜色”为“#3399CC”，如图3-48所示。

图3-47　按钮“弹起”帧效果

图3-48　按钮“指针”帧效果

5）在“按下”帧，按<F6>键插入“关键帧”，在“属性”面板中更改文字的“颜色”为“#990000”，如图3-49所示。

6）在“点击”帧，按<F7>键插入“空白关键帧”，使用“矩形工具”绘制矩形，颜色自定，并对齐到舞台中心，如图3-50所示。

图3-49　按钮“按下”帧效果

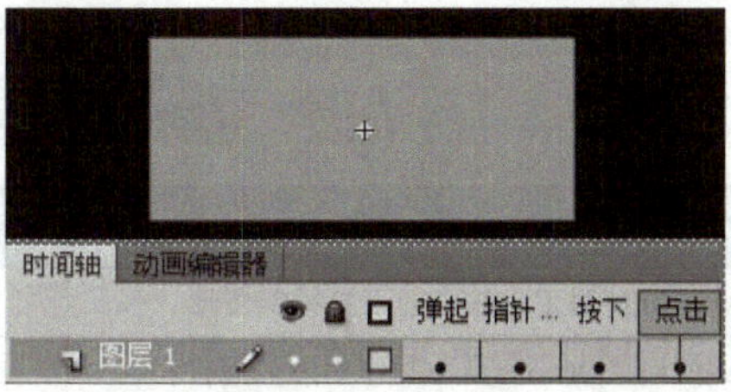


图3-50　按钮“点击”帧效果

7）单击左上角的“场景”按钮，返回场景。

## 任务总结

1）在按钮元件中，“弹起”帧：鼠标没有接触按钮的状态；“指针”帧：鼠标移到按钮上，但尚未点击的状态；“按下”帧：鼠标在按钮上单击左键的状态；“点击”帧：按钮响应鼠标的热区。

2）动画中的按钮，不仅可以自己制作，还可以使用Flash“公共库”中自带的按钮元件。使用时，执行“窗口”→“公用库”→“按钮”命令，打开按钮库，将按钮元件拖入到舞台中即可，如图3-51所示。

图3-51 “公用库”中的“按钮元件”

## 任务拓展

制作卡通按钮元件，如图3-52所示（可参照所提供样例，也可自由创意设计）。

图3-52 卡通按钮元件弹起、点击、按下帧效果

## 项目学习作品评价表

| 评价标准 | 个人评价 | 小组评价 | 教师评价 |
|---|---|---|---|
| 1. 能够正确使用工具箱中的工具绘制图形 | | | |
| 2. 能够使用“Deco工具”制作出所需元件 | | | |
| 3. 能够正确地创建图形元件、影片剪辑元件和按钮元件 | | | |

注：A 全部准确理解，B 大部分准确理解，C部分准确理解，D 基本做不到。

## 项目总结

项目1制作出了所需的3种元件，进一步熟练掌握了3种元件的制作要点。在具体制作时，使用“Deco工具”快速制作复杂的图形，以实现丰富的效果。在实际使用时，图形元件作为基础的元素，用来创建静态的对象，嵌套于其他元件中并可重复使用，但不能独立播放；影片剪辑元件中可以嵌套图形元件或按钮元件，可以脱离主时间轴独立播放，无论影片剪辑中的内容有多长，它在主时间轴中只占一个关键帧；按钮元件中可以嵌套影片剪辑元件或图形元件使用。

## 项目2　多场景制作贺卡

贺卡《秋天的祝福》共由5幅画面组成，分别在5个场景中制作，5组动画图文呼应，图形、文字元素通过创建补间动画实现动画效果。

### 任务1　贺卡第1页

#### 任务描述

在悠扬的音乐中，一片枫叶随风飘落，描述文字淡入淡出，如图3-53所示。

图3-53　贺卡第1张画面效果

#### 任务分析

在场景中制作“树叶落下”的动画效果，即树叶按照预先设定的路线运动。

#### 任务目标

了解引导层和被引导层的关系，掌握引导线动画的制作方法。

#### 任务实施

**1. 修改文档尺寸**

1）将背景图片“秋日”导入到舞台，如图3-54所示。

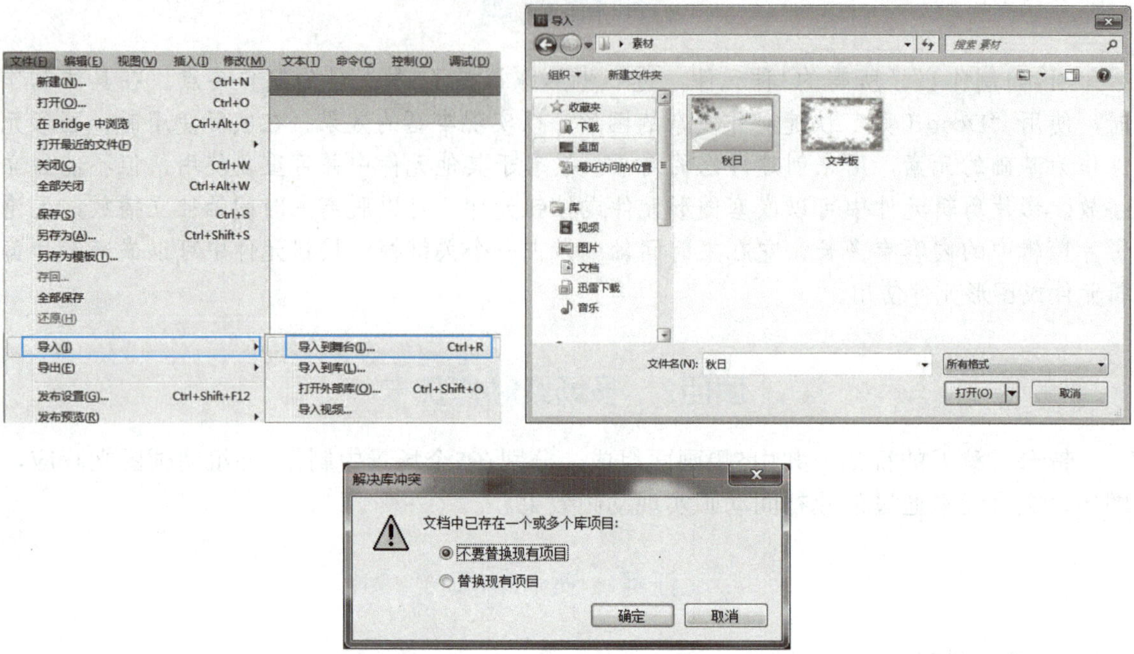


图3-54　将图片导入到舞台

**提示**

在项目1的任务1中制作“枫叶图形元件”时，已经导入图片“秋日”并保存在库面板中（见图3-6）。而在项目2的任务1中，再次导入图片“秋日”时，软件会弹出“解决库冲突”的提示框，可选择“替换现有项目”选项。

2）将“图层1”重命名为“秋日”，选中图片，在“属性”面板中查看图片的大小，做好记录，如图3-55所示。

3）执行“修改”→“文档”命令，设置文档尺寸与图片尺寸一致，并将图片对齐到舞台中心，如图3-56所示。

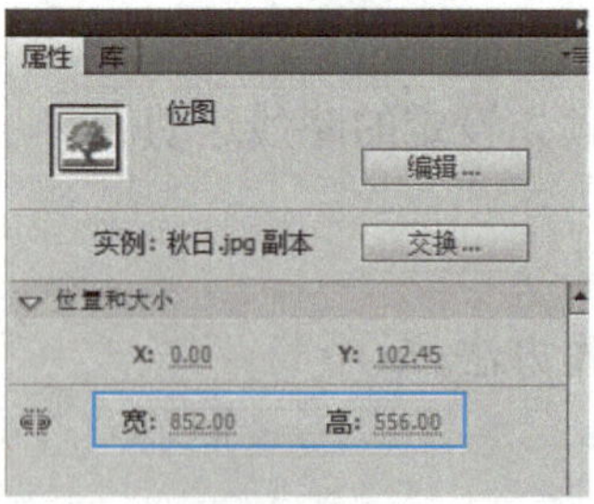


图3-55　图片的“属性”面板

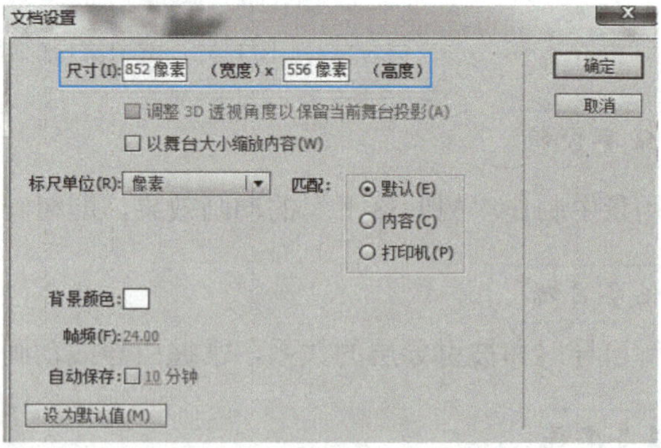


图3-56　“文档尺寸”参数设置

4）在“秋日”图层的第200帧处按<F5>键插入“帧”，使图片在动画过程中延时至200帧处。

### 2. 创建运动动画

1）新建“图层2”，重命名为“枫叶”。

2）按<Ctrl+L>组合键打开“库”面板，将图形元件“枫叶”拖放到舞台上部偏左的位置，如图3-57所示。

图3-57　“枫叶”元件放置在舞台中的位置

3）在“枫叶”层的第100帧处，按<F5>键插入“关键帧”，并执行“插入”→“传统补间”命令，创建传统补间动画。

### 3. 添加引导层

1）用鼠标右键单击“枫叶”图层，在弹出的快捷菜单中选择“添加传统运动引导层”命令，会出现一个引导层图层，如图3-58所示。

2）使用“铅笔工具”，在“引导层”的第1帧任意绘制一条曲线，如图3-59所示。

3）在“引导层”的第100帧处，按<F5>键插入“帧”。

4）单击“枫叶”图层的第1帧，在舞台中选中对象实例，并拖动对象实例中心移动到引导线的起点位置，如图3-60所示。

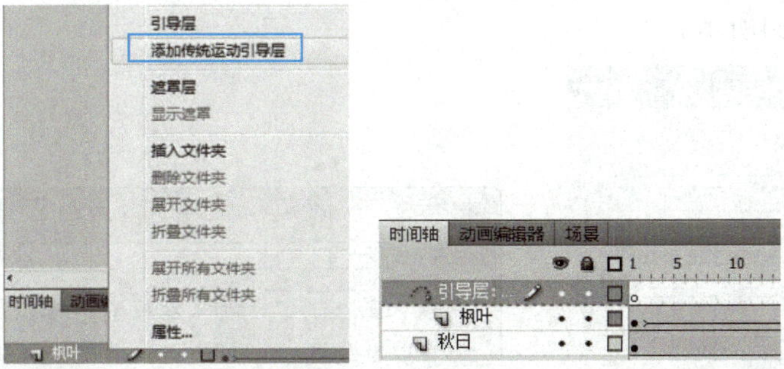


图3-58　设置添加引导层

图3-59　绘制引导线

图3-60　移动对象实例到引导线起点位置

5）单击“枫叶”图层的第100帧，在舞台中选中对象实例，并拖动对象实例中心移动到引导线的终点位置，如图3-61所示。

6）单击“枫叶”图层的任意一帧，执行“插入”→“传统补间”命令，时间轴效果如图3-62所示。

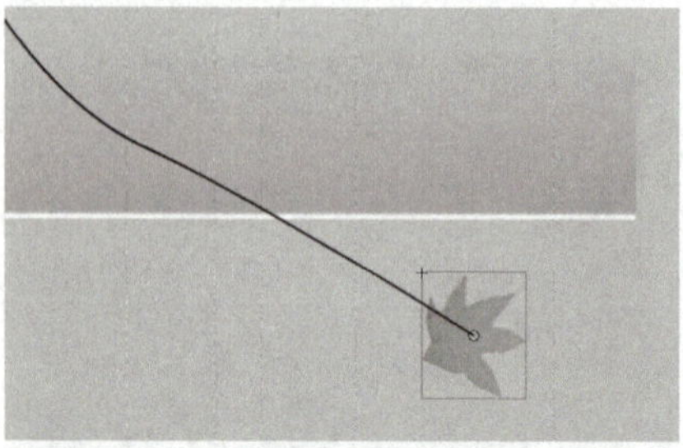

图3-61 移动对象实例到引导线终点位置

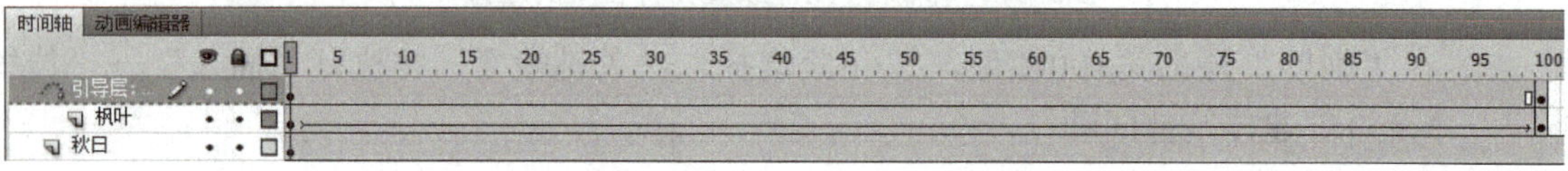


图3-62 时间轴上“枫叶”层效果

## 4. 制作文字动画

1）插入新图层，重命名为“文字”。

2）选择“文本工具”T，在“属性”面板中设置“系列”为“隶书”“大小”为“45”“颜色”为“#CC6633”，如图3-63所示。

3）在“文字”层的第1帧处输入第一句“一片树叶随风飘落”，按<F8>键打开“转换为元件”对话框，设置“名称”为“第一句”、“类型”为“图形”，将文字图形转换为图形元件，如图3-64所示。

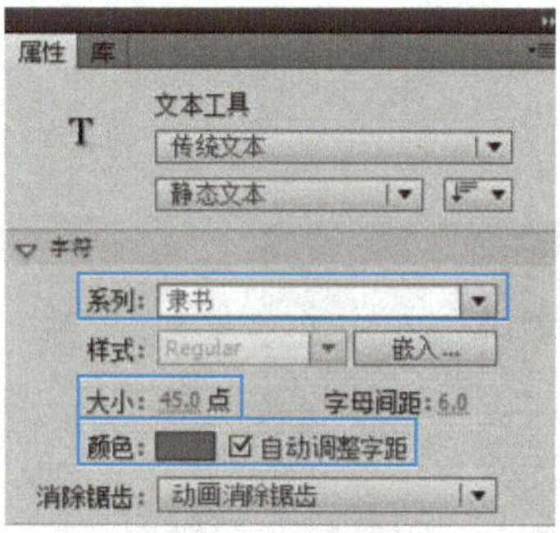


图3-63 “文本工具”的属性设置

图3-64 将文字转换为图形元件

4）在“文字”层的第40、60、100帧处，按<F6>键插入“关键帧”。

5）在第1、40、60帧处，创建传统补间动画，如图3-65所示。

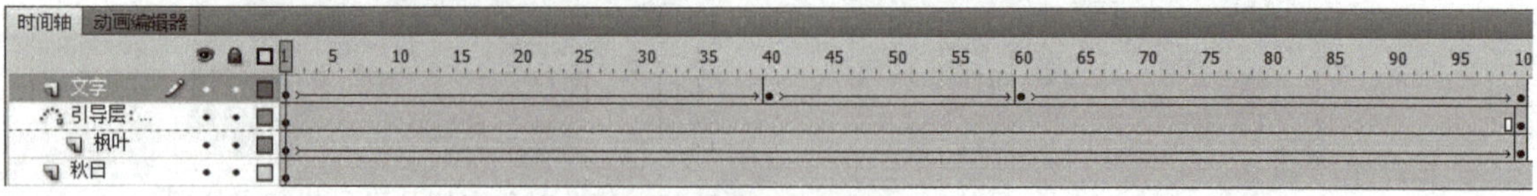


图3-65 时间轴设置效果

6）在101帧处，按<F7>键插入“空白关键帧”，使用“文字工具”输入第二句“带着秋日的微黄”，并将第二句文字转换成图形元件，如图3-66所示。

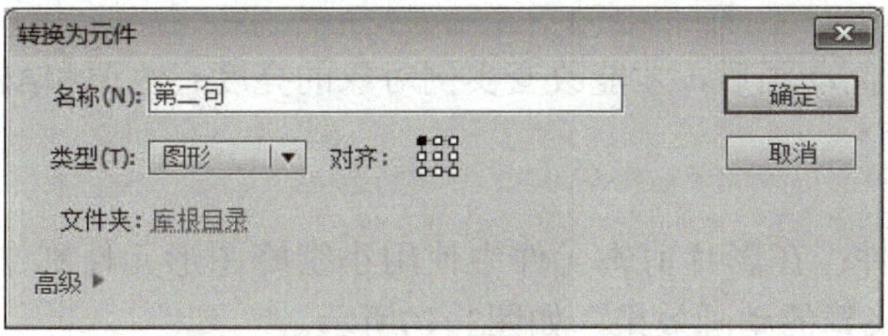


图3-66　将文字转换为图形元件

7）在“文字”层的第140、160、200帧处插入关键帧，如图3-67所示。

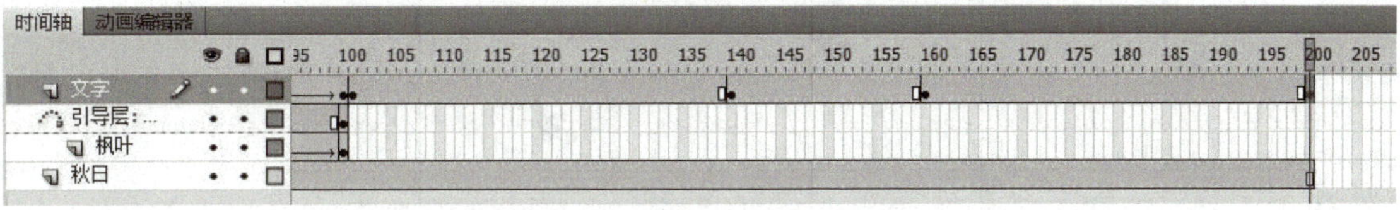


图3-67　时间轴上“文字”层效果

8）在第101、140、160帧处，创建传统补间动画，如图3-68所示。

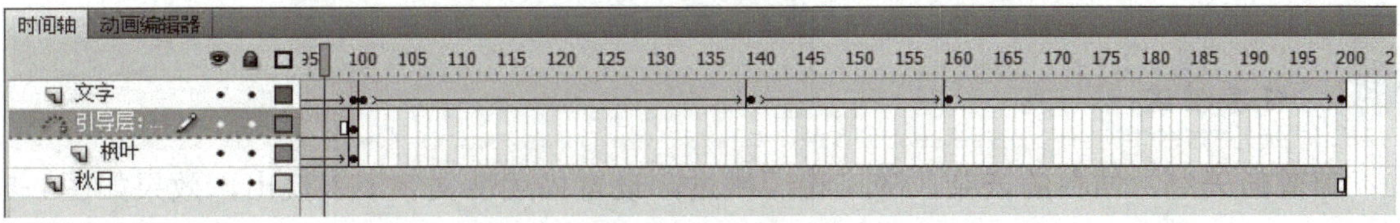


图3-68　时间轴上“文字”层效果

9）分别选中“文字”层的第1、100、101、200帧上的元件实例，在“属性”面板“色彩效果”的样式中将“Alpha”的值设置为“0”，如图3-69所示。

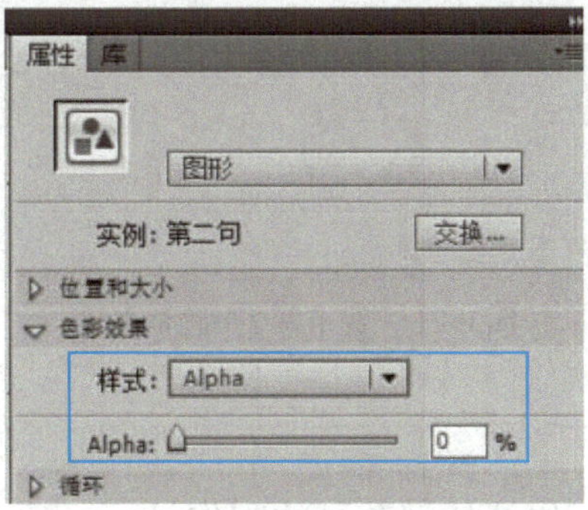


图3-69　设置文字实例对象的“Alpha”值

10）在场景1界面状态下，按<Enter>键进行播放，测试效果。

## 任务总结

1）引导线动画属于动作补间动画，动画对象为元件。

2）引导线必须绘制在引导图层中，被引导图层必须在引导图层的下方。

3）起始关键帧元件实例中心点必须与引导线起点重合，结束关键帧元件实例中心点必须与引导线终点重合。

4）创建了传统补间动画后，才能改变实例对象的亮度、色调和Alpha值。

### 任务拓展

创建影片剪辑元件：在影片剪辑元件中使用小蜜蜂图形元件制作引导线动画，形成小蜜蜂沿着设置的路线飞舞的动画效果，如图3-70所示。

图3-70　任务拓展效果

## 任务2　贺卡第2页

### 任务描述

蔚蓝的天空，洁白的云朵，随风缓缓飘过，设置描述性文字淡入淡出，效果如图3-71所示。

图3-71　贺卡第2张画面效果

### 任务分析

1）矢量背景图片的绘制，传统补间动画的制作。

2）掌握“颜色”面板上色带的设置。

### 任务目标

1）掌握传统补间动画的制作方法。

2）掌握“渐变变形工具”的使用方法。

## 任务实施

### 1. 添加场景

执行“窗口”→“其他面板”→“场景”命令，或按<Shift+F2>组合键，打开“场景”面板，单击面板下方的添加场景按钮，添加“场景2”，如图3-72所示。

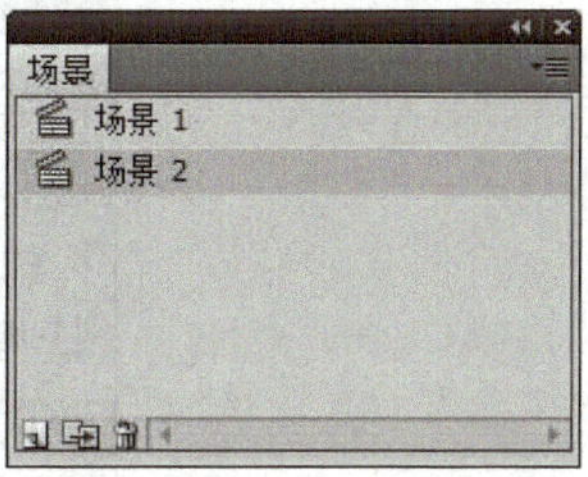


图3-72 “场景”面板

### 2. 绘制背景“蓝天”

1）在“颜色”面板中设置“填充颜色”从“#3399FF”到“#FFFFFF”的线性渐变，如图3-73所示。

2）使用“矩形工具”在舞台中绘制一个矩形，同舞台大小相同，如图3-74所示。

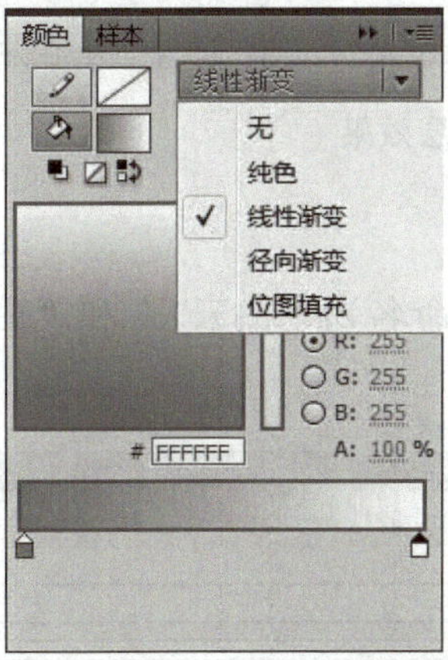


图3-73 在“颜色”面板中设置渐变色

图3-74 渐变色填充效果

3）使用“渐变变形工具”调整渐变色的方向，如图3-75所示。

4）选中矩形，按<F8>键打开“转换为元件”对话框，设置“名称”为“蓝天”、“类型”为“图形”，将所绘矩形转换为图形元件，如图3-76所示。

图3-75 使用“渐变变形工具”调整后的效果

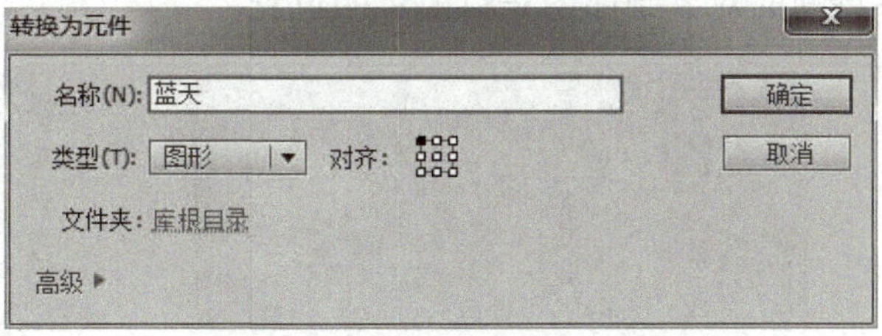


图3-76 “转换为元件”对话框

5）选中图片，执行“窗口”→“对齐”命令，或按<Ctrl+K>组合键，打开“对齐”面板，将图形元件对齐到舞台中心，如图3-77所示。

6）将“图层1”重命名为“蓝天”，并在该图层的第 100帧处按<F5>键插入帧，如图3-78所示。

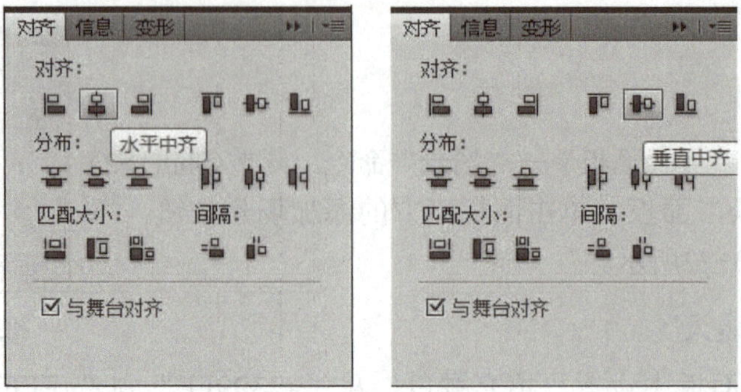


图3-77　对齐面板及选项

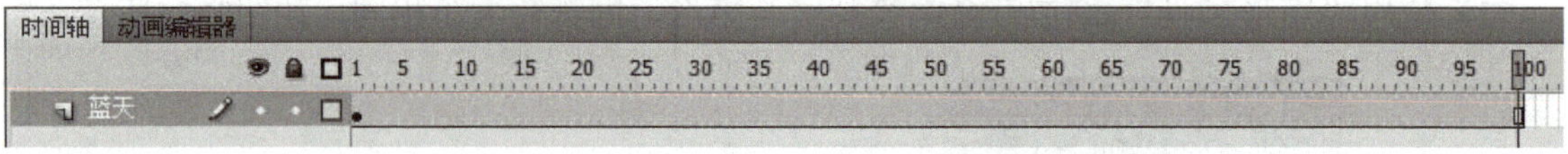


图3-78　时间轴上“蓝天”层效果

## 3. 制作白云飘动

1）在“蓝天”层的上方增加两个普通图层，分别命名为“白云1”和“白云2”，如图3-79所示。

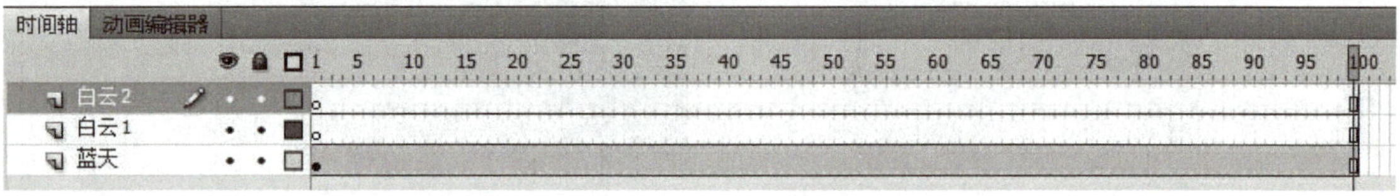


图3-79　时间轴上“白云”层效果图

2）从“库”面板中，将图形元件“白云1”和“白云2”分别拖入到“白云1”图层和“白云2”图层的第1帧处，并移动到舞台的右侧，如图3-80所示。

3）分别在“白云1”图层和“白云2”图层的第100帧处，插入关键帧，然后分别移动该关键帧的对象到如图3-81所示的位置。

图3-80　第1帧处白云实例放置效果

图3-81　第100帧处白云实例放置效果

4）分别在“白云1”图层和“白云2”图层创建传统补间，完成白云由右向左移动的效果，如图3-82所示。

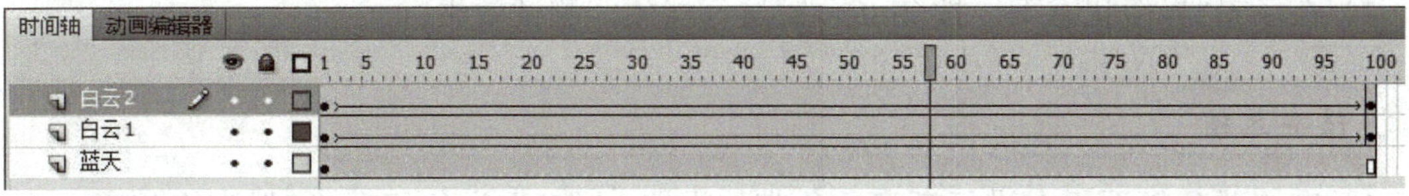


图3-82 时间轴上“白云”层效果

## 4. 制作文字动画

1）插入新图层，重命名为“文字”。

2）选择“文本工具”T，在“属性”面板中设置“系列”为“隶书”、“大小”为“45”、“颜色”为“#003366”，如图3-83所示。

3）在“文字”层的第1帧处输入第三句“带着云天的寄托”，按<F8>键打开“转换为元件”对话框，设置“名称”为“第三句”、“类型”为“图形”，将文字图形转换为图形元件，如图3-84所示。

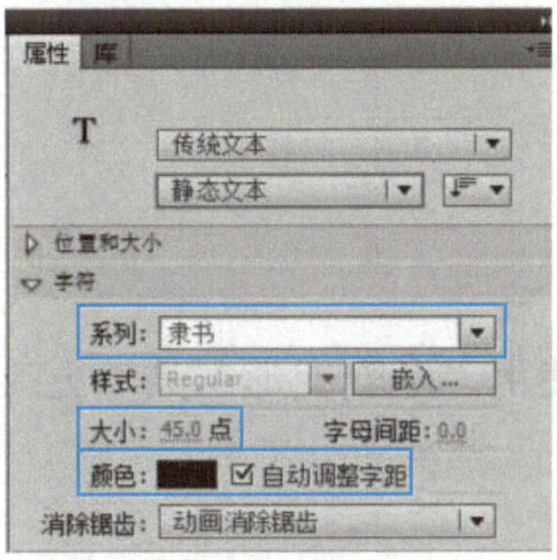


图3-83 “文本工具”的属性设置

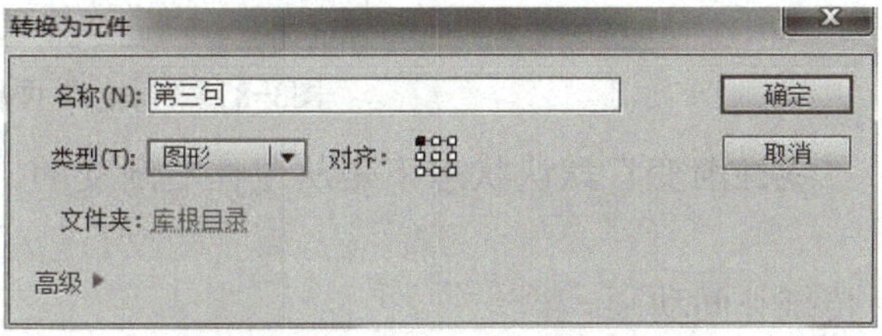


图3-84 “转换为元件”对话框

4）在“文字”层的第40、60、100帧处，按<F6>键插入“关键帧”。

5）在第1、40、60帧处，创建传统补间动画，如图3-85所示。

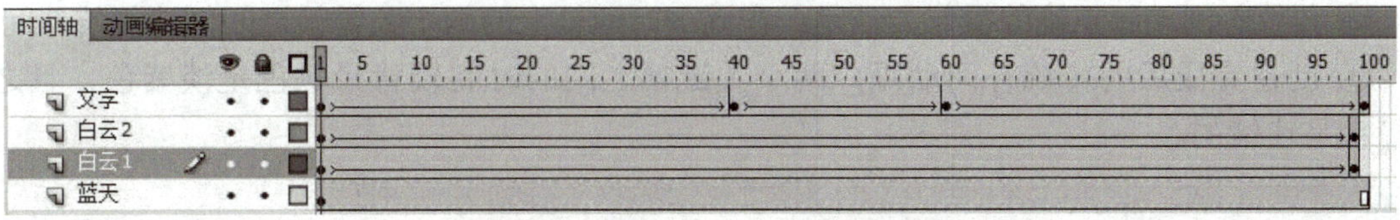


图3-85 时间轴上“文字”层效果

6）分别选中“文字”层的第1、100帧，将“属性”面板“色彩效果”的样式中“Alpha”的值设置为“0”，如图3-86所示。

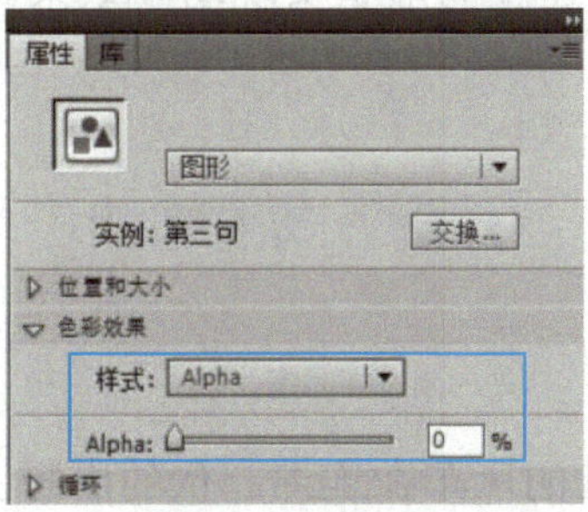


图3-86 设置文字实例对象的“Alpha”值

7）在场景2界面状态下，按<Enter>键进行播放，测试效果。

### 任务总结

1）在“颜色”面板上进行渐变色色带的设置，“H”为色相，“S”为饱和度，“B”为亮度，如图3-87所示。

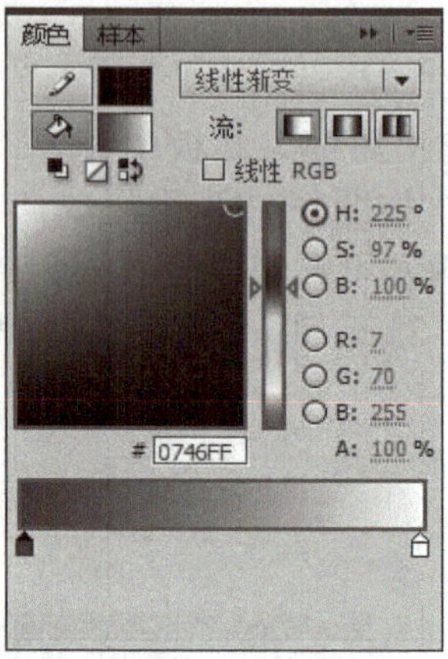


图3-87 “颜色”面板

2）“线性渐变”默认状态下是从左往右渐变的。可使用“渐变变形工具”更改填充的效果。

3）传统补间动画。

① 传统补间动画主要表现在对象整体、比例、位置、角度 、透明度发生变化。

② 传统补间动画的对象必须是元件，元件的内容可以是图形、文字、图片、按钮、影片剪辑等。

③ 传统补间动画正确的操作方法是：在同一时间轴上的两个关键帧之间创建传统补间。

④ 创建完成后的传统补间动画，两个关键帧之间的时间轴背景颜色是淡紫色，且之间的箭头是连续的。

### 任务拓展

1）使用传统补间动画，设计并制作动画出现的场景效果和转场效果。

2）设计文字内容，通过创建补间形状实现动画效果。要求字体、大小、位置布局合理，出现效果自然。

## 任务3　贺卡第3页

### 任务描述

山坡的小花清新淡雅，远处的风车在连绵起伏的山野上吱悠悠地转动着。诉说着秋天的故事，描述性文字淡入淡出，效果如图3-88所示。

图3-88　贺卡第3张画面效果

## 任务分析

1）用“直线工具”“颜料桶工具”“渐变工具”进行矢量风景画的绘制。

2）将影片剪辑元件“风车”拖放到舞台，调整大小和位置。

3）将图形元件“野花”放置到舞台画面上，调整大小、位置和色调。

## 任务目标

1）熟练运用工具箱中的工具绘制矢量图。

2）掌握影片剪辑元件的使用方法和修改方法。

## 任务实施

打开“场景”面板，添加“场景3”。

### 1. 绘制背景图片

1）将“图层1”重命名为“山野”。

2）使用“矩形工具”绘制矩形边框，尺寸大小同舞台一致，如图3-89所示。

3）使用“直线工具”在“山野”层中绘制直线，使用“选择工具”调整成弧度，如图3-90所示。

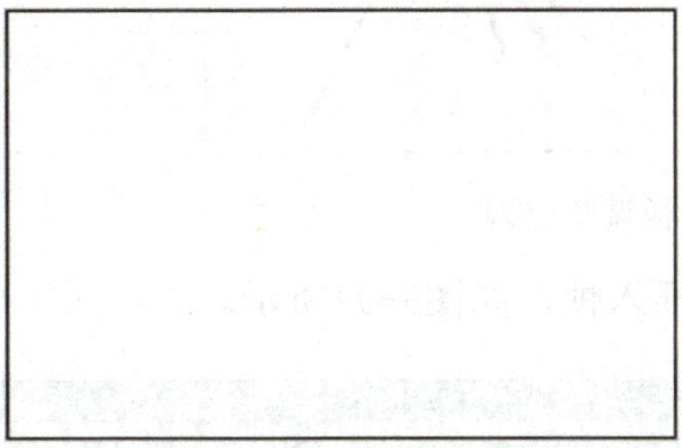

图3-89　用“矩形工具”绘制边框线

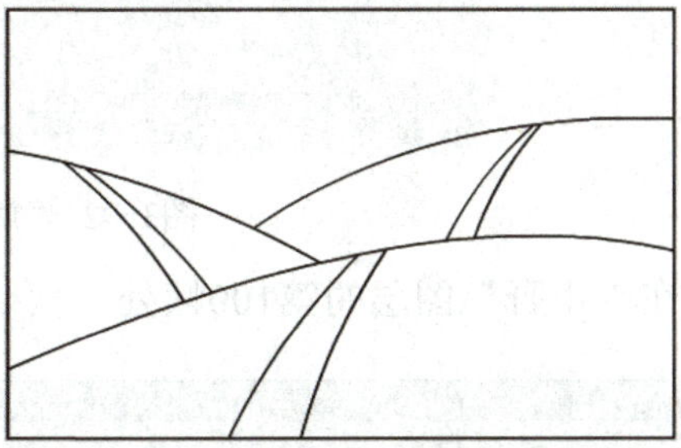

图3-90　舞台上绘制的线条效果

4）使用“填充工具”填充颜色，并删除黑色结构线条，如图3-91所示。

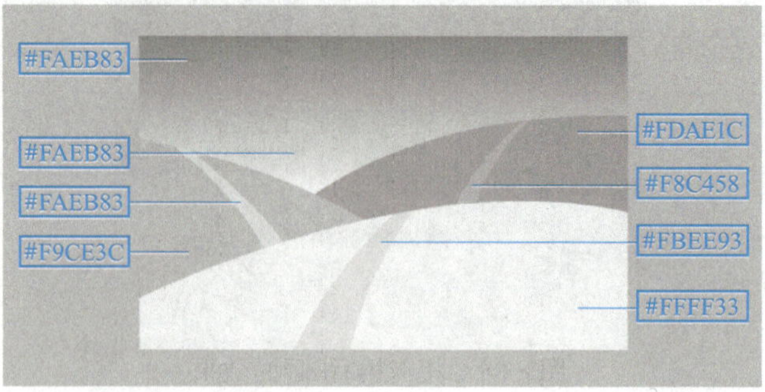


图3-91　颜色填充效果

5）从“库”面板中，将图形元件“白云1”和“野花”拖入场景中。使用“任意变形工具”调整大小及形状。利用“属性”面板调整“野花”的颜色，如图3-92所示。

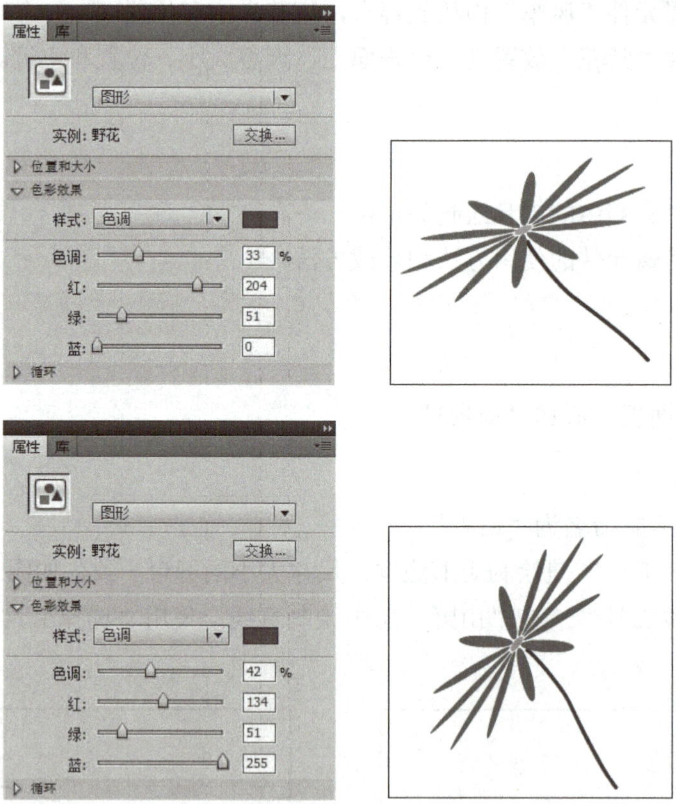


图3-92　“属性”面板调整色调

6）在“山野”图层的第100帧处，按<F5>键插入帧，如图3-93所示。

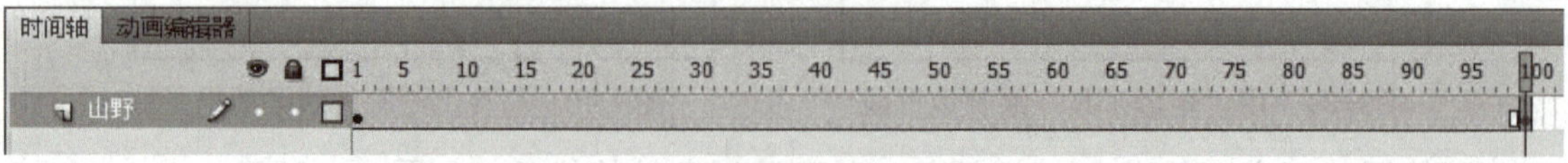


图3-93　时间轴上“山野”层效果

### 2. 导入影片剪辑实例——风车

1）插入新图层，重命名为“风车”，从库面板中将影片剪辑实例“风车”拖入到“风车”图层的第一帧处，使用“任意变形工具”调整大小，如图3-94所示。

图3-94　第3张贺卡效果

2）在“风车”层的第100帧处，按<F5>键插入帧，如图3-95所示。

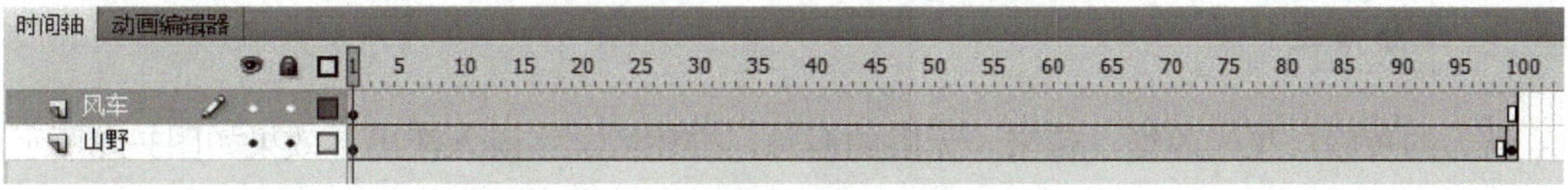


图3-95　时间轴上“风车”层效果

### 3. 制作文字动画

1）文字制作方法同本项目中任务2的文字制作方法。

2）在“属性”面板中设置“颜色”为“#666600”，输入文字“带着山野的馨香”，如图3-96所示。

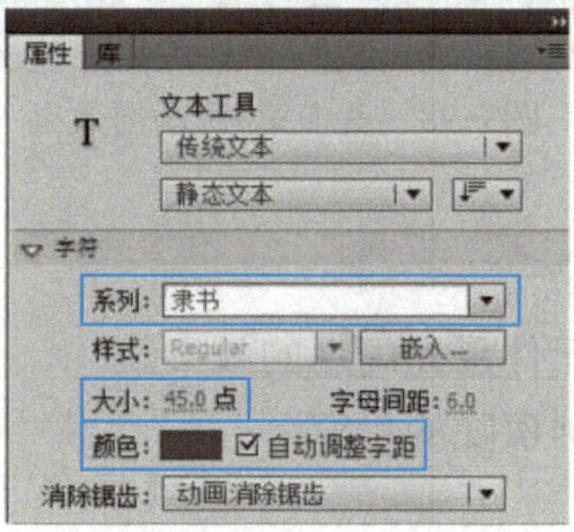


图3-96　“文本工具”的属性设置

3）文字动画的制作方法同本项目中任务2的文字动画的制作方法。

### 任务总结

1）复制多个元件实例的方法：一是从库面板中拖出多次，二是直接复制舞台上的影片剪辑元件实例，进行多次粘贴即可。

2）图形元件不仅可以调整透明度，还可以调整色调，使元件色彩丰富。

### 任务拓展

使用图形元件“野花1”制作花从随风摆动的动画效果，要求符合运动规律，摆动幅度不宜过大，方向自定，如图3-97所示。

图3-97　任务拓展效果

## 任务4　贺卡第4页

### 任务描述

秋天的夜晚，星光闪烁，带来了无限的遐想，描述性文字淡入淡出，效果如图3-98所示。

图3-98　贺卡第4张画面效果

### 任务分析

1）通过代码设置影片剪辑元件星光闪烁的效果。
2）使用“喷涂刷工具”绘制夜晚的星空。

### 任务目标

1）了解代码的作用及使用方法。
2）掌握“喷涂刷工具”的使用方法和属性参数设置。

### 任务实施

#### 1．添加场景

打开“场景”面板，添加“场景4”。

## 2. 绘制背景“静态星空”

1）将“图层1”重命名为“星空”。

2）在“颜色”面板中，设置“填充颜色”为从“#0E1234”到“#2A4895”的线性渐变，如图3-99所示。

3）使用“矩形工具”在“图层1”第一帧处绘制一个矩形，矩形大小同舞台大小相同，利用“渐变变形工具”调整渐变色的方向，如图3-100所示。

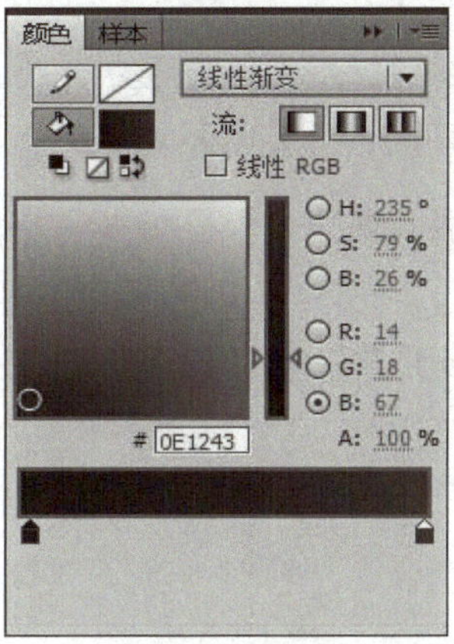


图3-99 在“颜色”面板中设置渐变色

图3-100 “矩形”填充调整效果

4）选择工具箱中的“喷涂刷工具”，并在“属性”面板中设置参数，如图3-101所示。

5）设置好参数后，在“星空”层中单击拖动“喷涂刷工具”，绘制“静态星空”的效果，如图3-102所示。

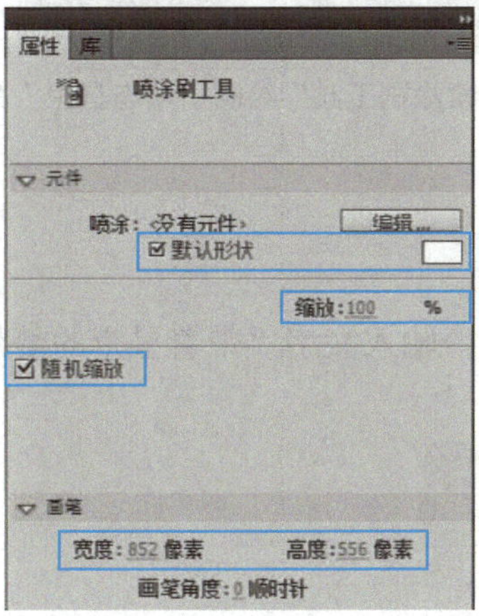


图3-101 “喷涂刷工具”属性设置

图3-102 用“喷涂刷工具”绘制“静态星空”效果

6）新建图层，重命名为“星”。

7）使用“喷涂刷工具”，单击“属性”面板上的“编辑”按钮，选择影片剪辑元件“星星”，如图3-103所示。

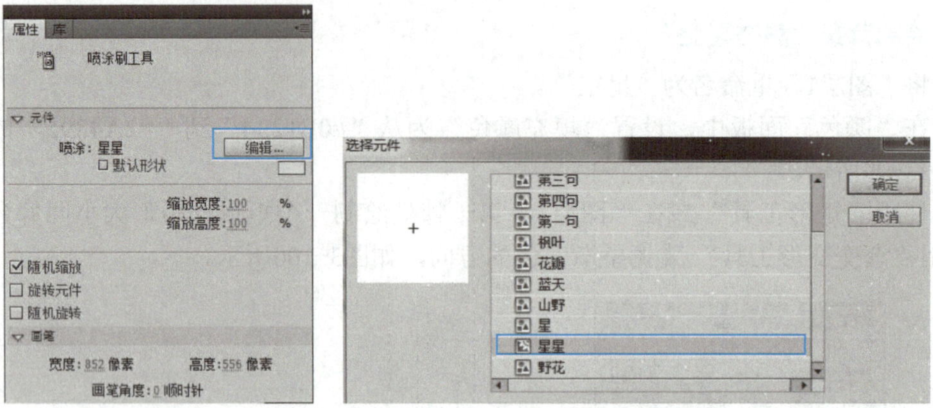


图3-103 “喷涂刷工具”的属性设置

8）在“属性”面板中设置参数，如图3-104所示。

9）设置好参数后，在“星”层中单击拖动“喷涂刷工具”，绘制闪烁的星的效果，如图3-105所示。

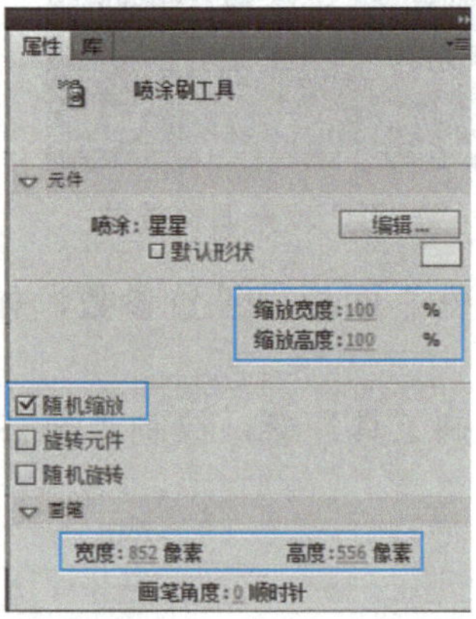


图3-104 “喷涂刷工具”的属性设置

图3-105 “喷涂刷工具”绘制“动态星空”效果

10）按<Ctrl+Enter>组合键进行播放，测试效果。

### 3. 制作文字

1）文字制作方法同本项目中任务2的文字制作方法。

2）在“属性”面板中设置“颜色”为“#FFFF99”，输入文字“带着星空的梦想”，如图3-106所示。

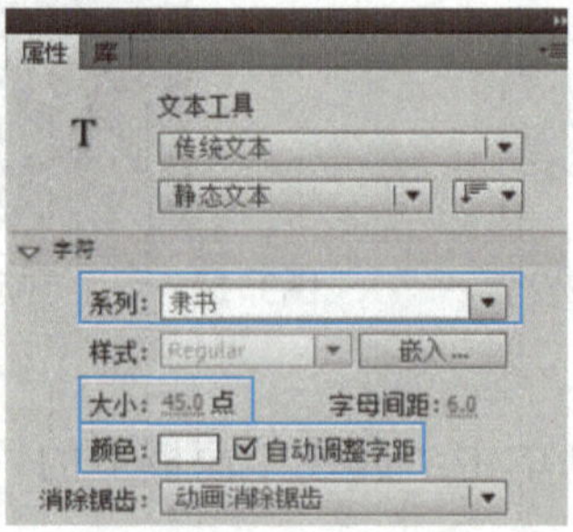


图3-106 “文本工具”的属性设置

### 任务总结

1）喷涂刷的作用类似于粒子喷射器，使用它可以一次将形状图案“刷”到舞台上。默认情况下，喷涂刷使用当前选定的填充颜色喷射粒子点。

2）使用“喷涂刷工具”可以将影片剪辑或图形元件作为图案应用。

### 任务拓展

1）使用“喷涂刷工具”制作山坡野花，探究属性参数数值变化的意义及效果。

2）使用“影片剪辑元件”完成小蜜蜂飞舞的动画，如图3-107所示。

图3-107　任务拓展画面效果

## 任务5　贺卡第5页

### 任务描述

在背景图片的衬托下，文字渐渐显现，且由小到大往前推进，直至动画结束，如图3-108所示。

图3-108　贺卡第5张画面效果

### 任务分析

将文字转换成图形元件，设置传统补间动画，文字实例实现由无到有、由小到大的变化。

## 任务目标

掌握文字图形元件的制作方法。

## 任务实施

### 1. 添加场景

打开“场景”面板，添加“场景5”。

### 2. 绘制背景图片

1）将“图层1”重命名为“文字板”，将背景图片“文字板”导入到舞台，如图3-109所示。

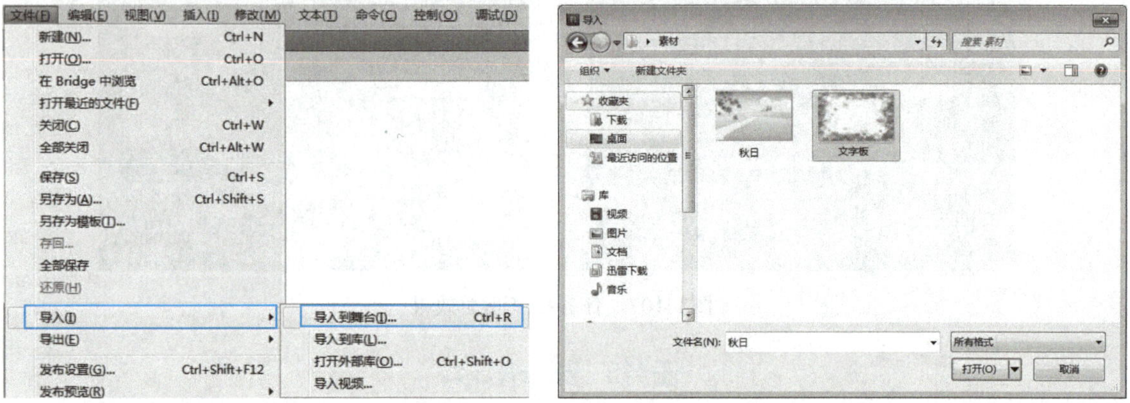


图3-109　导入图片到舞台

2）选中图片，将图片对齐到舞台中心。在“文字板”层的第100帧处，按<F5>键插入帧，如图3-110所示。

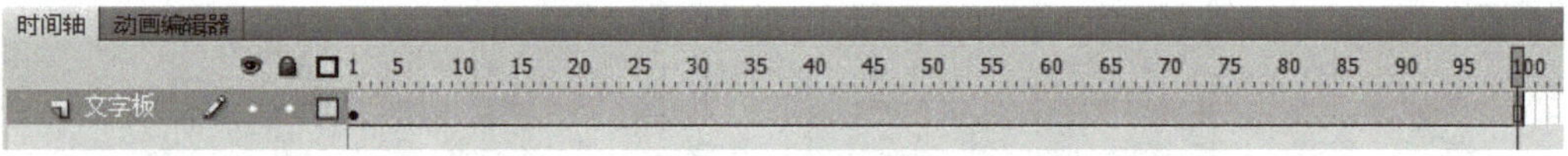


图3-110　时间轴上“文字板”层效果

3）选中“文本工具”，设置“颜色”为“#CC6633”，如图3-111所示。

4）新建图层，重命名为“文字”层，在第1帧处输入祝福语“带着我所有的祝福”，将文字对齐到舞台中心，如图3-112所示。

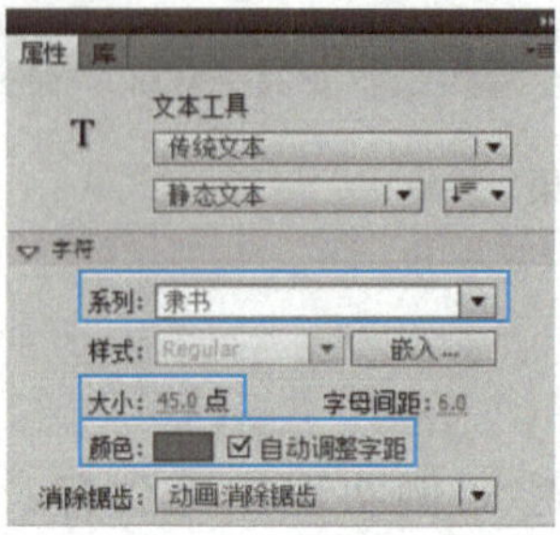


图3-111　“文本工具”的属性设置

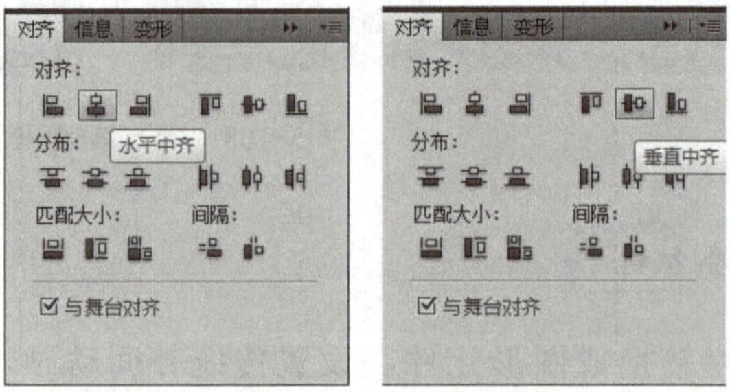


图3-112　对齐面板及选项

5）按<F8>键打开“转换为元件”对话框，设置“名称”为“第六句”、“类型”为“图形”，将文字转换为图形元件，如图3-113所示。

图3-113　将文字转换为图形元件

6）在“文字”层的第40、60、100帧处，按<F6>键插入“关键帧”。在第1、40、60帧处，创建传统补间动画，如图3-114所示。

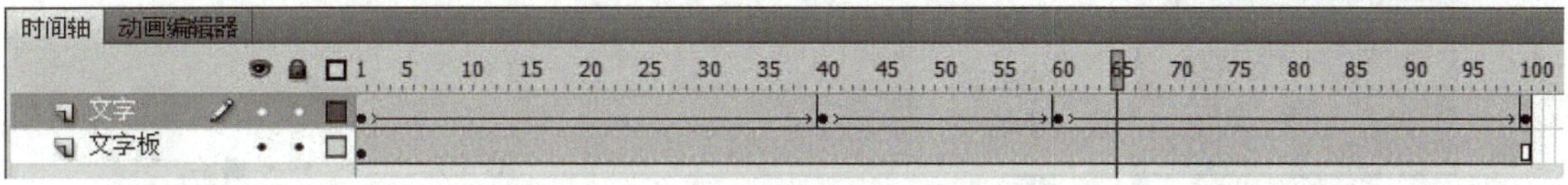


图3-114　时间轴上“文字”层效果

7）选中“文字”层的第1、60帧，在“属性”面板“色彩效果”的样式中将“Alpha”的值设置为“0”。

8）在101帧处，按<F7>键插入“空白关键帧”。使用“文字工具”输入第七句“祝您健康快乐”，将文字对齐到舞台中心。

9）使用“选择工具”选中文字，执行“修改”→“分离”→命令或按<Ctrl+B>组合键将文字分离，如图3-115所示。

10）再次执行“分离”命令，将文字再次分离。这时每个文字已经成为图形，不再是独立的文字，如图3-116所示。

图3-115　分离一次的文字

图3-116　分离两次的文字

11）使用“选择工具”框选第一个文字图形“祝”，呈现状态如图3-117所示。

12）将选中的文字图形“祝”转换为图形元件，如图3-118所示。

图3-117　选中的文字效果

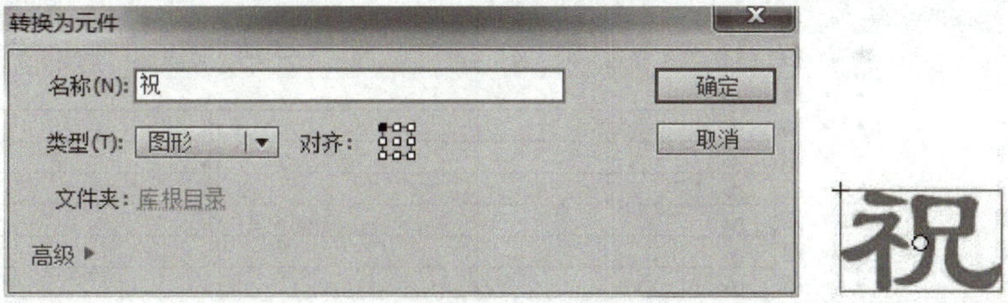


图3-118　“转换为元件”对话框和文字图形元件

13）参照本任务中的步骤11）和12），依次将文字组中的其他5个文字图形转换成元件。

14）使用“选择工具”，框选所有文字图形实例，单击鼠标右键，在弹出的快捷菜单中选择“分散到图层”命令，将文字图形实例分散到6个图层，如图3-119所示。

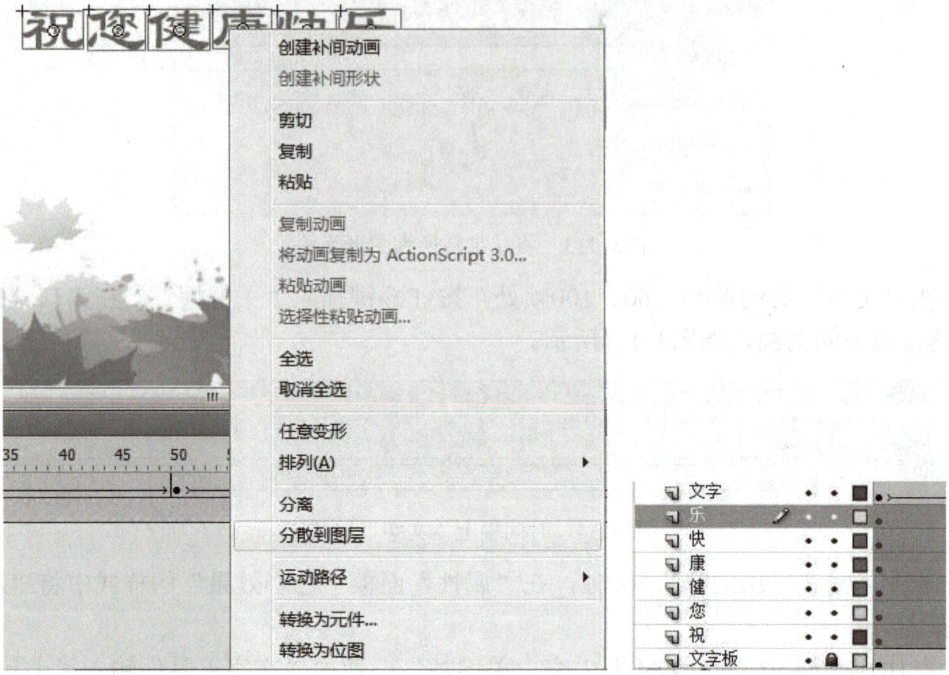


图3-119　文字分散到各图层命令和时间轴效果

15）同时选中6个文字图形实例图层的第1帧，移动至第101帧处，如图3-120所示。

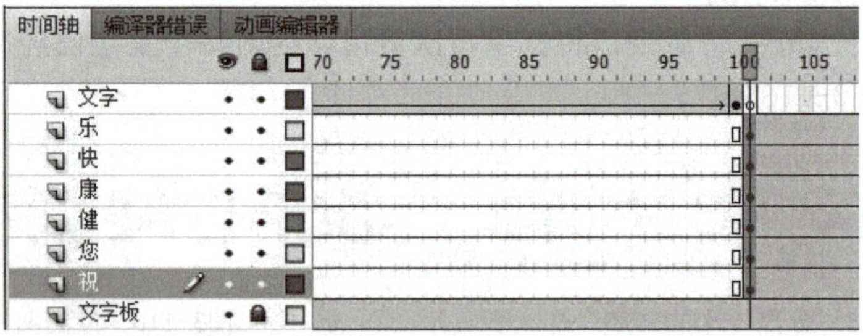


图3-120　调整后的时间轴效果

16）同时选中6个文字图形实例图层，在第150、200帧处插入关键帧，如图3-121所示。

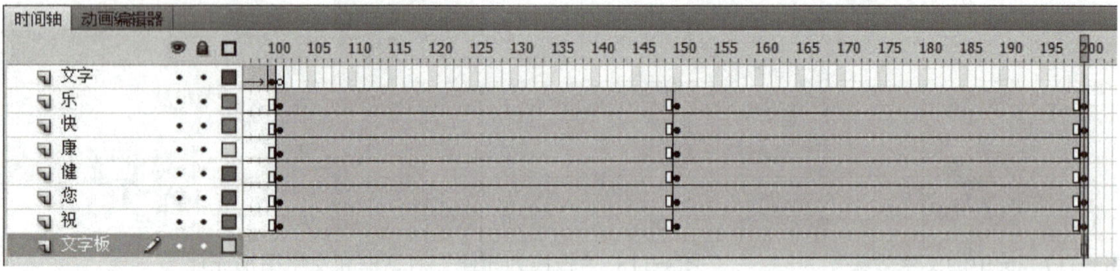


图3-121　时间轴上插入关键帧的效果图

17）同时选中6个文字图层，在第101、150帧处，执行“插入”→“传统补间”命令。

18）选中6个文字图层的第101帧上的实例，将“属性”面板的“色彩效果”中的“Alpha”的值设置为“0”。

19）在第200帧处，执行“修改”→“变形”→“缩放和旋转”命令，设置“缩放”为“150%”，如图3-122所示。

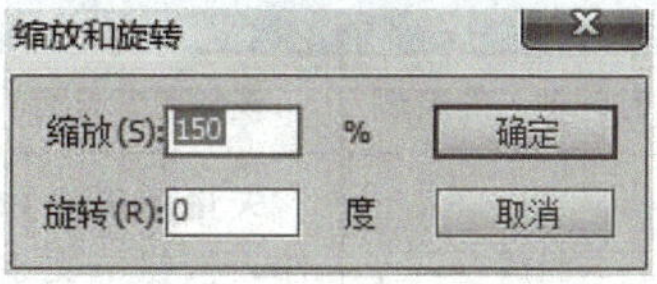

图3-122 “缩放和旋转”参数设置

20）在场景5界面状态下，按<Enter>键进行播放，测试效果。

## 任务总结

1）分散到图层命令可以实现动画对象各自独立，便于以后的修改和制作。

2）文字分离两次，再转换成元件可以避免放大变形时出现文字抖动现象。

## 任务拓展

1）制作文字动画，每组文字所用动画类型不限，但要展现出不同的效果，动画的出现效果与结束效果要衔接自然。字体、字号、文字位置布局合理，强调性文字动画效果新颖醒目，以达到提升气氛的作用。

2）使用任务拓展练习完成的素材，整合成一部动画短片，要求动画中的内容丰富，每张动画出现、消失效果顺畅自然。

## 项目学习作品评价表

| 评价标准 | 个人评价 | 小组评价 | 教师评价 |
| --- | --- | --- | --- |
| 1. 能够正确地创建传统补间动画 | | | |
| 2. 能够正确地制作引导线动画 | | | |
| 3. 能够正确地使用3种类型的元件 | | | |
| 4. 能够熟练地使用“喷涂刷工具” | | | |

注：A 全部准确理解，B 大部分准确理解，C部分准确理解，D 基本做不到。

## 项目总结

通过5个贺卡场景的动画制作，体现了贺卡动画的完整性。在分场景的制作中，分别学习了“引导线动画”“传统补间动画”“Deco工具”“喷涂刷工具”和“文字”在作品中的编辑和运用。创建动画的3种形式（补间形状、补间动画、传统补间）的区别与应用，见表3-1。

表3-1 创建动画的3种形式的区别与应用

| 区　　别 | 补间形状（形状补间动画） | 传统补间（动作补间动画） | 补 间 动 画 |
|---|---|---|---|
| 在时间轴上的表现 | 淡绿色背景有实心箭头 | 淡紫色背景有实心箭头 | 淡蓝色背景 |
| 组成 | 矢量图形（如果使用图形元件、按钮、文字，则必须先打散，即转化为矢量图形）再变形 | 元件（可为影片剪辑、图形元件、按钮等）或先转化为元件 | 同左 |
| 效果 | 矢量图形由一种形状逐渐变为另一种形状的动画。实现两个矢量图形之间的变化，或一个矢量图形的大小、位置、颜色等的变化 | 元件由一个位置到另一个位置的变化。实现同一个元件的大小、位置、颜色、透明度、旋转等属性的变化 | 同左 |
| 关键 | 插入空白关键帧<br>首尾可为不同对象，可分别打散为矢量图 | 插入关键帧<br>首尾为同一对象。先将首转为元件再建尾关键帧 | 只需首关键帧即可对首关键帧应用“补间动画” |
| 特性 | | 可实现动画滤镜（让应用的滤镜动起来）<br>可以利用运动引导层来实现传统补间动画图层（被引导层）中对象按指定轨迹运动的动画 | 可实现动画滤镜（让应用的滤镜动起来） |

# 项目3　导入音频文件和控制影片播放

音乐是电子贺卡的重要组成部分，加入音乐的元素，才能彰显出电子贺卡的魅力所在。

## 任务1　音频文件的导入和设置

### 任务描述

贺卡播放时，背景音乐同时响起，贯穿整个贺卡播放的过程，直至结束。

### 任务分析

将音频文件导入到库中，再拖放到场景中使用。

### 任务目标

了解音频文件的类型，掌握导入、设置音频文件的方法。

### 任务实施

1）执行“文件”→“导入”→“导入到库”命令，将音频文件“背景音乐.mp3”导入到库。

2）在场景1中新建“音乐”层，将库中的“背景音乐”拖放到“音乐”层中，如图3-123所示。

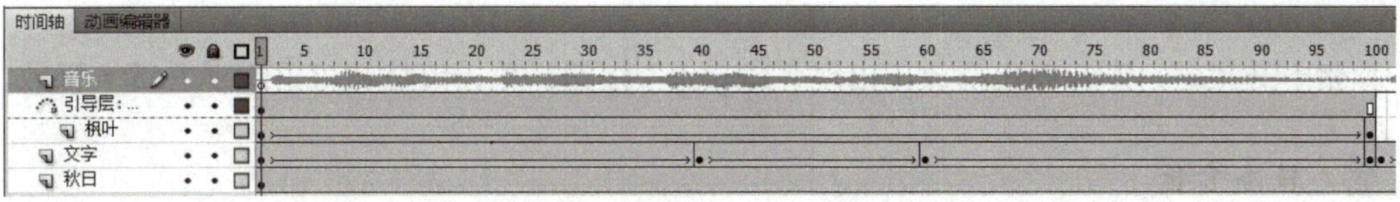


图3-123　时间轴“音乐”层的效果

3）选中“音乐”图层上的帧，在“属性”面板中设置“同步”选项为“开始”和“重复”，如图3-124所示。

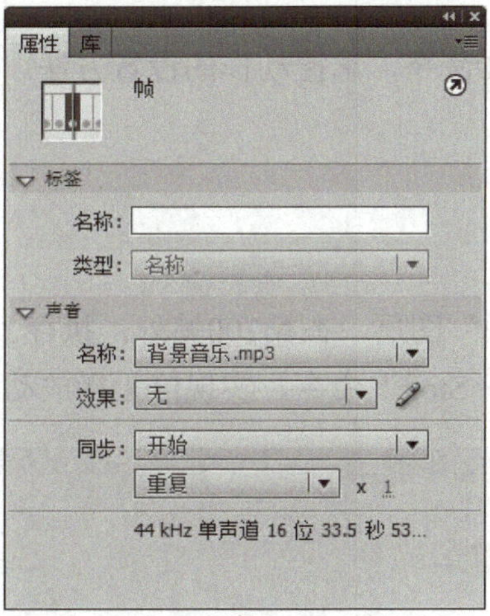


图3-124　音乐“属性”面板的设置

## 任务总结

1）能直接导入Flash的声音文件主要有WAV和MP3两种格式。

2）“事件”选项会将声音和一个事件的发生过程同步。事件声音在它的起始关键帧开始显示时播放，并独立于时间轴播放完整个声音，即使SWF文件停止也继续播放。

①“开始”与“事件”选项的功能相近，但如果声音正在播放，使用“开始”选项则不会播放新的声音实例。

②“停止”选项将使指定的声音静音。

③“数据流”选项将同步声音，强制动画和音频流同步。音频流随着SWF文件的停止而停止。

## 任务拓展

尝试下载.mp3格式或.wav格式的音频文件，将音频文件导入到任务拓展作品中。

## 任务2 影片播放的控制

### 任务描述

贺卡结束时，影片停止播放，出现“Replay”按钮，单击该按钮可再次观看贺卡播放。

### 任务分析

按设计者的意图控制影片播放、停止和重播。

### 任务目标

了解简单的ActionScript 2.0命令，掌握动作的设置方法。

### 任务实施

#### 1. 控制影片停止播放

在“场景5”中新建“控制”图层，在第200帧处，执行“窗口”→“动作”命令，执行“全局函数”→“时间轴控制→Stop”命令，实现停止播放动画的效果，如图3-125所示。

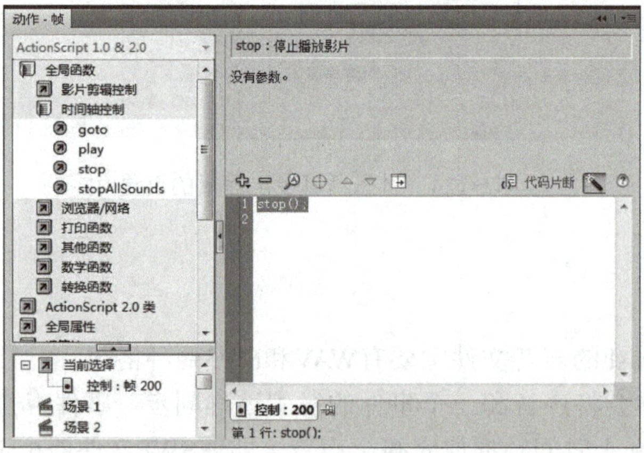


图3-125 “停止播放”命令的设置

#### 2. 添加、控制按钮

1）在“场景5”中“控制”层的第200帧处，将库中的按钮元件“replay”拖动到场景中，放到合适的位置并调整大小。

2）选中按钮实例，执行“窗口”→“动作”命令。分别设置“全局函数”→“影片剪辑控制”→“on”“时间轴控制”→“go to”，设置场景为“场景1”“帧”为“1”，实现再次播放动画的效果，如图3-126所示。

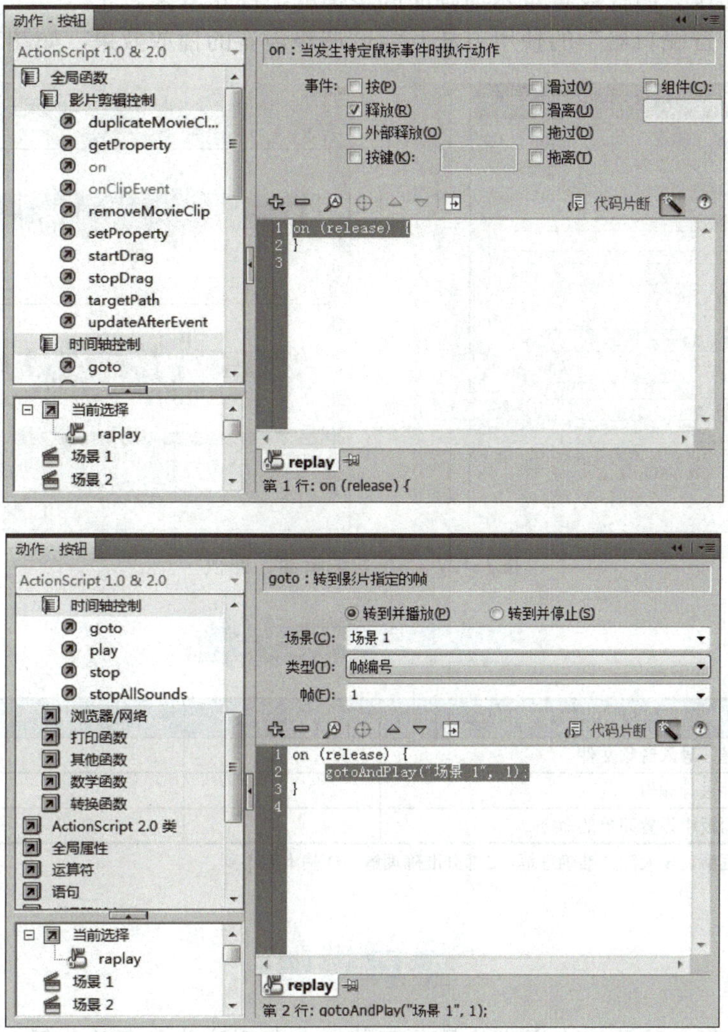


图3-126 “再次播放”命令的设置

## 任务总结

常见的ActionScript 2.0命令如下：

1）play（ ）开始。

2）stop（ ）停止。

3）go to and play（场景、帧数或帧标签）从指定的位置开始播放。

4）go to and stop（场景、帧数或帧标签）从指定的位置停止播放。

5）stop All Sounds（ ）停止播放所有声音。

## 任务拓展

1）使用按钮元件设置动画重播效果。

2）使用“动作”面板设置音乐与画面同步播放、停止效果。

3）探究“声音编辑器”的使用方法，尝试调整声音的播放效果，如图3-127所示。

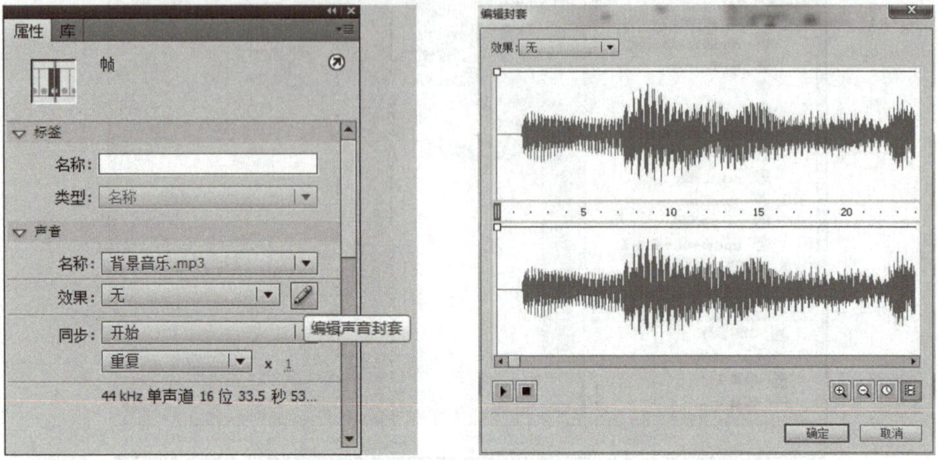

图3-127 “声音编辑器”面板

## 项目学习作品评价表

| 评价标准 | 个人评价 | 小组评价 | 教师评价 |
|---|---|---|---|
| 1．能够正确地选择、导入音频文件 | | | |
| 2．能够对音频文件进行编辑 | | | |
| 3．能在“动作”面板中设置简单的命令 | | | |

注：A 全部准确理解，B 大部分准确理解，C部分准确理解，D 基本做不到。

## 项目总结

在动画中添加音乐是贺卡完成的最后环节，它起到渲染气氛的作用，在作品中具有强的艺术感染力。Flash支持.wav和.mp3两种格式的声音文件导入，但有的.mp3格式的声音文件在使用时需要满足44 100 Hz和112Kbit/s的参数要求。

## 单元知识总结与提炼

通过本单元学习电子贺卡的制作，了解了贺卡动画的组成要素，具备了采用多种方式获取素材的能力，学习了元件的制作方法与应用规律，掌握了多种不同动画类型及制作要点，接触到了软件中功能强大的“Deco工具”和“喷涂刷工具”，拓展了导入音频文件和控制命令等知识的学习，使读者具备了制作完成动画短片的综合能力，进一步提升了审美能力与动手操作的能力。

# 学习单元4 制作片头动画

“江南可采莲， 莲叶何田田，鱼戏莲叶间。鱼戏莲叶东，鱼戏莲叶西，鱼戏莲叶南，鱼戏莲叶北。”一首采莲诗，描绘了一幅美丽的荷塘美景，下面利用Flash软件，采用逐帧动画、动作补间动画、形状补间动画、引导线动画、遮罩动画制作一个《荷塘月色》的二维精美动画短片。通过学习，可以深入体会动画也可以运用到广告宣传、网站网页设计、MTV和贺卡动画欣赏中。

## 单元情境

开头随着古筝音乐的响起，4个圆环内的荷花慢慢变成了“荷塘月色”4个字，接着在涟漪荡开的水面上水印图片慢慢显示，然后两组荷花图片分别从舞台左侧和右侧移入舞台，紧接着几条不同颜色的小鱼穿行在荷叶下面，最后以左侧荷花为装饰，右侧显示目录，效果如图4-1所示。

图4-1　动画效果截图

## 单元概要

本单元的重点是小鱼嬉戏的引导线动画效果。引导线动画在Flash动画制作中占据重要地位，它以动作补间动画为基础，进行引导线动画制作。通过本节动画短片制作，可以帮助读者更深入地了解二维动画的制作流程。

## 单元学习目标

1）学会利用Photoshop软件或Flash软件对素材进行图像处理。
2）明确引导线动画原理。
3）掌握引导线动画操作方法及应用。
4）掌握声音文件的添加方法。
5）使用ActionScript 2.0设置脚本代码。

## 单元知识准备

### 一、Flash动画制作要素

Flash动画的制作如同拍摄电影一样，可以分为4个步骤：前期策划、创作动画、后期测试和发布动画。

#### 1. 前期策划

前期策划主要是进行一些准备工作，关系到一部动画的成败。首先要给动画设计“脚本”，其次就是收集素材，如图像、视频、音频和文字等。本单元需要搜集荷花图片和音乐等素材。

#### 2. 创作动画

当前期的准备工作完成后，就可以开始动手创作动画了。首先要创建一个新文档，然后对其属性进行必要的设置。其次，要将在前期策划中准备的荷花、音乐素材导入到舞台中，然后对动画中的小鱼、荷花、涟漪、文字、音乐等各个元素进行动画出场造型设计。最后，可以为动画添加一些效果，使其变得更加生动逼真。

#### 3. 后期测试

后期测试可以说是动画的再创作，它影响着动画的最终效果，需要设计人员细心、严格地进行把关。当一部动画创作完成后，应该多次对其进行测试，以验证动画是否按预期设想进行工作，查找并解决所遇到的问题和错误。在整个创作过程中，需要不断地进行测试。若动画需要在网络上发布，则还要对其进行优化，减小动画文件的大小，以缩短动画在网上的加载时间。

#### 4. 发布动画

动画制作的最后一个阶段即为发布动画，当完成Flash动画的创作和编辑工作之后，需要将其进行发布，以便在网络或其他媒体中使用。通过进行发布设置可以将动画导出为SWF、HTML、GIF、JPEG、PNG、EXE、Macintosh和QuickTime等格式。

## 二、引导线动画操作要点

引导线动画也称为“路径引导”动画或“轨迹引导”动画，是指动画对象沿着事先设计好的路线轨迹运动，如椭圆、多边形、曲线等。引导线动画通过引导层（引导线）和被引导层（动画对象）两部分来完成，缺一不可。

引导线起到轨迹或辅助线的作用，可以让物体沿着事先设计好的路线移动，看上去更自然、更流畅。引导层必须绘制在引导图层中，而使用引导线作为轨迹线的动画对象，其所在图层（被引导层）必须在引导图层下方，如图4-2所示。

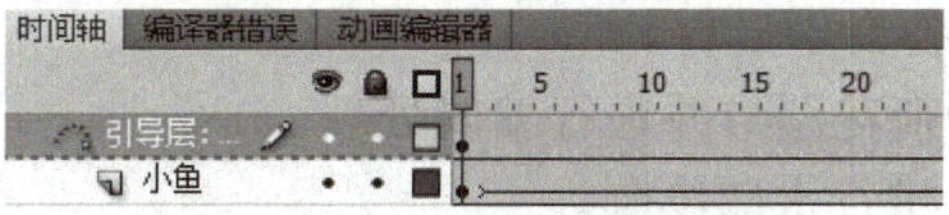


图4-2　引导层与被引导层

引导线动画的操作要点如下：

1）引导线动画属于动作补间动画，其动画对象必须是元件。

2）起始关键帧的元件实例的中心应与引导线的起点重合。

3）结束关键帧的元件实例的中心应与引导线的终点重合。

4）当引导线为封闭曲线时，系统默认两点间最短路径为当前运动路径。

5）引导线只在设计时显示，在导出的动画中不显示。

# 项目1　制作短片场景

制作Flash动画《荷塘月色》，设计元素是重要的组成部分，是制作Flash动画过程中的主要要素，因此需要搜集荷花图片和古筝名曲（MP3格式）。

## 任务1　搜集和处理素材

### 任务描述

搜索所需的图片和音乐。参考拍摄照片，利用Flash软件绘制荷花图片，如图4-3所示。

图4-3　搜集的素材

## 任务分析

1）搜集所需音乐素材并进行保存。

2）打开Flash软件，利用“直线工具”、“铅笔工具”和“颜料桶填充工具”绘制荷花、荷叶和莲蓬。

3）保存文件类型为FLA或SWF格式。

4）在Photoshop软件中，利用画笔工具绘制水印效果，保存文件类型为PNG格式。

## 任务目标

1）绘制荷花图片和准备音乐素材。

2）利用Flash软件绘制荷花图形并进行编辑处理。

3）利用Photoshop软件进行水印绘制。

## 任务实施

### 一、搜集素材

#### 1. 搜集图片

搜集需要的荷花图片，并将其保存到相应的文件夹，如图4-4所示。

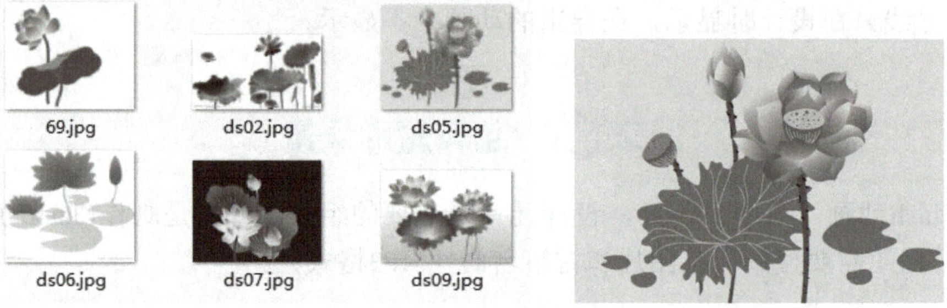


图4-4 绘制荷花图形

#### 2. 搜集音乐

Flash动画中的视觉效果再配上音乐，能够增强动画的感染力，使Flash动画更加生动、有趣，更能吸引观众。但添加音乐、音效要恰如其分，否则会画蛇添足。通过各大网站以“古筝名曲欣赏”为关键字搜索、下载相关音乐素材，如图4-5所示。

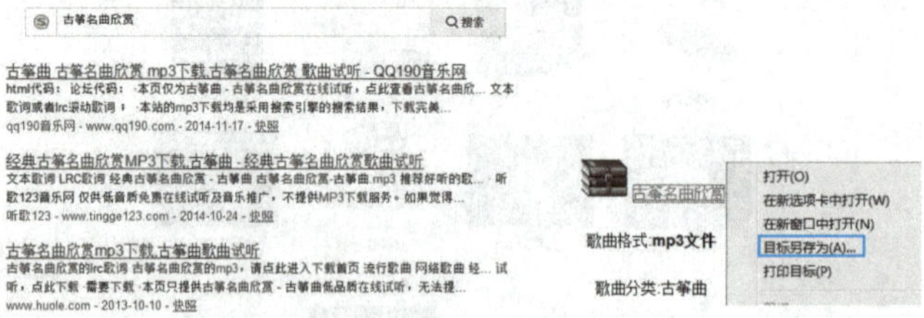


图4-5 下载古筝名曲

保存图片和音乐素材文件，如图4-6所示。

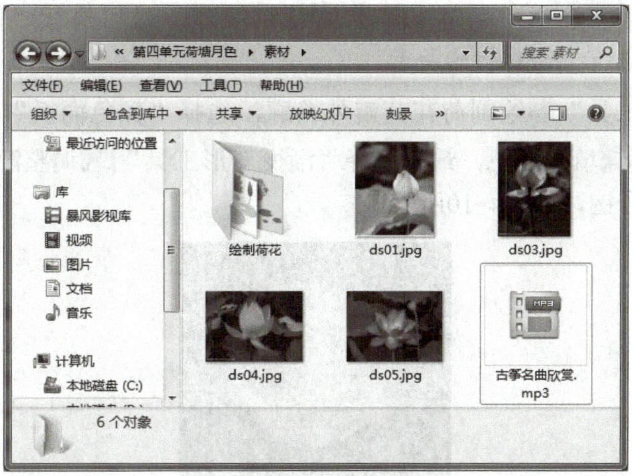


图4-6　下载后的图片和音乐

### 3. ActionScript脚本语言

ActionScript是Adobe公司专为Flash设计的交互性脚本语言，是一种面向对象的编程语言，它提供了自定义函数以及强大的数学函数，涵盖了对颜色、声音、XML等对象的支持。使用Flash的ActionScript脚本，可以制作高质量的动画效果以及动态网页。

在设计动画前就应该规划好在什么地方添加脚本语言，希望达到什么样的效果，再添加什么语言。需要特别注意的是，ActionScript只是一个辅助工具，在需要时加以运用。只要是Flash基本操作能够实现的效果就尽量用Flash来实现，不要随便使用脚本语言。在编写完ActionScript语言后，需要检查其正确性。在本例中，为实例添加的随机函数脚本代码是gotoAndPlay(random(70))，如图4-7所示。

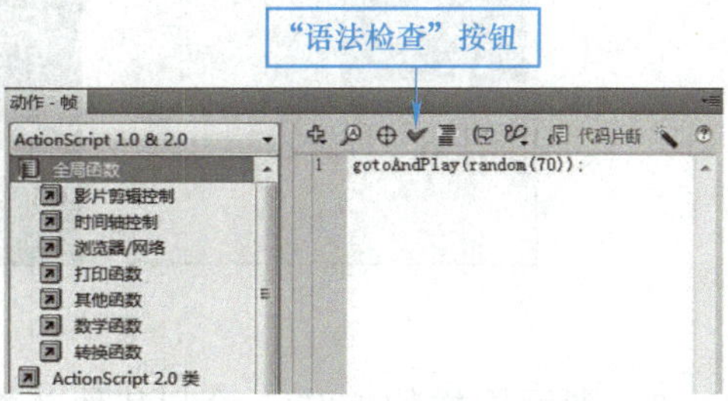


图4-7　添加随机函数脚本代码

## 二、图形绘制

通过Flash软件，利用绘图工具进行荷花图形绘制，并保存文件。绘制的荷花图形效果图，如图4-8所示。

图4-8　绘制的荷花图形效果图

1）打开Flash软件，选择“直线工具”绘制莲蓬外轮廓，再选择“颜料桶填充工具”填充颜色，接着选择“铅笔工具”绘制纹理，最后执行“修改”→“组合”命令，将莲蓬图形进行组合，如图4-9所示。

2）选择“直线工具”绘制荷花花瓣外轮廓，选择“颜色面板”设置渐变色，再选择“颜料桶填充工具”填充颜色，最后选择“渐变变形工具”调整渐变色方向和范围，选中花瓣按〈Ctrl+G〉组合键，如图4-10所示。

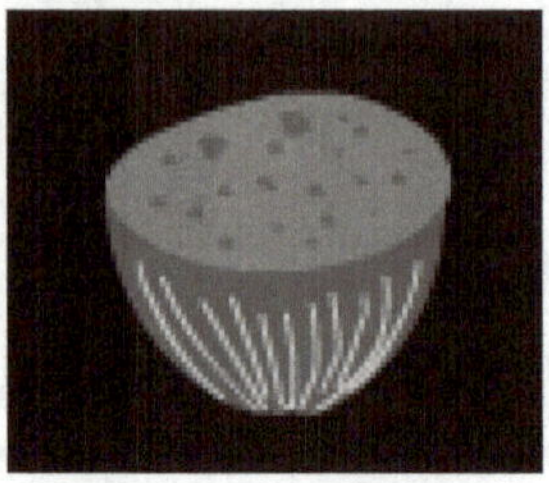

图4-9　绘制莲蓬图形

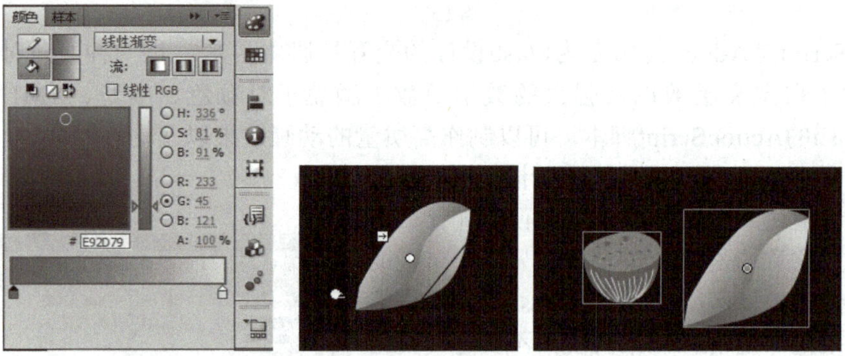


图4-10　绘制荷花花瓣效果图

3）利用同样的方法，绘制其他花瓣。单击鼠标右键，在弹出的快捷菜单中选择“排列”命令，调整其他花瓣的排列层次，如图4-11所示。

4）选择“铅笔工具”和“刷子工具”绘制莲蓬和荷花的茎，然后填充颜色，选中荷茎按〈Ctrl+G〉组合键，如图4-12所示。

图4-11　荷花图形效果图

图4-12　绘制荷茎效果

5）利用前面所学知识，绘制花苞效果，如图4-13所示。

6）选择“铅笔工具”绘制荷叶图形，并填充颜色，最后按<Ctrl+G>组合键，如图4-14所示。

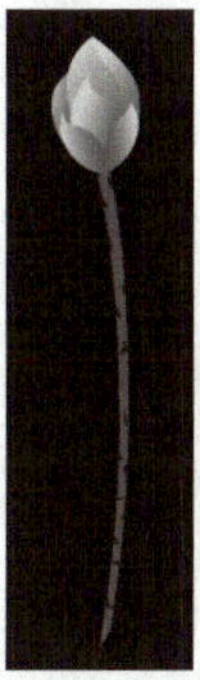

图4-13　绘制花苞效果

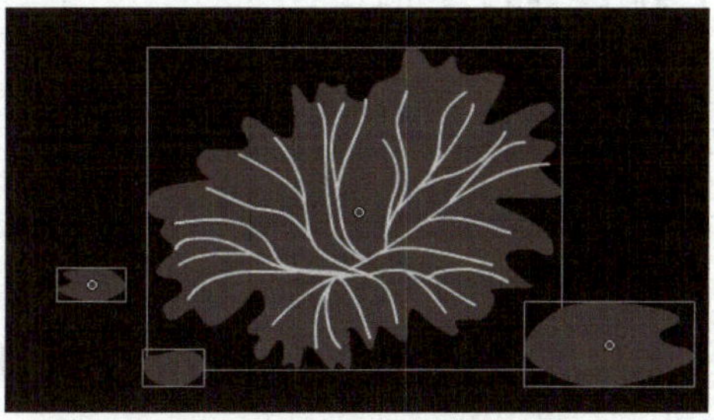

图4-14　绘制的荷叶图形

7）将前面绘制的荷花、花苞、荷叶、莲蓬、花茎进行设计搭配组合，实现两个组合效果图“荷花1”和“荷花2”，最后按<Ctrl+G>组合键，如图4-15所示。

图4-15　组合图形“荷花1”和“荷花2”

8）执行“文件”→“保存”命令，在打开的“另存为”对话框中选择保存地址并进行命名保存文件类型为fla，如图4-16所示。

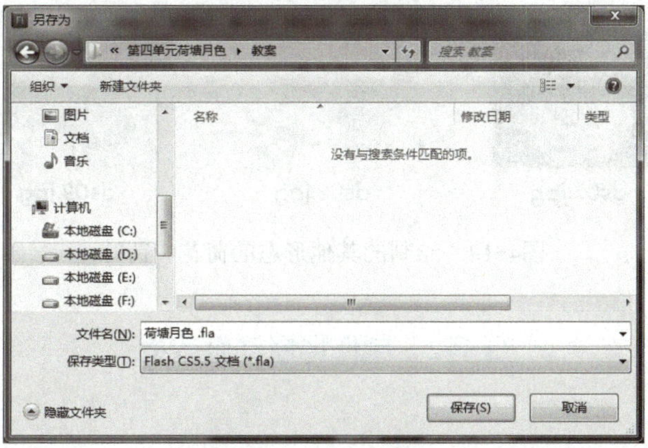


图4-16　保存文件

9）打开Photoshop软件，利用“笔刷工具”/“复位画笔”绘制一个水印效果，保存命名为“水印”，文件类型保存为PNG格式，如图4-17所示。

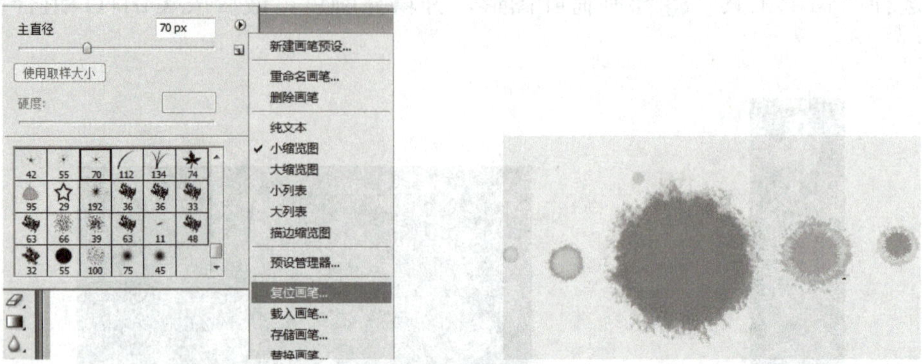


图4-17　制作的“水印”

## 任务总结

任何一个优秀作品都不是独立存在的，往往是由多个软件来共同完成实现的，所以每位学习人员都应掌握多个软件的使用方法。本任务主要学习搜集所需图片和音乐素材，通过Flash软件，学会对图片进行编辑的方法，并掌握将文件保存的方法，有针对性地选择所需要的素材，为自己的动画所用。

## 任务拓展

利用前面学习的方法对图片中的荷花、荷叶进行图像编辑处理，如图4-18所示。

图4-18　绘制的其他形态的荷花、荷叶

# 任务2　制作场景动画效果

## 任务描述

在“涟漪”荡漾的水面，装饰的水印淡淡出现，接着“荷花1”从舞台左侧入场，同时“荷花2”从舞台右侧入场，如图4-19所示。

图4-19　场景设置效果截图

## 任务分析

1）利用动作补间动画原理，制作“涟漪”动画效果。
2）利用动作补间动画原理，制作“水印”淡入入场效果。
3）利用动作补间动画原理，制作两组荷花分别从舞台两侧入场的效果。

## 任务目标

1）掌握转换元件、创建新元件的方法。
2）学生能够熟练运用动作补间动画的操作方法，设计绘制对象入场效果。
3）掌握对绘制对象的大小、位置、旋转、透明度进行效果设置的方法。

## 任务实施

### 一、制作涟漪动画效果

#### 1. 设置文档属性

新建Flash文档，执行“修改”→“文档属性”命令，参照图4-20设置文档属性。

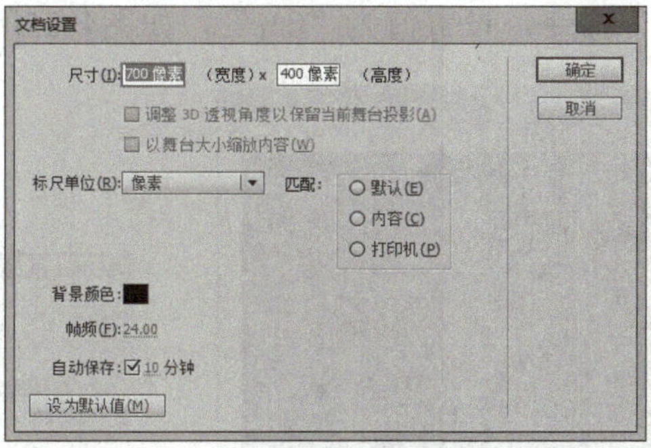


图4-20　设置文档属性

#### 2. 创建“涟漪”元件

1）执行“插入”→“新建元件”命令，参照图4-21选择元件类型。

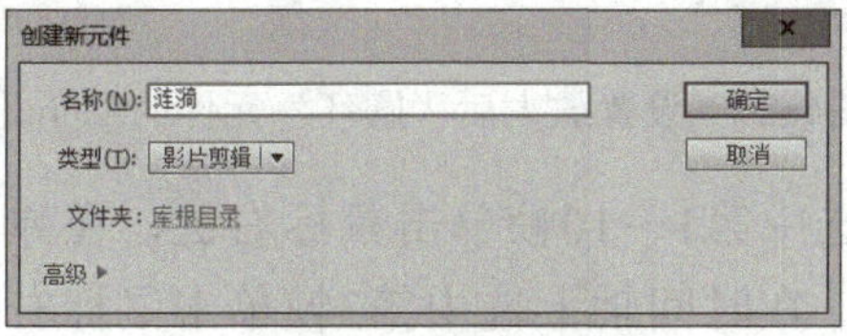


图4-21　创建新元件

2）选择“椭圆工具”绘制两个同心椭圆圆环，并利用“对齐”面板，让圆环与舞台中心对齐，选中对象按〈F8〉键，转换为图形元件，命名为“圆环”，如图4-22所示。

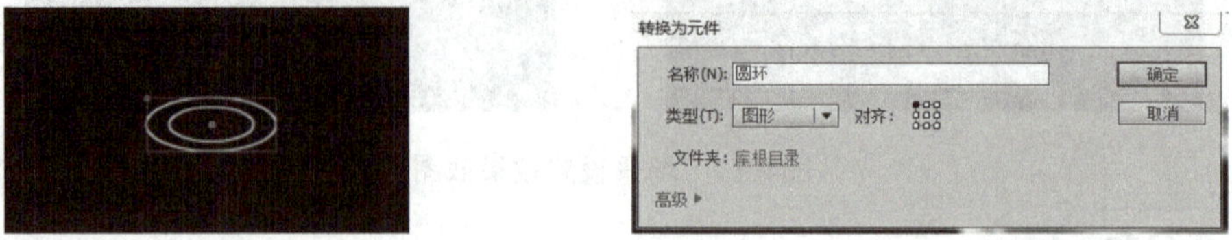


图4-22　绘制的“圆环”元件

3）在时间轴面板“图层1”的第10帧处单击鼠标右键，在弹出的快捷菜单中选择“插入关键帧”命令，并在第1帧处单击鼠标右键，在弹出的快捷菜单中选择“创建传统补间”命令，如图4-23所示。

4）单击第10帧，执行“修改”→“变形”→“缩放和旋转”命令，弹出“缩放和旋转”对话框，设置“缩放”值为“200%”，使文字放大2倍，如图4-24所示。

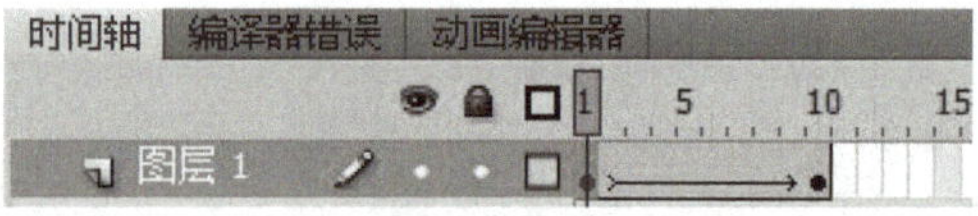


图4-23　在第1帧处创建传统补间动画

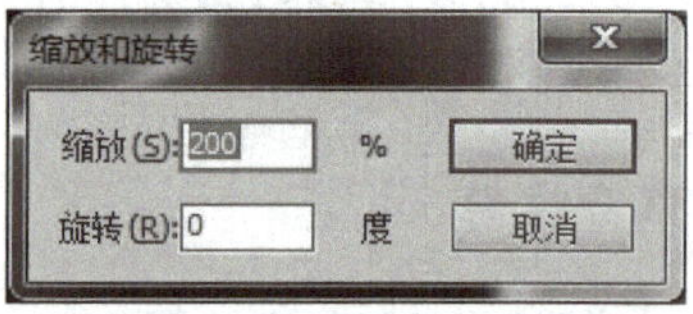


图4-24　“缩放和旋转”对话框

5）单击第10帧，选择舞台放大后的“圆环”元件，在“属性”面板中执行“色彩效果”→“样式”→“Alpha”命令，设置值为“0%”，如图4-25所示。

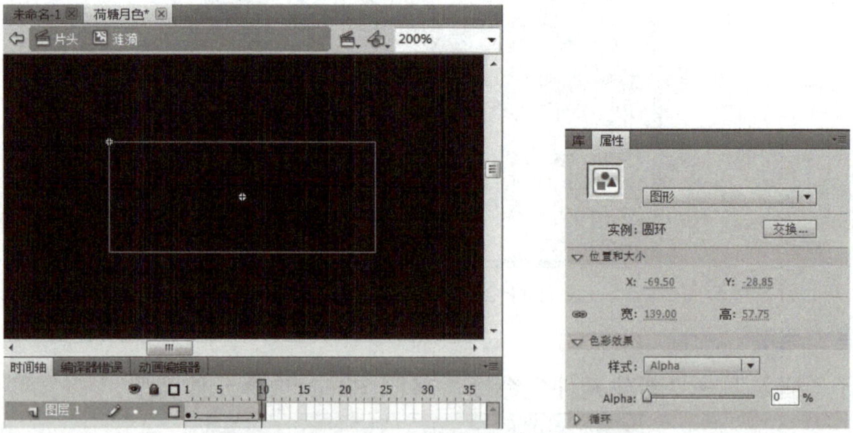


图4-25　设置放大后“圆环”元件的Alpha值

6）在时间轴面板上，选中第1～10帧单击鼠标右键，在弹出的快捷菜单中选择“复制帧”命令，新建“图层2”，在时间轴上选中第3帧单击鼠标右键，在弹出的快捷菜单中选择“粘贴帧”命令，用同样的方法再创建一个涟漪图层，效果如图4-26所示。

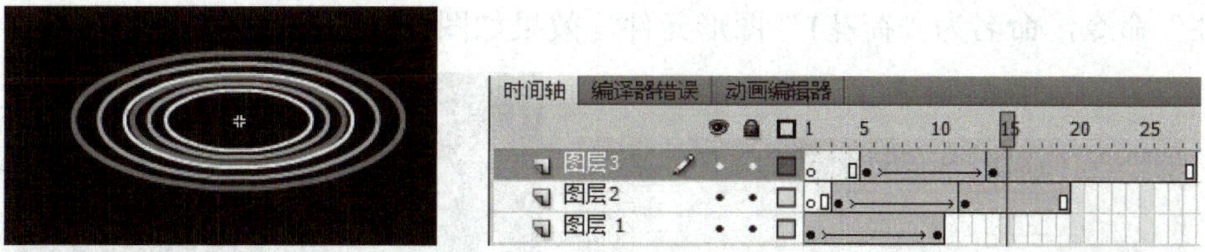


图4-26　涟漪动画的3个图层

7）选中“图层2”的第13～19帧单击鼠标右键，在弹出的快捷菜单中选择“删除帧”命令，按照相同的方法删除“图层3”的第15～28帧，效果如图4-27所示。

8）新建“图层4”，在第1帧处单击鼠标右键，在弹出的快捷菜单中选择“动作”命令，打开“动作”面板，设置随机函数的脚本代码（必须在英文状态下输入），单击“语法检查”按钮检查其正确性，如图4-28所示。

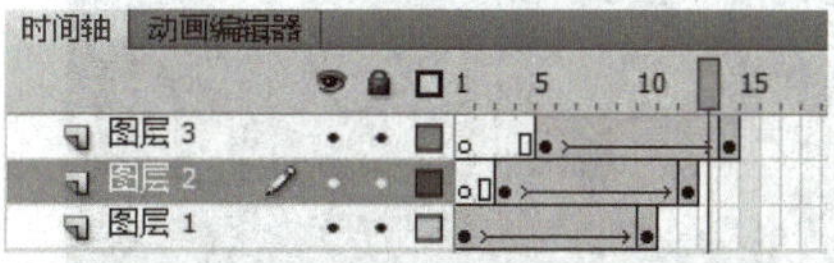


图4-27　删除帧后的时间轴效果图

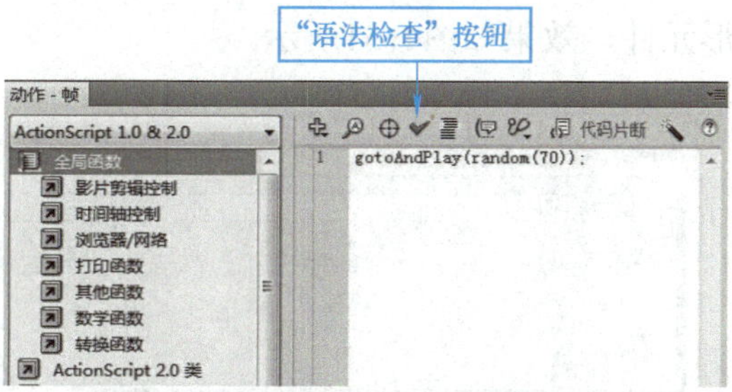


图4-28　设置随机函数脚本代码

9）返回“场景1”，将“图层1”命名为“涟漪”，然后将“涟漪”元件拖入到“舞台”，按住<Alt>键移动鼠标，复制对象并调整大小，如图4-29所示。

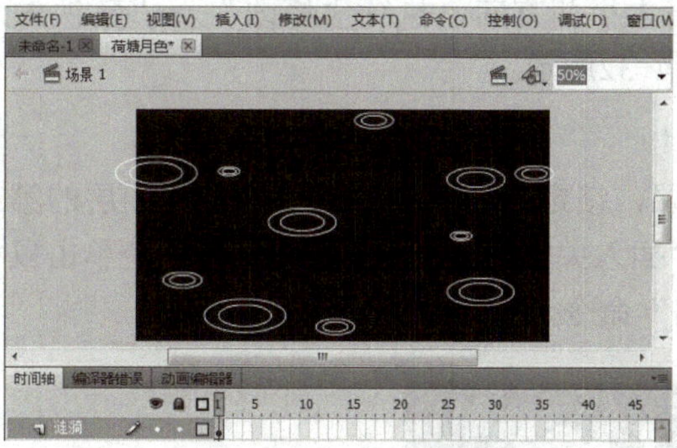


图4-29　场景中的“涟漪”元件

## 二、制作“荷花”“水印”元件入场效果

### 1. 创建“荷花1”元件

锁定“涟漪”图层，新建一个图层，将新建图层命名为“荷花1”，选中“荷花1”，复制并粘贴在“荷花1”图层上，利用“任意变形工具”调整大小，执行“修改”→“转

换为元件”命令，命名为“荷花1”图形元件，效果如图4-30所示。

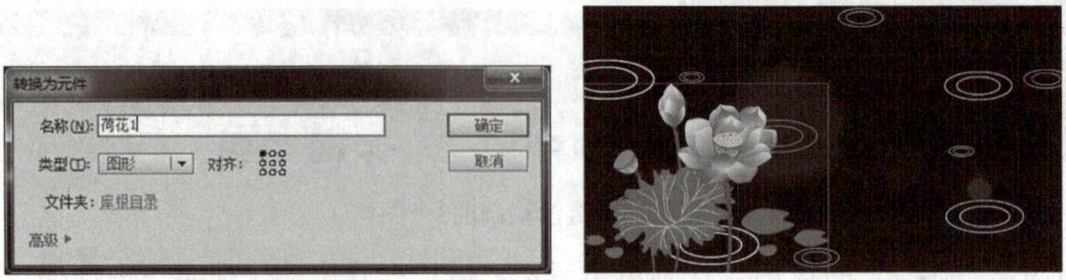


图4-30　将“荷花1”转换为图形元件

### 2. 创建“荷花2”元件

新建一个图层，命名为“荷花2”，选中“荷花2”，复制并粘贴在“荷花2”图层上，利用“任意变形工具”调整大小，执行“修改”→“转换为元件”命令，命名为“荷花2”图形元件，效果如图4-31所示。

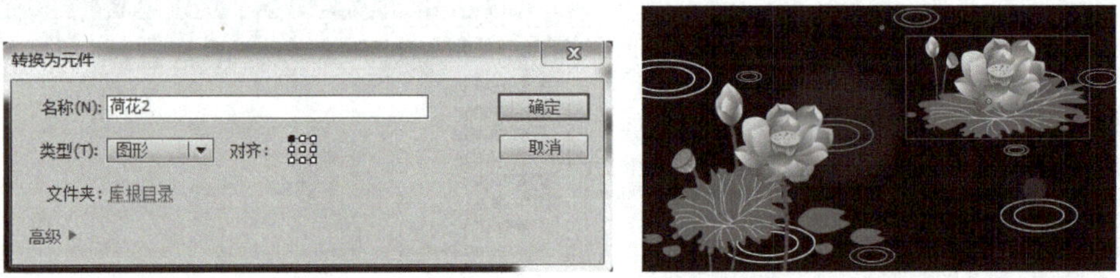


图4-31　将“荷花2”转换为图形元件

### 3. 创建“水印”元件

新建一个图层，将“图层4”命名为“水印”，并拖动到“荷花1”图层下面，利用“任意变形工具”调整大小和方向，执行“修改”→“转换为元件”命令，命名为“水印”图形元件，效果如图4-32所示。

### 4. 绘制“水印”元件入场效果

1）选中“水印”图层，锁定其他图层，在“水印”图层的第30帧处单击鼠标右键，在弹出的快捷菜单中选择“插入关键帧”命令，并在第1帧处单击鼠标右键，在弹出的快捷菜单中选择“创建传统补间”命令，如图4-33所示。

图4-32　将“水印.PNG”图片转换为图形元件

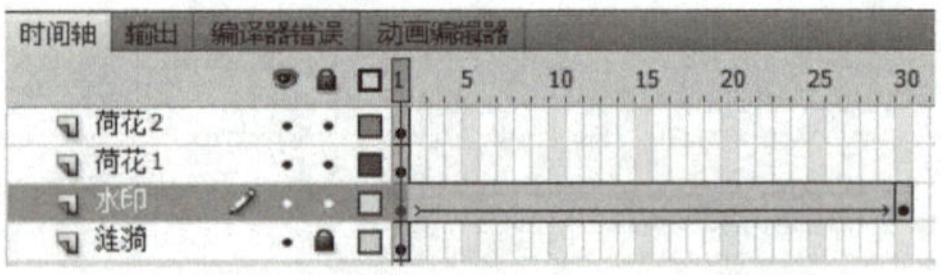


图4-33　创建“水印”动作补间动画

2）单击第1帧，选择舞台“水印”元件，在“属性”面板中执行“色彩效果”→“样式”→“Alpha”命令，设置值为“0%”，如图4-34所示。

图4-34　设置“水印”元件的透明效果

### 5. 绘制“荷花1”元件入场效果

1）选中“荷花1”图层，锁定其他图层，单击时间面板中“荷花1”的第1帧，移至第31帧处（入场时间在水印动画后），在第100帧处单击鼠标右键，在弹出的快捷菜单中选择“插入关键帧”命令，并在第31帧处单击鼠标右键，在弹出的快捷菜单中选择“创建传统补间”命令，如图4-35所示。

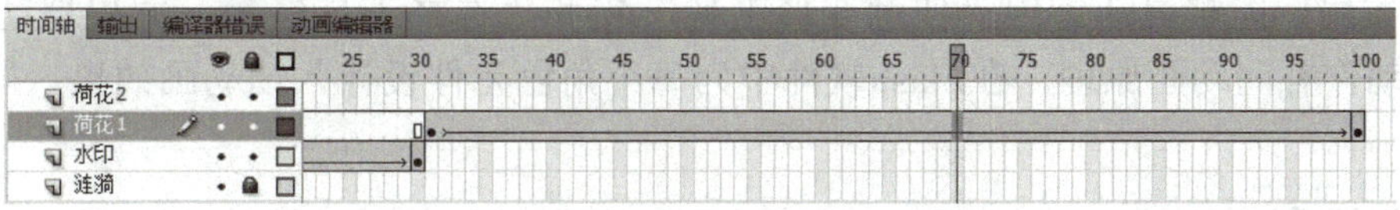


图4-35　创建“荷花1”动作补间动画

2）单击第31帧，选择舞台“荷花1”元件，利用“选择工具”将其水平移至舞台左侧位置，动画效果从舞台左侧入场，如图4-36所示。

图4-36　设置“荷花1”出场效果

### 6. 绘制“荷花2”元件出场效果

1）选中“荷花2”图层，锁定其他图层，单击时间面板中“荷花2”的第1帧，移至第31帧处（入场时间和“荷花1”入场时间一致），在第100帧处单击鼠标右键，在弹出的快捷菜单中选择“插入关键帧”命令，并在第31帧处单击鼠标右键，在弹出的快捷菜单中选择“创建传统补间”命令，如图4-37所示。

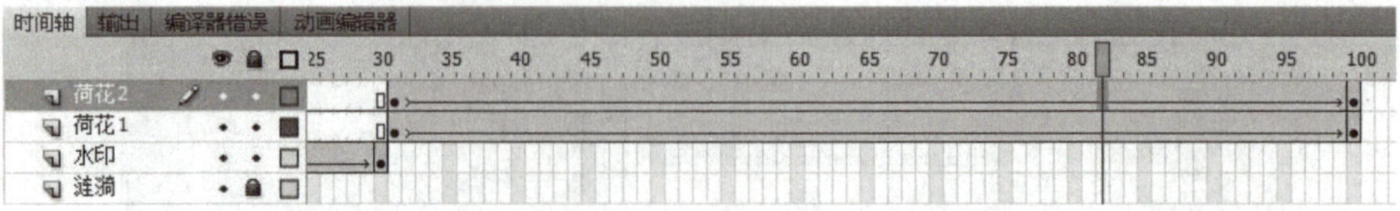


图4-37　创建“荷花2”动作补间动画

2）单击第31帧，选择舞台“荷花2”元件，利用“选择工具”将其水平移至舞台右侧位置，动画效果从舞台右侧入场，如图4-38所示。

图4-38　设置“荷花2”出场效果

## 任务总结

在Flash动画中，元件、实例和库的应用非常广泛，是Flash动画中不可缺少的重要角色。所以要求掌握“转换为元件”的方法，能够利用“对齐”面板调整绘制对象的位置。根据场景布局，能够灵活运用“任意变形工具”和“选择工具”，并根据动画设计要求，利用动作补间动画原理，在Flash软件中为每个角色元件设计入场动画效果。

## 任务拓展

绘制一幅落叶的画面，要求将画面出现的各角色（小鸟、树叶、大树、房子、人物等）绘制成需要的元件，并设置场景元件的入场动画效果，如图4-39所示。

图4-39　绘制画面中的所有角色元件

## 项目学习作品评价表

| 评价标准 | 个人评价 | 小组评价 | 教师评价 |
|---|---|---|---|
| 1．掌握“元件”转换方法及元件类型特点 | | | |
| 2．能够灵活运用“任意变形工具”和“选择工具” | | | |
| 3．能够合理安排场景角色布局及出场时间顺序 | | | |
| 4．掌握动作补间动画的操作方法 | | | |
| 5．能够体现动画的美观性与协调性 | | | |

注：A全部准确理解，B大部分准确理解，C部分准确理解，D基本做不到。

## 项目总结

制作《荷塘月色》动画，首先要根据前期策划有针对性地进行素材搜集，利用Photoshop软件对素材进行编辑修改，使所需要的素材背景达到透明效果，并根据设计要求进行适当裁剪，最后保存为PNG格式。其次根据动画设计要求，利用动作补间动画原理，在Flash软件中为每个角色元件设计入场动画效果，以达到有时间、有顺序、有层次的动画效果。

# 项目2　制作小鱼嬉戏效果

《荷塘月色》中最为灵动的画面就是在荷花、荷叶间嬉戏游动的小鱼，所以利用引导线动画原理绘制小鱼的游动动画是本单元学习的重点。

## 任务1　制作小鱼摆动效果

### 任务描述

制作小鱼摆动效果，先绘制小鱼的外轮廓，再进行颜色填充和色彩调整，最后根据逐帧动画原理，使小鱼尾巴上下摆动起来，效果如图4-40所示。

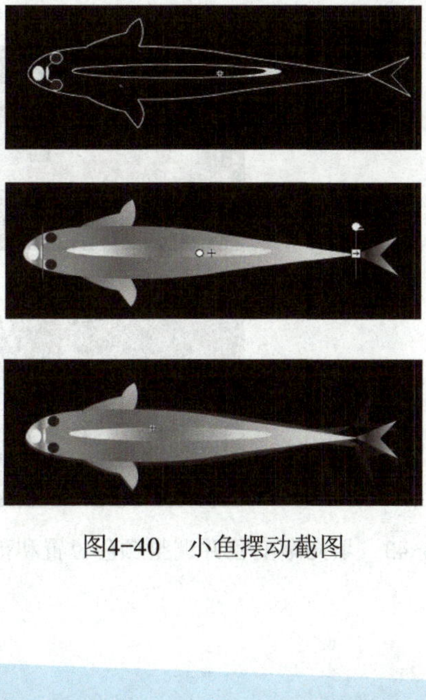

图4-40　小鱼摆动截图

## 任务分析

1）创建新元件，绘制小鱼。

2）利用“直线工具”和“椭圆工具”绘制小鱼外轮廓。

3）利用“颜料桶工具”填充颜色。

4）根据逐帧动画原理，插入关键帧，利用“任意变形工具”调整小鱼尾巴造型。

## 任务目标

1）学会创建新元件的操作方法。

2）掌握各种工具的操作技巧。

3）了解小鱼摆动的规律。

4）掌握逐帧动画的操作方法。

## 任务实施

### 1．创建“小鱼”元件

1）执行“插入”→“新建元件”命令，命名“小鱼”影片剪辑元件，如图4-41所示。

2）选择“直线工具”、“椭圆工具”绘制小鱼轮廓结构，选择“选择工具”调整造型，如图4-42所示。

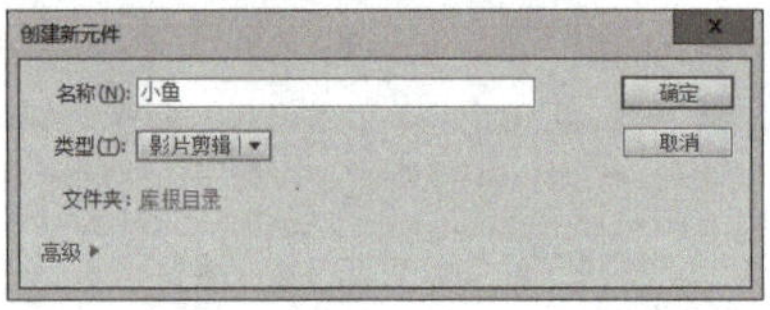


图4-41　创建“小鱼”元件

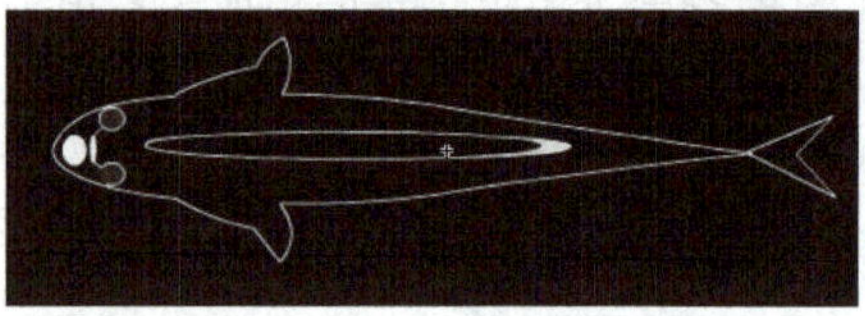

图4-42　绘制小鱼轮廓结构

3）选择“颜色面板”设置渐变色，选择“颜料桶工具”填充颜色，最后选择“渐变变形工具”调整鱼的颜色、位置和填充范围，如图4-43所示。

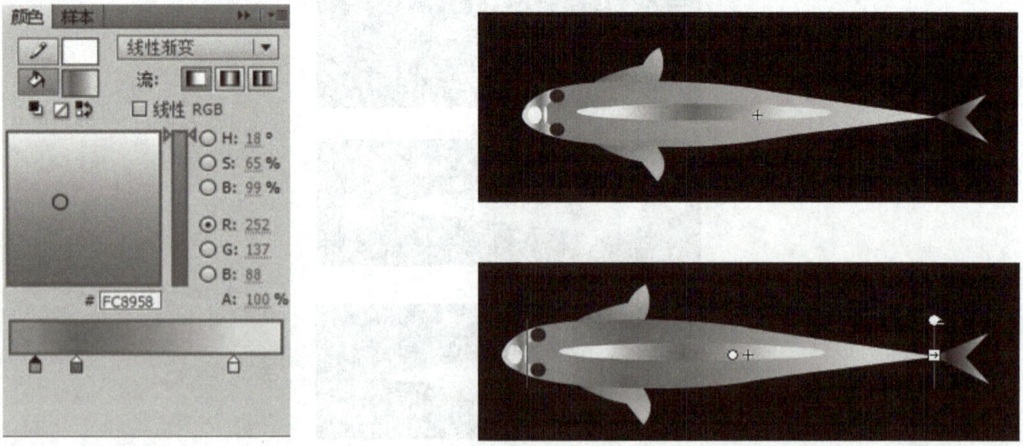


图4-43　填充渐变色并调整颜色位置和范围

## 2. 绘制“小鱼”摆动效果

1）选中第3帧，单击鼠标右键，在弹出的快捷菜单中选择“插入关键帧”命令；单击“任意变形工具”，选择下面辅助选项的“封套”功能，调整鱼的尾巴造型，如图4-44所示。

2）选中第1帧，单击鼠标右键，在弹出的快捷菜单中选择“复制帧”命令；选中第5帧，单击鼠标右键，在弹出的快捷菜单选择“粘贴帧”命令，如图4-45所示。

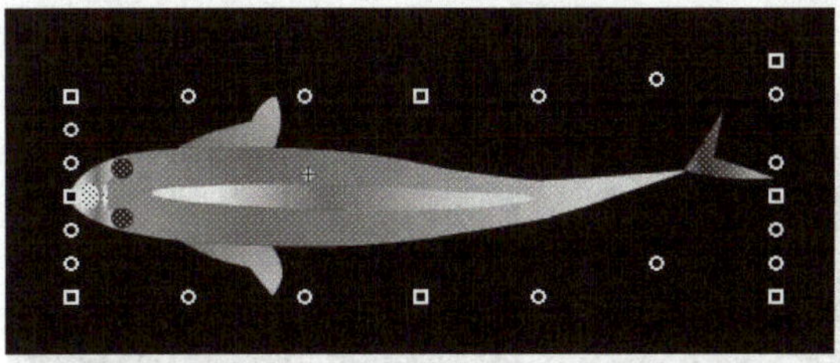

图4-44　利用“封套”功能调整小鱼的尾巴造型

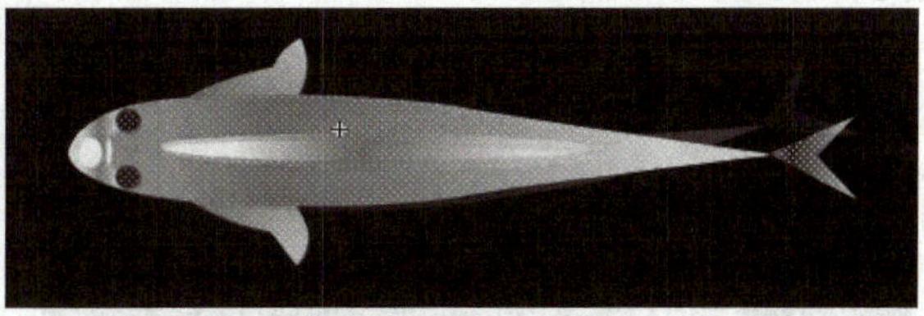

图4-45　复制、粘贴关键帧后的小鱼造型

3）选中第7帧，单击鼠标右键，在弹出的快捷菜单中选择“插入关键帧”命令，单击“任意变形工具”，选择下面辅助选项的“封套”功能，调整鱼的尾巴造型，如图4-46所示。

4）在第8帧单击鼠标右键，在弹出的快捷菜单中选择“插入帧”命令，完整的小鱼摆动效果就完成了，如图4-47所示。

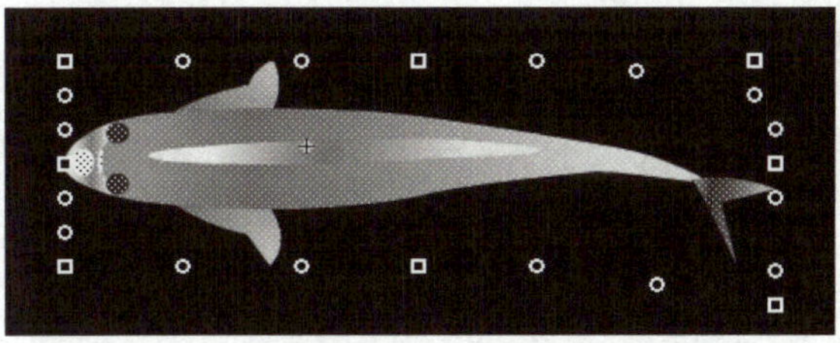

图4-46　利用“封套”功能调整小鱼的尾巴造型

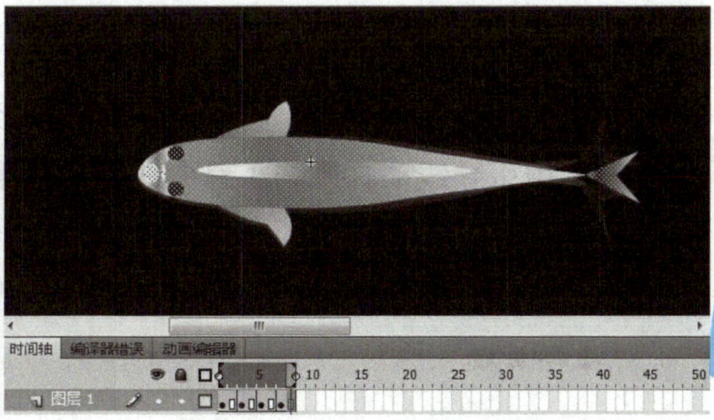


图4-47　小鱼摆动效果

### 任务总结

本任务要求学会“创建新元件”的方法，能够利用各种绘图工具绘制小鱼造型及颜色填充，最后利用逐帧动画原理，在小鱼元件中绘制小鱼尾巴摆动效果。

### 任务拓展

按照小鱼尾巴摆动的绘制方法，利用逐帧动画原理，绘制小鸟展翅的动画效果，如图4-48所示。

图4-48　小鸟展翅动画效果

## 任务2　制作小鱼游动效果

### 任务描述

一条小鱼轻快地从舞台右侧游到了荷叶下面，游过的水面涟漪荡漾，接着游出第二条小鱼、游出第三条小鱼……它们嬉戏于荷花荷叶间，快乐而悠闲，然后又慢慢向舞台右侧游去，如图4-49所示。

图4-49　小鱼游动截图

### 任务分析

1）创建新元件，命名为“鱼动”效果。

2）利用动作补间动画，绘制小鱼直线游动效果。

3）运用引导线动画绘制小鱼曲线游动效果。

4）在动作面板上添加帧命令。

### 任务目标

1）熟练掌握创建新元件的操作方法。

2）掌握各种工具的操作技巧。

3）了解小鱼游动规律。

4）掌握动作补间动画和引导线动画的操作方法。

5）能够掌握添加随机播放函数的方法。

### 任务实施

#### 1．制作小鱼直线游动

1）执行“插入”→“新建元件”命令，命名“鱼动”影片剪辑元件，如图4-50所示。

2）双击时间轴面板中的“图层1”，将图层名称改为“小鱼”，选中第1帧，将元件从“库”面板中拖到舞台右侧，设计小鱼从右侧入场效果，如图4-51所示。

图4-50　创建“鱼动”元件

图4-51　第1帧小鱼元件的位置

3）选中第100帧，单击鼠标右键，在弹出的快捷菜单中选择“插入关键帧”命令，选中舞台上的“小鱼”元件移入舞台左侧，设计小鱼从右侧入场效果，效果如图4-52所示。

图4-52　第100帧小鱼元件的位置

4）选中第1帧，单击鼠标右键，在弹出的快捷菜单中选择“创建传统补间”命令，实现小鱼从右侧到左侧的直线运动，效果如图4-53所示。

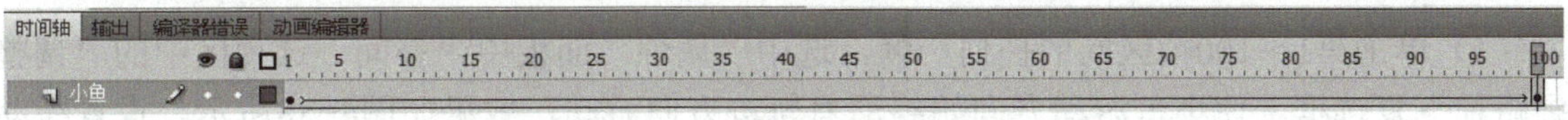


图4-53　创建传统补间动画

## 2．制作小鱼曲线游动

1）选中“小鱼”图层，单击鼠标右键，在弹出的快捷菜单中选择“添加传统运动引导层”命令，增加一个引导图层，在引导层上利用“铅笔工具”在引导层第1帧任意绘制一条曲线，效果如图4-54所示。

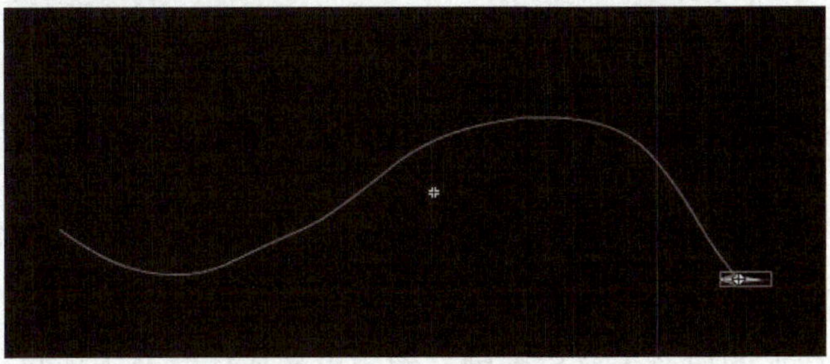

图4-54　创建传统运动引导层

2）单击“小鱼”图层第1帧，在舞台中选中对象，并拖动对象实例中心移动到引导层的起点位置，如图4-55所示。单击“小鱼”图层的第100帧，在舞台中选中对象，并拖动对象实例中心移动到引导层的终点位置，如图4-56所示。

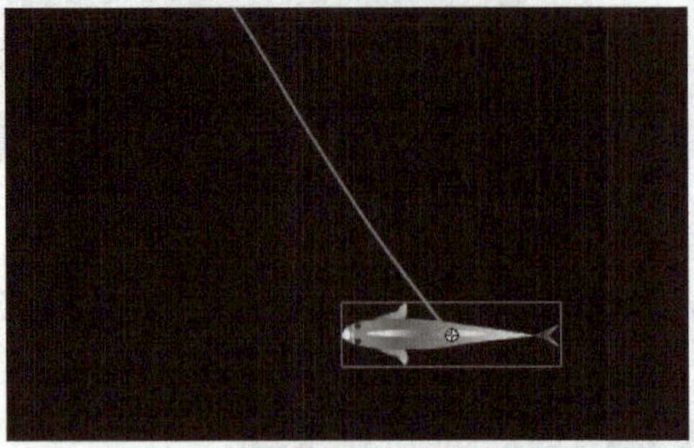

图4-55　移动实例中心与引导线起点对齐

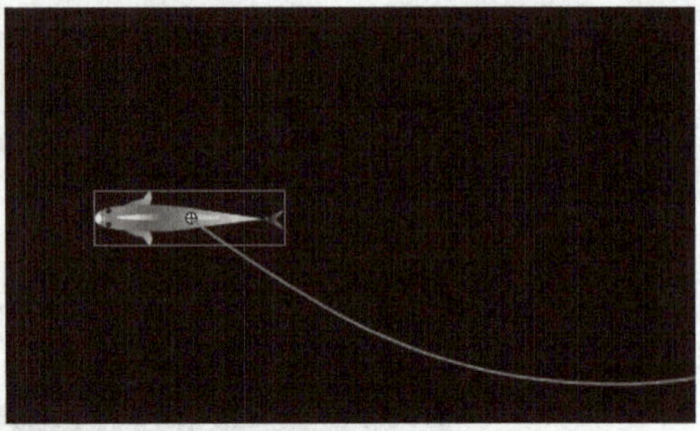

图4-56　移动实例中心与引导线终点对齐

3）选择“任意变形工具”，根据曲线轨迹，在起始帧和结束帧上分别调整小鱼元件的方向，效果如图4-57所示。

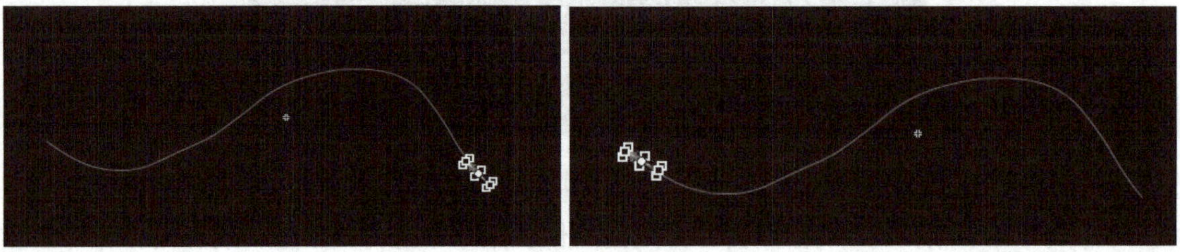

图4-57　创建传统运动引导层

4）单击第1～100帧区间的任何一帧，选中“属性”面板中“补间”选项区中的“调整到路径”复选框，使小鱼游动方向始终沿着轨迹方向游动，效果如图4-58所示。设置缓动值为“100”，时快时慢的速度更符合小鱼游动规律，效果如图4-59所示。

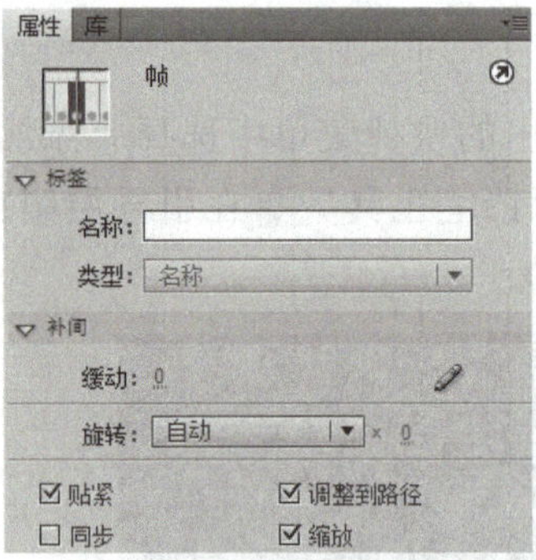


图4-58　选中“调整到路径”复选框

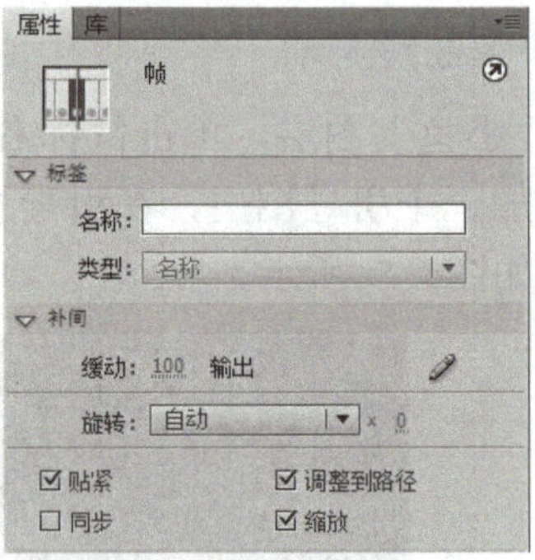


图4-59　设置“缓动值”

### 3. 添加随机函数脚本代码

1）选中“引导层”图层单击鼠标右键，在弹出的快捷菜单中选择“插入图层”命令，重命名为“动作”，效果如图4-60所示。

2）选中“动作”图层的第1帧，单击鼠标右键，在弹出的快捷菜单中选择“动作”命令，打开“动作”面板，设置随机函数的脚本代码（必须在英文状态下输入），单击“语法检查”按钮检查其正确性，如图4-61所示。

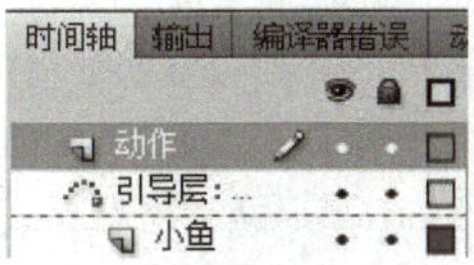


图4-60　新建图层命名为“动作”

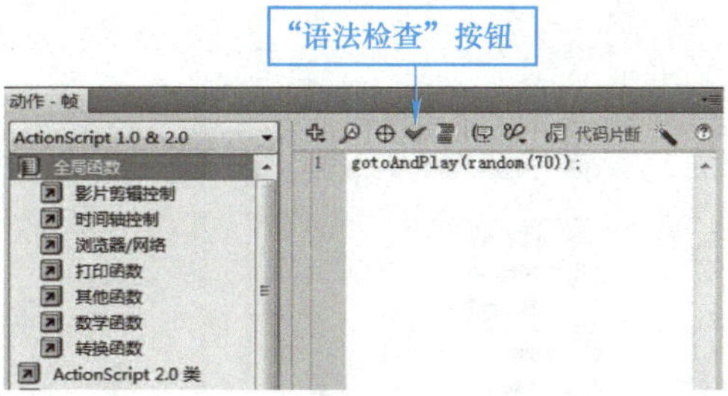


图4-61　设置随机函数脚本代码

3）动作-帧设置完毕后，在时间轴面板该帧的位置会显示一个小写的“a”，效果如图4-62所示。

4）返回场景1，选中“水印”图层，单击鼠标右键，在弹出的快捷菜单中选择“插入图层”命令，双击图层命名为“鱼动”，如图4-63所示。

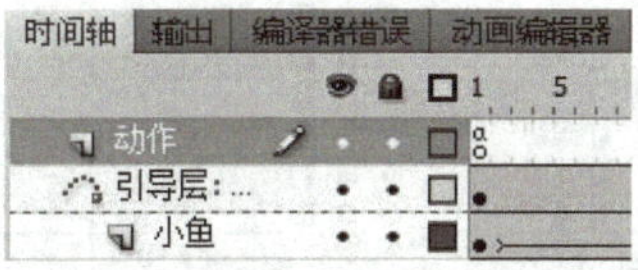


图4-62　时间轴上添加动作命令后的显示效果

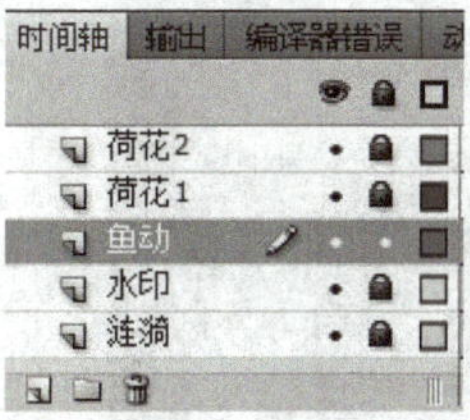


图4-63　新建“鱼动”图层

5）选中第31帧，从“库”面板中将“鱼动”元件拖到舞台右侧外，按住<Alt>键，移动元件，实现复制效果，如图4-64所示。

6）选择“任意变形工具”，调整“鱼动”元件的方向，以保证小鱼游动的自然流畅，如图4-65所示。

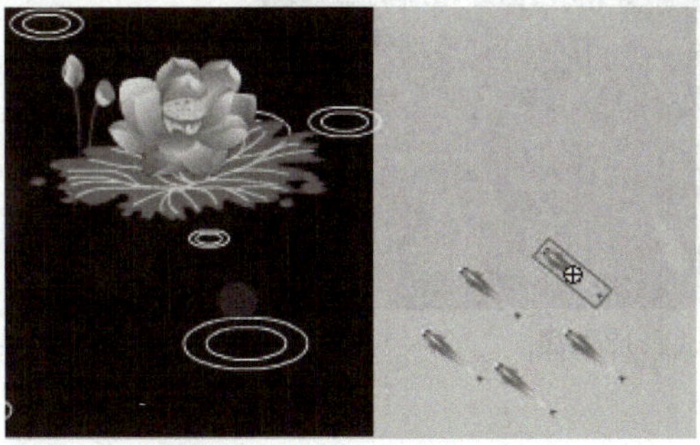

图4-64　复制“鱼动”元件

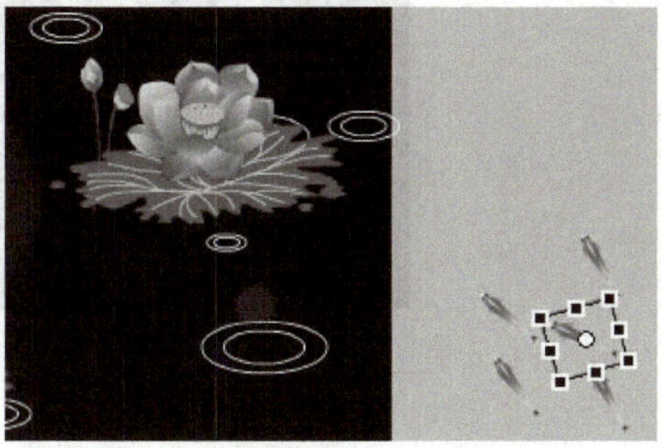

图4-65　调整“鱼动”元件的方向

7）选中“鱼动”元件，单击“属性”→“色彩效果”→“样式”→“色调”面板，调整“鱼动”元件的颜色。或者单击“属性”→“滤镜”→“添加滤镜”面板，调整“鱼动”元件的颜色，如图4-66～图4-68所示。

8）选中第200帧，单击鼠标右键，在弹出的快捷菜单中选择“插入帧”命令，增加延时时间，分别为其他图层延时至200帧，效果如图4-69所示。

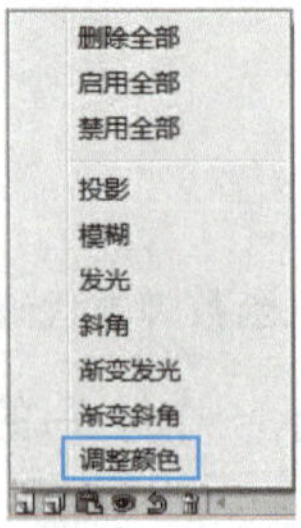


图4-66 在“色调”面板中调整颜色

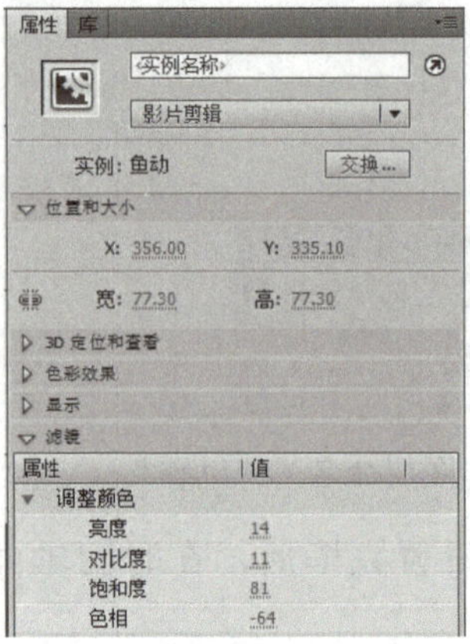


图4-67 在“添加滤镜”面板中调整颜色

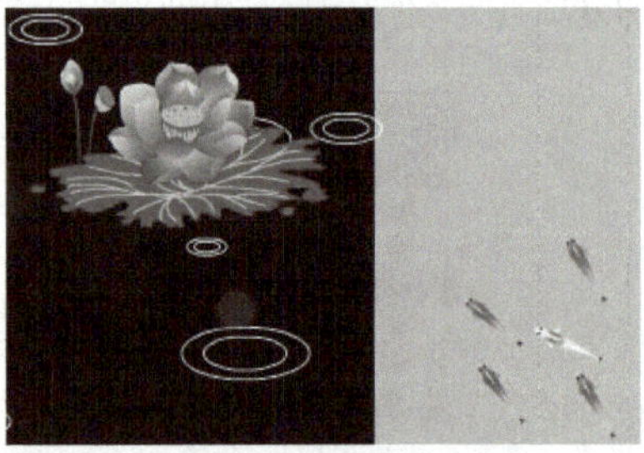

图4-68 调整后的颜色效果

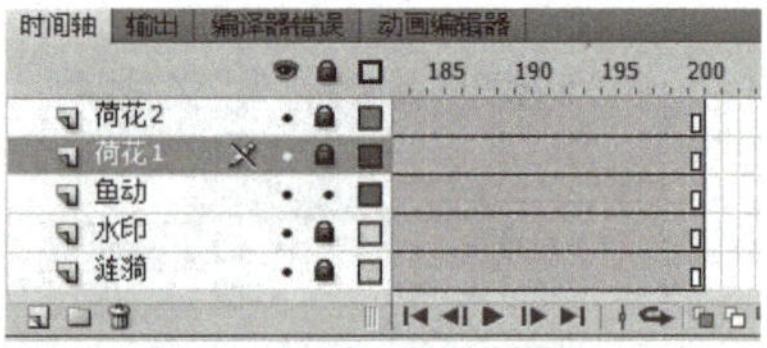


图4-69 时间轴上延时效果

9）测试影片，按<Ctrl+Enter>组合键，效果如图4-70所示。

图4-70 测试影片效果

## 任务总结

本任务利用逐帧动画实现了小鱼尾巴摆动效果，利用动作补间动画实现小鱼直线游动效果，通过引导线动画原理实现小鱼在荷塘曲线游动的效果。

## 任务拓展

根据所学知识，利用引导线动画原理，制作落叶和鸟飞曲线轨迹运动的动画效果，如图4-71所示。

图4-71　设置落叶和鸟飞的动画

## 项目学习作品评价表

| 评价标准 | 个人评价 | 小组评价 | 教师评价 |
| --- | --- | --- | --- |
| 1. 能够掌握逐帧动画的操作技巧 | | | |
| 2. 能够掌握动作补间动画的操作技巧 | | | |
| 3. 能够掌握引导线动画的操作技巧 | | | |
| 4. 能够调整绘制对象的方向和颜色 | | | |
| 5. 能够设置随机函数的脚本代码 | | | |

注：A 全部准确理解，B 大部分准确理解，C部分准确理解，D 基本做不到。

## 项目总结

本项目主要讲解了引导线动画的原理和制作方法。从应用角度看，引导线动画尤其适合不规则运动曲线的动画，如蝴蝶在花丛中飞舞、落叶缤纷等。从本质上讲，引导线动画依旧属于补间动画，而且被引导的对象一定是元件。一个引导层不仅能引导多个对象，而且其中可以有多条引导线。值得注意的是，被引导对象的中心一定要与引导线重合，引导线必须是非封闭的曲线。如果是封闭曲线，如正圆、矩形等，则一定要在曲线上擦出一个缺口，才能让对象沿着轨迹正常运动。

# 项目3　合成动画短片

## 任务1　制作片头、片尾场景

### 任务描述

《荷塘月色》的片头动画由4个圆环内的荷花图片慢慢变形为“荷”“塘”“月”“色”4个文字拉开了序幕，片尾由缓缓升起的目录来结束整个动画，如图4-72和图4-73所示。

图4-72　“片头”场景截图

图4-73　“片尾”场景截图

### 任务分析

1）通过场景面板添加“片头”和“片尾”场景。

2）对导入的素材或输入的文字进行分离，以满足绘制对象的条件。

3）在起点关键帧处加入图片，在终点关键帧处加入文字，在区间创建形状补间动画。

### 任务目标

1）学会添加场景的方法。

2）了解形状补间动画对绘制对象的要求。

3）利用形状补间动画原理，制作片头图形和文字的变形动画效果。

4）利用遮罩动画原理，制作片尾文字的滚动效果。

## 任务实施

### 1. 添加“片头”“片尾”场景

执行“窗口”→“其他面板”→“场景”命令，打开“场景”面板，添加“片头”“片尾”场景，通过移动场景调整场景的前后位置，如图4-74所示。

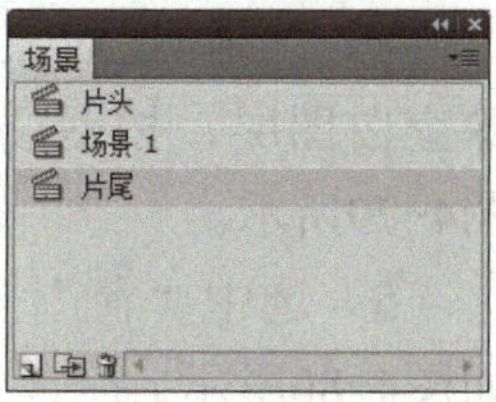

图4-74　添加“片头”“片尾”场景

### 2. 进入“片头”场景

1）选中“片头”场景，选择“荷花1”元件，只保留荷花图形效果如图4-75所示。

图4-75　选择荷花图形

2）选中素材，选择“任意变形工具”调整图片大小，设置填充颜色为无。选择“椭圆工具”，绘制一个圆环，选中图片与圆环对象，利用“对齐面板”调整至舞台中心对齐，如图4-76和图4-77所示。

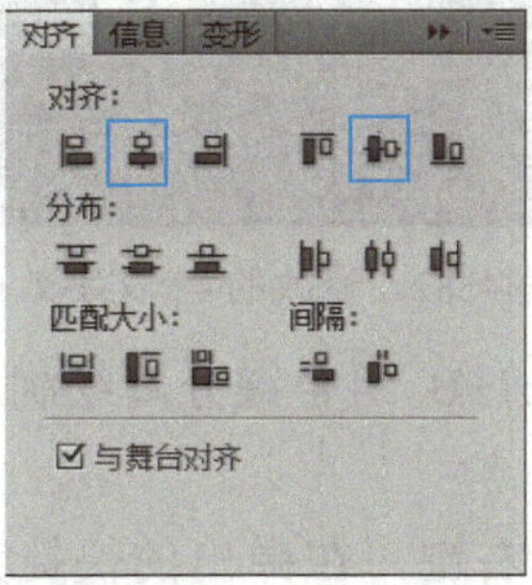

图4-76　中心对齐

图4-77　图片和圆环与舞台中心对齐

3）按住<Alt>键，拖动鼠标复制3个图形，单击“对齐面板”中的“底对齐”和“水平居中分布”按钮（取消选中“与舞台对齐”复选框），调整4组对象的位置，如图4-78所示。

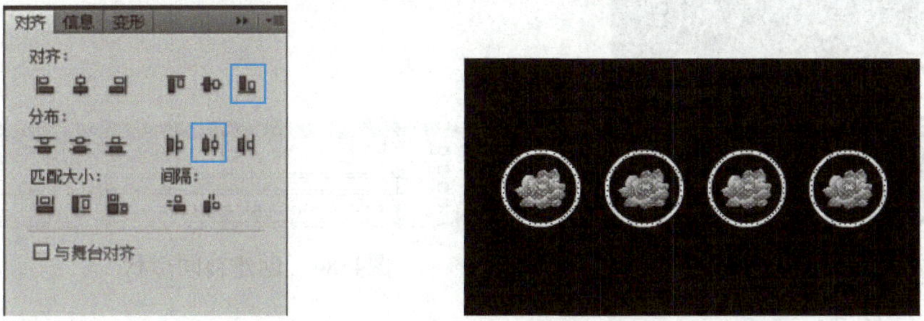

图4-78　复制图形并调整图形位置

4）选择4组对象，单击鼠标右键，在弹出的快捷菜单中执行“分散到图层”命令，删除空白图层，按图层关系，调整图层位置，并分别命名为“荷”“塘”“月”“色”，如图4-79所示。

5）选中“荷”“塘”“月”“色”4个图层的第1帧，移动至第6帧，留出入场时间，如图4-80所示。

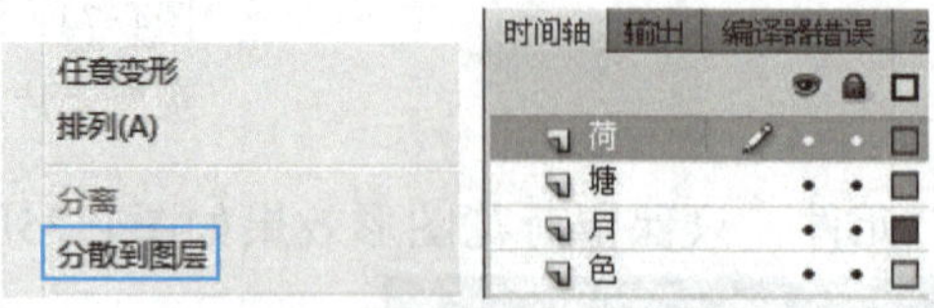


图4-79　时间轴面板中各图层

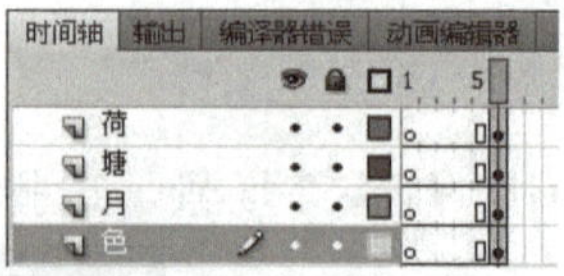


图4-80　移动至第6帧

6）分别在“荷”“塘”“月”“色”4个图层的第45帧处按<F6>键插入关键帧，如图4-81所示。

7）在第45帧处根据设计要求，分别将荷花图片删除，利用“文本工具”T依次输入4个字“荷”“塘”“月”“色”，字体、字号、颜色、大小根据设计要求自定，效果如图4-82所示。

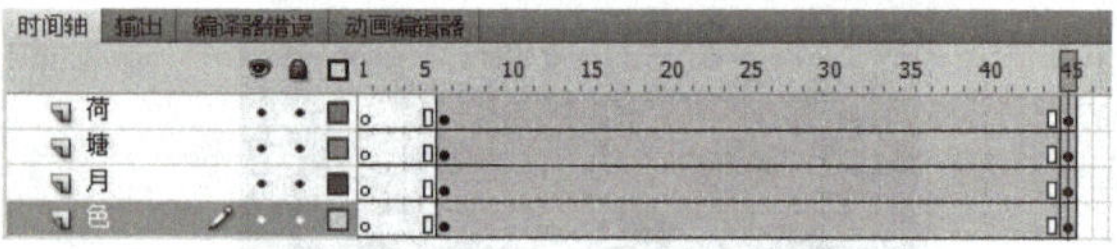


图4-81　在第45帧处插入关键帧

图4-82　修改的4个文字效果

8）选中“荷”“塘”“月”“色”4个文字，按<Ctrl+B>组合键分离绘制对象，如图4-83所示。

9）同时选择4个图层上区间的任何一帧，单击鼠标右键，在弹出的快捷菜单中选择“创建补间形状”命令，再同时选择第80帧处，按<F5>键插入帧，文字效果延时状态如图4-84所示。

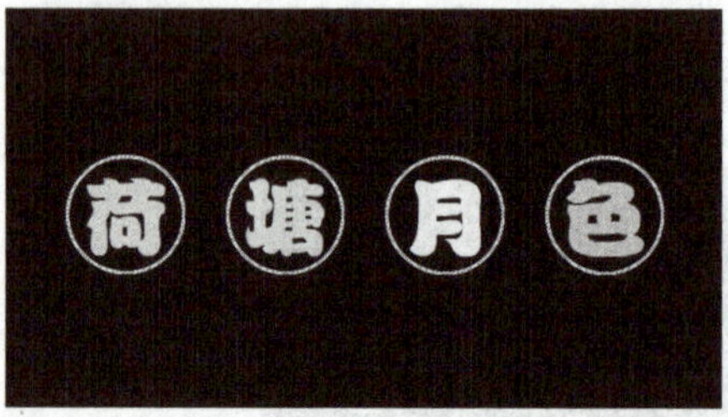


图4-83　分离后的4个文字效果

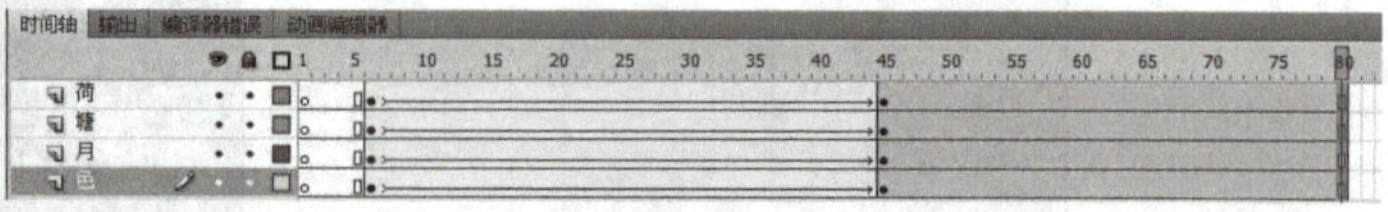


图4-84　创建补间形状

### 3. 进入“片尾”场景

1）选中“片尾”场景，将“库”面板中的“荷花1”元件拖到舞台左侧，如图4-85所示。

2）新增一图层，选中“图层1”单击鼠标右键，在弹出的快捷菜单中选择“插入图层”命令，选择第1帧，利用“文本工具” T 输入相应目录，如图4-86所示。

图4-85 舞台中的“荷花1”元件

图4-86 输入目录

3）选中目录，按<F8>键转换为图形元件，命名为“文字”，如图4-87所示。

图4-87 转换为“文字”图形元件

4）分别选择“图层2”的第40帧、第60帧、第100帧，按<F6>键插入关键帧，效果如图4-88所示。

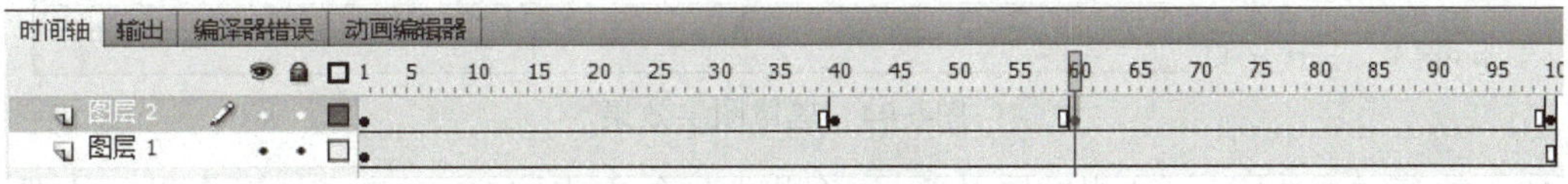


图4-88 插入关键帧

5）选择“图层2”的第1帧，在舞台上移动“文字”图形元件至舞台下方，如图4-89所示。

6）选择“图层2”的第100帧，在舞台上移动“文字”图形元件至舞台上方，如图4-90所示。

图4-89 第1帧“文字”元件的位置

图4-90 第100帧“文字”元件的位置

7）选中“图层2”的所有帧，单击鼠标右键，在弹出的快捷菜单中选择“创建传统补间”命令，时间轴面板效果如图4-91所示。

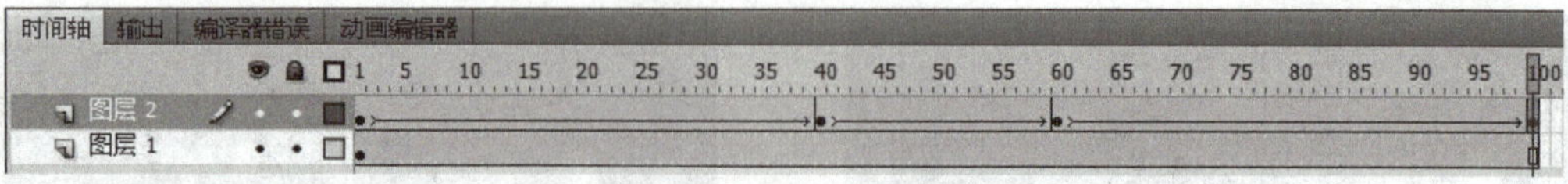


图4-91　时间轴面板效果

8）在时间轴面板上新增一个图层“图层3”，取消“笔触颜色”，利用“矩形工具”绘制一个矩形，大小以能够遮住目录为准，位置在舞台右侧中间，如图4-92所示。

9）单击“图层3”，单击鼠标右键，在弹出的快捷菜单中选择“遮罩层”命令，实现遮罩动画，如图4-93和图4-94所示。

图4-92　绘制矩形

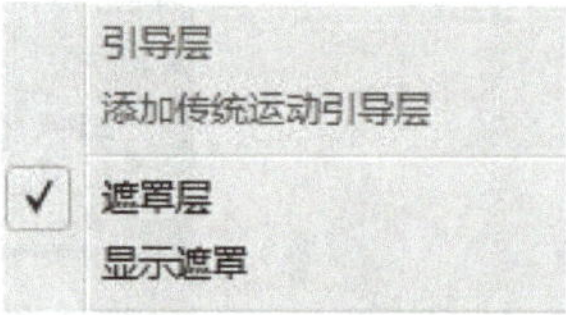


图4-93　设置遮罩层

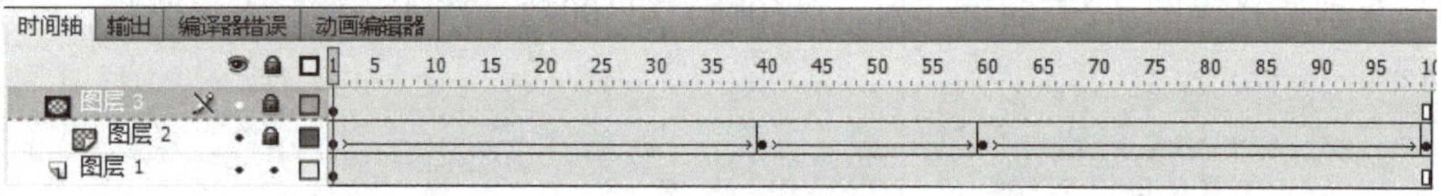


图4-94　遮罩图层效果

10）执行“控制”→“测试影片”→“测试”命令或按<Ctrl+Enter>组合键，文件自动生成SWF格式，如图4-95所示。

图4-95　“片尾”动画效果

## 任务总结

片头和片尾是动画中承上启下的桥梁和纽带，不同的类型发挥着不同的作用，营造出了不同的氛围，产生了不同的艺术效果。片头动画中采用荷花元素与文字的变形实现动画效果，既突出了主题又承接了动画内容。片尾利用遮罩动画原理，采用目录的滚动形式展示动画效果，在左下角以荷花、荷叶为装饰，衔接着整个动画的内容。

## 任务拓展

利用Flash动画技术，为落叶动画添加“片头”和“片尾”，动画类型根据设计要求自定。动画效果如图4-96所示。

图4-96 “片头”“片尾”动画效果

# 任务2 添加声音文件

## 任务描述

从片头动画到片尾动画，始终伴随着一段优美的古筝曲，给观众视听全方位的享受。下面为“荷塘月色”动画添加一曲美妙的音乐。

## 任务实施

1）执行“文件”→“导入”→“导入到库”命令，将音乐“古筝名曲欣赏.mp3”素材导入到“库”面板，如图4-97和图4-98所示。

2）选择“片头”场景中，新增一个图层，命名为“音乐”，将音乐素材从“库”面板中拖入场景中，时间轴效果如图4-99所示。

3）在“属性”面板中可以对“效果”和“同步”模式进行编辑和修改，效果如图4-100所示。

图4-97 导入音乐素材

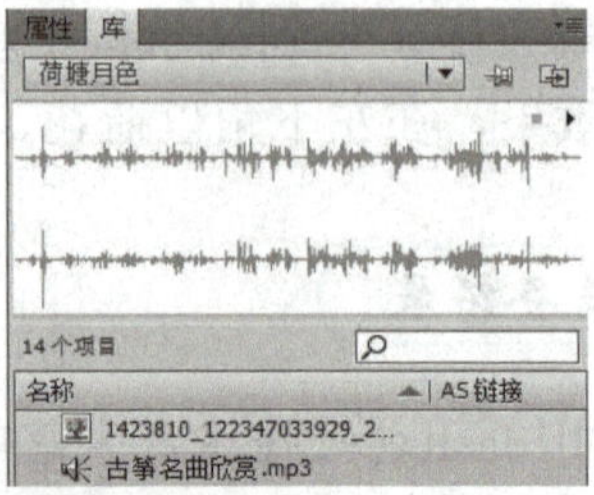


图4-98 "库"面板中的音乐素材

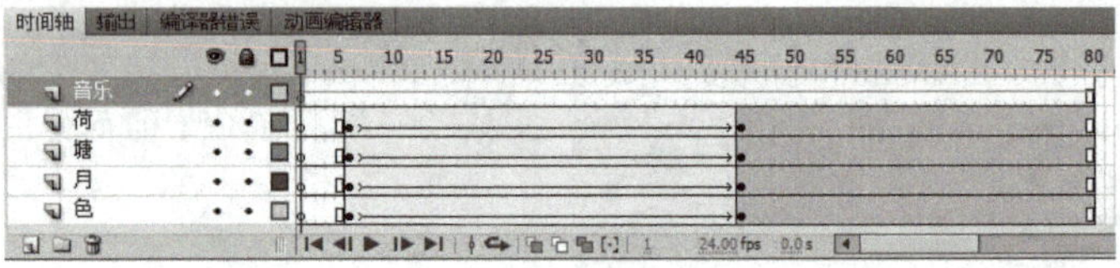


图4-99 时间轴效果图

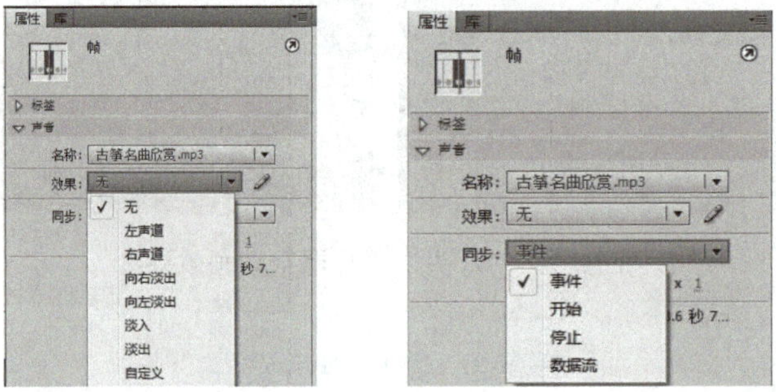


图4-100 "属性"面板效果图

4）执行"文件"→"保存"命令，命名为"荷塘月色"，默认格式为.fla，单击"确定"按钮或按<Ctrl+S>组合键保存文件，如图4-101所示。

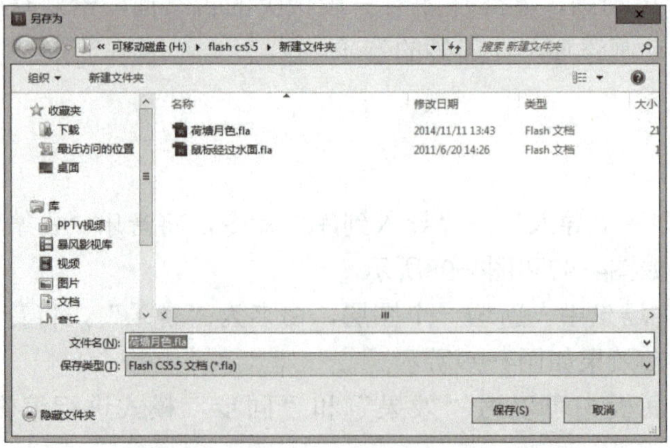


图4-101 保存文件

5）执行“控制”→“测试影片”→“测试”命令或按<Ctrl+Enter>组合键，可以自动生成SWF格式，可以观看、试听动画和音乐效果。

### 任务总结

一段普通的音乐不配上画面也许并不能引起听众的共鸣，配上画面它就立刻产生了个性和感情。如果说音乐仅仅是引起人们听觉与想象力的审美，那么音乐加画面的诠释则是带给观众视听全方位的享受。

### 任务拓展

利用音乐添加的方法，为落叶动画添加合适的背景音乐。

## 项目学习作品评价表

| 评价标准 | 个人评价 | 小组评价 | 教师评价 |
|---|---|---|---|
| 1．掌握添加场景的操作方法 | | | |
| 2．掌握形状补间动画的操作方法 | | | |
| 3．掌握遮罩动画的操作方法 | | | |
| 4．能够为动画添加声音文件 | | | |

注：A 全部准确理解，B 大部分准确理解，C部分准确理解，D 基本做不到。

## 项目总结

本单元片头与片尾的动画设计采用了形状补间动画与遮罩动画，弥补了《荷塘月色》动画中动画类型的单调性，充分展示了精品动画中动画类型与动画技巧的综合运用。好的作品离不开好的音效，与好的音效相结合才能使观众有身临其境的感受。最后通过影片测试，认真修改出现的问题，以保证作品的最佳效果。

## 单元知识总结与提炼

在Flash动画制作中经常遇到一个或多个对象沿曲线运动的问题，它是对运动对象沿直线运动动画的延伸。通过学习引导线动画，使对象沿任意指定路径运动的问题迎刃而解。本单元要求掌握引导线动画的原理及应用，了解并区分引导层与被引导层在动画效果中的作用、存放内容的不同。引导线动画虽然难度不大，但在操作上技巧性比较强，需要掌握的知识点比较多。

# 学习单元5 制作课件动画

## 单元情境

公司接到新的项目制作课件《离太阳最近的树》，该课件需要反映课文所处的时代背景，切合当时情况，完美展现课文所描写的情境，使学生在观看Flash后能够形成直观的认识，加深对课文的理解。

**《离太阳最近的树》——毕淑敏**

30年前，我在西藏阿里当兵。这是世界的第三级，平均海拔5000米，冰峰林立，雪原寥寂。不知是神灵的佑护还是大自然的疏忽，在荒漠的褶皱里，有时会不可思议地生存着一片红柳丛。它们有着铁一样锈红的技干，风羽般纷披的碎叶，偶尔会开出穗样细密的花，对着高原的酷热和缺氧微笑。这高原的精灵，是离太阳最近的绿树，百年才能长成小小的一蓬。在藏区巡回医疗，我骑马穿行于略带苍蓝色调的红柳丛中，竟以为它必与雪域永在。

一天，司务长布置任务——全体打柴去！

我以为自己听错了，高原之上，哪里有柴？！

原来是驱车上百公里，把红柳挖出来，当柴火烧。

我大惊，说红柳挖了，高原上仅有的树不就绝了吗？

司务长回答，你要吃饭，对不对？饭要烧熟，对不对？烧熟要用柴火，对不对？柴火就是红柳，对不对？

我说，红柳不是柴火，它是活的，它有生命。做饭可以用汽油，可以用焦炭，为什么要用高原上唯一的绿色！

司务长说，拉一车汽油上山，路上就要耗掉两车汽油。焦灰炭运上来，一斤的价钱等于六斤白面。红柳是不要钱的，你算算这个账吧！

挖红柳的队伍，带着铁锨、镐头和斧，浩浩荡荡地出发了。

……

## 单元概要

本单元将根据项目的需求，策划、设计和制作某一主题的动画作品，通过制作完整的Flash动画作品，进一步熟悉和掌握Flash软件的操作技能，明确Flash动画的创作过程。

## 单元学习目标

利用素材制作课件动画综合实例《离太阳最近的树》。

1）培养动画制作的前期统筹及分析能力。

2）整合场景设计、角色设计知识，达到灵活运用的目的。

3）掌握动画制作的技巧和方法。

## 单元知识准备

### 1．场景设计分析

在《离太阳最近的树》这个课件中涉及一个场景，即文中提到的高原环境，如图5-1所示。其中，需要场景元素来显示高原的环境及文中人物的身份。在实际绘制过程中需要注意以下3个问题：①场景风格要统一，绘制要求基本写实，色彩氛围为白天，色彩要比较艳丽，饱和度要高；②场景中的建筑及物体的色彩、比例、位置等对应关系要保持一致，建筑的位置要符合场景安排和构图要求，建筑造型要符合时代特征；③场景中素材的摆放要错落有致，在有限画面内营造出空间的效果，如图5-2所示。

图5-1 环境

图5-2 场景

### 2．角色设计分析

《离太阳最近的树》这篇课文描写的是20世纪70年代高原上解放军战士的一次活动，课文中的主要角色是卫生员、老班长，次要角色是班里的战士们，如图5-3所示。在设计时可以抓住以下几点：①要注意结合课文的时代背景，人物形象要符合大众对那个年代人物的直观印象；②课件面对的是学生，所以角色外形风格要采用Q版造型；③角色的形象要符合课文中人物的身份及性格特征。

图5-3 角色设计

## 项目 动画制作综合实例

运行Flash CS5，在启动界面中创建一个Flash 5.0文档。在“属性”面板中将舞台

"尺寸"改为551px×333px。打开标尺和辅助线，用黑色绘制一个安全框。最后执行"文件"→"保存"命令，将其命名为"离太阳最近的树"进行保存。

## 一、绘制场景

1）在绘制场景中的背景时，将图层1设置为"背景"，在舞台上绘制大场景，使用渐变工具绘制天空（渐变类型：线性渐变，颜色一的RGB色值为11，12，152；颜色二的RGB色值为140，217，193）、远山（RGB色值为159，189，103）和地面。在绘制时需要注意画面的远近关系，采用深浅不同的绿色绘制山峰，另在远处山峰上绘制白雪，突出高原景致，在绘制地面时也要用"白→绿"的渐变（渐变类型：线性渐变，颜色一的RGB色值是255，255，255；颜色二的RGB色值是120、231、92）来突出这个效果，如图5-4所示。

2）在绘制场景中的建筑时，因要调整建筑在大背景中的位置，所以创建一个新的图形元件，命名为"房子"，在新元件中进行绘制。绘制时要参考课文中的时代背景，部队营房以平房为主，在绘制主体建筑后，因课文中有"炊事班"元素，所以在主题建筑边绘制耳房。耳房屋顶材质与正房有区别，如图5-5所示。

图5-4　背景

图5-5　建筑

3）组合场景，将背景和房子组合成为课件中的大背景，调整房子元件在背景中的位置，既要给人物留出空间也要符合构图关系，保证画面美观，如图5-6所示。

图5-6　将建筑与背景进行合成

## 二、绘制角色

### 1. 绘制主要角色"老班长"

1）首先绘制正面头部形象，创建"头部1"图形元件，如图5-7所示。

2）绘制头部形象时，需要在考虑以后制作的情况下进行绘制，把角色头部进行层层分解。军帽前后一致，所差只有一个五角星，所以首先在图层1创建关键帧绘制军帽（见图5-8），在图层2创建五角星（见图5-9）。

图5-7　头部

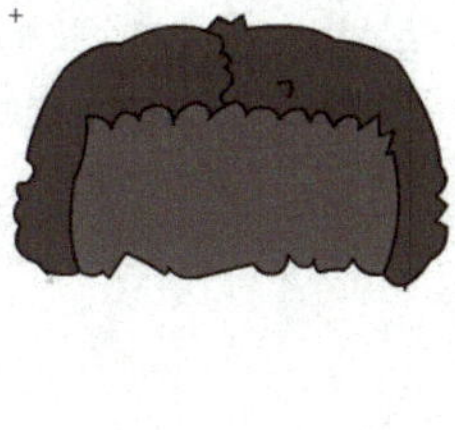

图5-8　军帽

图5-9　帽徽

3）绘制脸型时需要考虑男女不同，老班长为男性，脸型需要长而方，如图5-10所示。为了方便绘制，新建一层绘制老班长的胡子，如图5-11所示。

4）绘制老班长身体时要考虑角色的身份特征，绘制胳膊上的套袖、身体上的围裙，如图5-12所示。因需要考虑后面的动画制作，老班长的身体部分需要分开拆解，创建新的图形元件，分别进行绘制，如图5-13所示。

图5-10　老班长的脸型

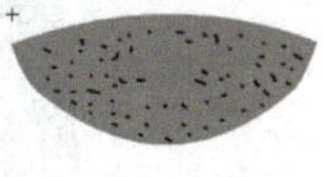

图5-11　老班长的胡子

图5-12　老班长

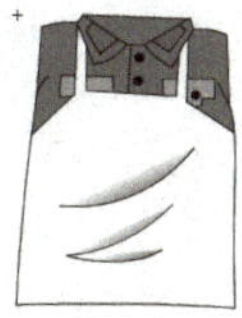

图5-13　老班长身体

5）将所有绘制完成的元件置入场景中组合成老班长角色的图形元件。

### 2. 绘制主要角色“卫生员”

1）绘制正面头部形象，创建“头部2”图形元件，如图5-14所示。

2）由于军帽部分雷同，所以直接在复制的军帽上新建一层绘制脸部。卫生员为女性，脸型是瓜子型。眼睛绘制与老班长有所区别，女兵应该是大眼睛、长睫毛，绘制右侧眼睛后，复制、粘贴并用“任意变形工具”移动到脸部合适的位置，如图5-15所示。

3）嘴部因为角色要说话，需要另建两个元件分别制作，一个是不说话的静态口型，一个是说话时的动态口型，如图5-16所示。

图5-14　头部

图5-15　脸型

图5-16　嘴

4）绘制卫生员身体时要考虑角色的身份特征，绘制身体右侧的药箱，身体左侧的水壶，如图5-17所示。因需要考虑后面的动画制作，卫生员的身体部分需要分开拆解，创建新的图形元件，分别进行绘制，如图5-18所示。

5）将所有绘制完成的元件置入场景中组合成“卫生员” 角色的图形元件。

图5-17　卫生员身份特征

图5-18　卫生员

### 3. 绘制次要角色“士兵”

1）绘制背面头部形象，创建“头部3”图形元件，如图5-19所示。

2）由于军帽部分雷同，所以直接在复制的军帽上新建一层，绘制后脑勺部分。

3）由于次要角色身体部分不做动作，所以直接绘制为一个图形元件，如图5-20所示。

4）将所有绘制完成的元件置入场景中组合成“士兵”角色的图形元件。

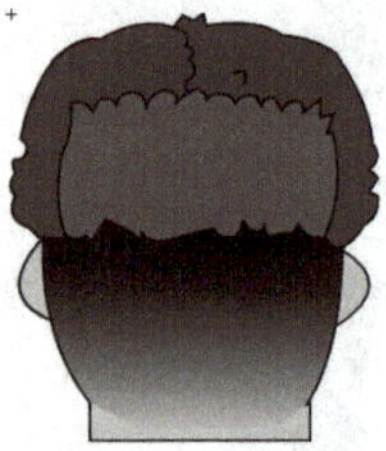

图5-19　头部

图5-20　身体

## 三、绘制道具

1）道具卡车参考老式“解放卡车”，如图5-21所示。整车分为两部分制作：车身和车轮，如图5-22所示。

2）绘制车轮时突出轮毂的金属质感，使用“放射渐变”制作轮毂金属高光。使用“线性渐变”（颜色一的RGB色值是191、191、191、颜色二的RGB色值是0、0、0）制作轮胎的质感，如图5-23所示。

3）将所有绘制完成的元件置入场景中组合成“卡车”图形元件。

图5-21　解放卡车

图5-22　卡车

图5-23　车轮

## 四、制作动画效果

### 1. 制作角色出场动作

1）新建“音乐”图层，将课文对话置入音乐层，后续所有动画的时间控制都依据音乐层的对话来制作。

2）新建“背景层”图层，在第1帧创建关键帧，先将“背景”元件置入图层，再将“房子”元件放入图层，作为场景一的背景，如图5-24所示。按<F5>键插入帧至第58帧。

3）将“卡车”元件置入背景层的第1帧，用“任意变形工具”调整“卡车”元件大小，并将“卡车”元件调整至画面左侧，如图5-25所示。按<F5>键插入帧至第58帧。

图5-24　背景

图5-25　背景和卡车

4）新建“士兵”图层，利用“逐帧”动画技术制作该段动画。在第10帧插入关键帧，置入“士兵”图形元件，调整位置至卡车车尾，按<F5>键插入帧至第14帧。复制第10帧关键帧至第15帧，置入第二个“士兵”元件，调整位置至第一个“士兵”右侧。按<F5>键插入帧至第19帧。按照此方法，在第20～30帧之间再次插入两个“士兵”元件，使4名士兵排成一排，如图5-26所示。按<F5>键插入帧至第58帧。

5）新建“老班长”图层，在第29帧创建关键帧。置入“老班长”角色图形元件（见图5-27），按<F5>键插入帧至第58帧。

6）新建“卫生员”图层，在第35帧处插入关键帧，置入“卫生员”角色图形元件（见图5-28），按<F5>键插入帧至第58帧。

图5-26　士兵

图5-27　老班长

图5-28　卫生员

### 2. 制作老班长说话

1）在“背景层”复制第1帧关键帧，粘贴至第59帧，使用“任意变形工具”调整“背景”元件，放大至中景景别，如图5-29所示。

2）创建“老班长2”图层。在第59帧创建关键帧，置入老班长的头部、身体和左臂图形元件，如图5-30所示。按<F5>键插入帧至第93帧。

3）创建“胳膊”图层，在第59帧创建关键帧，置入老班长“胳膊”图形元件，使用“任意变形工具”调整“胳膊”图形元件至老班长身体处，设置动画补间，创建“胳膊”图形元件上下运动的动画，注意胳膊的运动轴心在老班长肩膀处，如图5-31所示。

4）根据课文对话创建“对话框”元件，创建对话图层。根据课文中老班长的对话出现时间设置关键帧，置入对话框元件，使对话框元件的切换时间符合音乐层中人物的对话长度。

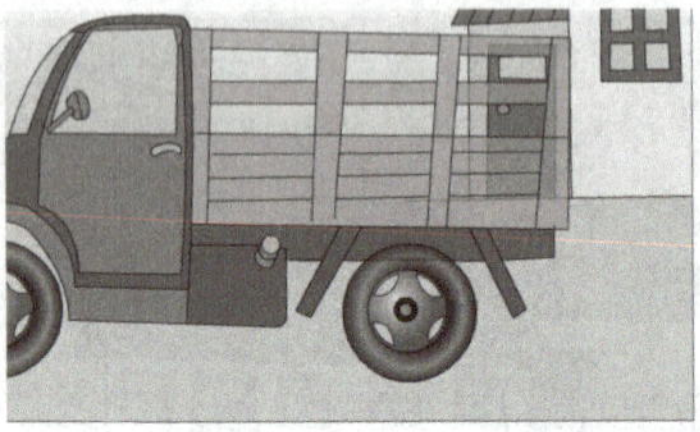

图5-29　放大景别

图5-30　放大老班长

图5-31　讲话

### 3. 制作卫生员说话

1）在背景层复制第59帧关键帧，粘贴至第94帧，使用“任意变形工具”调整“背景”元件，向屏幕左侧略微调整位置，与场景二的背景位置有所区别，保持中景景别，如图5-32所示。

2）创建“卫生员2”层。在第94帧创建关键帧，置入卫生员的头部、身体图形元件，如图5-33所示。按<F5>键插入帧至第220帧。

3）创建“胳膊1”图层，在第94帧创建关键帧，置入卫生员“胳膊”图形元件，使用“任意变形工具”调整“胳膊”图形元件至卫生员身体处，设置动画补间，创建“胳膊”图形元件上下运动动画，注意胳膊的运动轴心在卫生员肩膀处。

4）根据课文对话创建“对话框”元件，创建“对话层”（见图5-34）。根据课文中卫生员的对话出现时间设置关键帧，置入对话框元件，使对话框元件的切换时间符合“音乐层”中人物的对话长度。

图5-32　背景

图5-33　卫生员

图5-34　对话

### 4. 制作班长与卫生员的对话

重复步骤2和步骤3的制作方法，创建新的“对话框”元件，根据“音乐层”中人物的对话长度录入对话文字，制作老班长与卫生员的对话。

### 5. 制作士兵上车全班出发

1）在背景层复制第1帧关键帧至第1154帧。剪切其中的“卡车”图形元件，按〈F5〉键插入帧至第1265帧，如图5-35所示。

2）创建“汽车”图层，将“汽车”层置于最上一层。在第1154帧插入关键帧，将“卡车”图形元件粘贴至原位，如图5-36所示。按〈F5〉键插入帧至第1203帧。

图5-35　剪切“卡车”元件

图5-36　调整卡车位置

3）创建“士兵2”图层，使用“逐帧”动画技术，制作士兵按顺序逐次登上卡车的动画效果。复制“士兵”层中第30帧关键帧至“士兵2”层第1154帧。按〈F6〉键插入关键帧至第1170帧，如图5-37所示。删除第1170帧中最右侧的“士兵”图形元件。按〈F6〉键插入关键帧至第1178帧，如图5-38所示。删除第1178帧最右侧的“士兵”图形元件。按〈F6〉键插入关键帧至第1186帧。删除第1186帧中最右侧的“士兵”图形元件。按〈F6〉键插入关键帧至第1193帧。删除第1193帧中最后一个“士兵”图形元件，如图5-39所示。按〈F6〉键插入关键帧至第1203帧。

图5-37　插入关键帧至第1170帧

图5-38　插入关键帧至第1178帧

图5-39　插入关键帧至第1193帧

4）创建“士兵3”图层，调整“士兵3”层位于“汽车”层下，在第1170帧创建关键帧，复制“士兵2”层中“士兵”图形元件，粘贴并调整至汽车车厢，如图5-40所示。按〈F6〉键插入关键帧至第1178帧。在第1178帧复制并粘贴第二个“士兵”图形元件，调整位置至汽车车厢，如图5-41所示。按〈F6〉键插入关键帧至第1186帧。在第1186帧复制并粘贴第三个“士兵”图形元件，调整位置至汽车车厢。按〈F6〉键插入关键帧至第1193帧。在第1193帧复制并粘贴第四个“士兵”图形元件，调整位置至汽车车厢，如图5-42所示。按〈F6〉键插入关键帧至第1203帧。

图5-40　第1170帧

图5-41　第1178帧

图5-42　第1193帧

5）创建“汽车2”图层，在第1203帧创建关键帧，新建图形元件“卡车1”，将“汽车”层与“士兵3”层的第1203帧复制并粘贴至“卡车1”图形元件的第1帧。将“卡车1”图形元件置入“汽车2”层的第1203帧，创建动画补间，如图5-43所示。在“汽车2”层的第1237帧插入关键帧，移动“卡车1”图形元件向左出画面，生成补间动画效果，如图5-44所示。

6）新建“字幕”层，在第1203～1265帧制作字幕横向滚动动画，课文结尾以字幕方式显现，如图5-45所示。

图5-43　第1203帧

图5-44　第1237帧

图5-45　滚动字幕

## 五、制作字幕、片头和片尾

将片头与片尾加入进来完成动画制作，如图5-46所示。

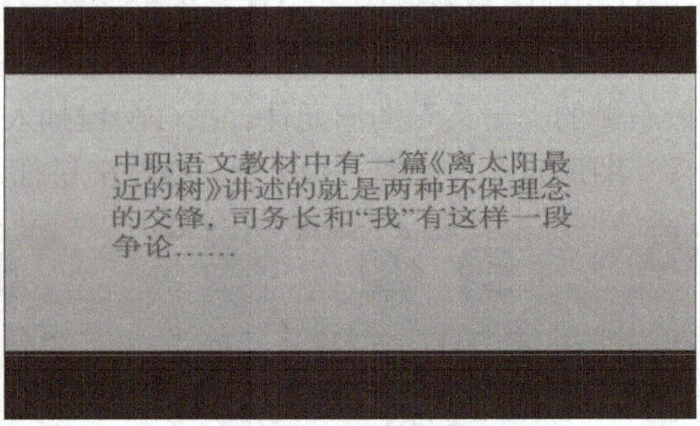


图5-46　片尾

## 项目总结

《离太阳最近的树》是一个综合性的Flash动画制作项目。在这个任务中涵盖了从前期分析策划到制作合成的每个环节，对整体把握Flash动画制作的流程有极大的帮助。另外，也进一步强化了场景和角色的绘制技巧，提升了动画制作的综合能力。